国土资源部公益性行业科研专项
中国地质大学(武汉)学科建设项目　联合资助

U0274229

城市公共安全研究

——以泉州市为例

陈连进　赵云胜　张佳文　著

气象出版社
China Meteorological Press

内 容 简 介

　　本书以泉州市为例,首先通过调查分析城市的布局现状,对城市的公共安全风险进行识别,进而研究城市公共安全对城市规划的影响,最后从公共安全的角度探讨可持续发展的城市规划,以期对城市的合理规划提供良好的决策支持。本书可供研究城市公共安全的相关人员参考,也可为从事城市规划的人员提供指导。

图书在版编目(CIP)数据

　　城市公共安全研究 :以泉州市为例 / 陈连进,赵云胜,张佳文著. —北京:气象出版社,2014.12
　　ISBN 978-7-5029-6063-6

　　Ⅰ. ①城… 　Ⅱ. ①陈… ②赵… ③张… 　Ⅲ. ①城市—公共安全—研究—泉州市 　Ⅳ. ①X956

　　中国版本图书馆 CIP 数据核字(2014)第 285180 号

Chengshi Gonggong Anquan Yanjiu——Yi Quanzhoushi Weili

城市公共安全研究——以泉州市为例

出版发行:气象出版社

地　　址:北京市海淀区中关村南大街 46 号		**邮政编码**:100081	
总 编 室:010-68407112		**发 行 部**:010-68409198	
网　　址:http://www. qxcbs. com		**E-mail**: qxcbs@cma. gov. cn	
责任编辑:彭淑凡　张盼娟		**终　　审**:章澄昌	
封面设计:燕　彤		**责任技编**:赵相宁	
印　　刷:北京中新伟业印刷有限公司			
开　　本:787 mm×1092 mm　1/16		**印　　张**:12.75	
字　　数:310 千字		**彩　　插**:8	
版　　次:2015 年 6 月第 1 版		**印　　次**:2015 年 6 月第 1 次印刷	
定　　价:40.00 元			

本书如存在文字不清、漏印以及缺页、倒页、脱页等,请与本社发行部联系调换。

前　言

随着时代的发展与文明的进步，城市作为人类活动的中心区域，逐渐集聚了大量的人口及资源，进化成一个功能复杂、结构多元的综合体。与此同时，城市所蕴含的危机与风险也越发复杂与繁多。因此，当今社会，传统而单一的安全观并不能很好地满足城市公共安全的需求。本书结合泉州市的城市规划及各类灾害资料，摸索灾害、土地利用、城市规划的相互关系与影响，从整体的角度对泉州市的城市公共安全进行研究，以期对泉州市未来规划与减灾避灾工作提供一定的参考与指导。

本书在概述研究背景和意义、国内外相关研究进展、研究方法等内容的基础上，分四个部分来介绍。第一部分是分析研究区域——泉州市的城市布局现状，包括公共服务设施、大型公用交通设施、重大危险源等，并对泉州市的承灾能力进行评价。第二部分从泉州的地质灾害、气象灾害、工业灾害和生态环境灾害等方面进行城市公共安全风险识别。第三部分通过各单灾种对泉州市城市规划的影响，进而评估多灾种综合叠加的影响。第四部分探讨与分析了可持续发展的城市规划与公共安全之间的联系，研究了项目选址与城市安全的关系。

本书是多位同仁合作的成果。陈连进、赵云胜、张佳文主要负责书稿的组织和撰写工作，林从谋教授负责全书的设计与协调，编写人员还包括常方强老师和研究生赵培、付旭、叶彬、葛冰洋、卢颖、黄逸群等。

本书的出版得到了国土资源部公益性行业科研专项与中国地质大学（武汉）学科建设项目的联合资助，是"海西区地质灾害监测预警与环境地质问题研究"项目课题四的研究成果之一。

在本书即将付梓之际，我们要感谢本书的编辑，他们的专业眼光避免了本书的许多不足；还要感谢泉州市城乡规划局、福建省地矿局等单位的无私奉献，他们的专业工作是本书出版的重要基础。

由于作者水平所限，本书难免存在疏漏与差错，敬请批评指正。

著者

2015 年 5 月

目　　录

第1章 研究概述

1.1 研究背景和意义

1.1.1 研究背景

2000年，全球一半人口居住在城市，占地球陆地面积的3％，20个世界最大城市中的17个在发展中国家，而这些城市不少是在地震、洪水、山崩，以及人为事故突发性较高（含工业化事故）的地区，人民的生命及财产安全正遭受着威胁。导致这种现象发生的原因是因为发展中国家的城市无力提供更可靠的基础设施及公共设施，造成发展中国家最大城市约30％的人口居住在稠密且简陋的居所中；同时居民和政府对城市土地的需求，导致大量易发生自然灾害的不利地区（不稳定斜坡、填筑土等）被开发使用；快速膨胀的城市人口也带来大量建筑质量差、维修状态差的建筑物数量增长，灾情扩大化局面常常发生；而且集中在城市的工矿企业使城市事故风险加大，一旦发生自然灾害，会引发火灾、爆炸、放射性物质泄漏等严重次生灾害。

总之，城市之所以会处在灾害威胁中，首先是因为城市中许多人居住在防灾能力差的地区，其次是因为快速增长的人口和迁移使政府在保护公众方面力不从心，再者是因为城市化本身打破了生态系统平衡，所以导致灾害频发。

城市安全的内涵正随着安全环境的变化，由以军事安全为主的传统安全观念，向包含政治安全、经济安全、金融安全、生态安全、信息安全、交通安全、恐怖主义、疾病蔓延等诸多非传统安全问题在内的综合安全观念转变。城市化进程既是解放生产力和积聚财富的过程，也是积聚风险和诱发危机的过程。城市规模越大，功能越复杂，潜在的危机也就越容易诱发。

目前，随着我国城市化的快速发展，城市人口大幅度增加，人们在享受城市化所带来的便捷的同时也面临着城市公共安全的风险。这种风险一方面表现为灾害发生的可能性比过去大大增加，除了会经受如地震、洪水、飓风等自然灾害外，还会遇到各种突发性和非突发性的灾害，如火灾、爆炸、燃气泄漏、交通事故、环境污染，以及由于建设项目选址不当引发的地质灾害等。另一方面，灾害导致的后果严重程度也大幅增加，因为城市人口、财产密度加大，不管发生人为灾害还是自然灾害，其人员伤亡和财产损失都是巨大的，还存在很强的远期效应，对社会、经济、生态系统产生长期不利的影响。

根据国际经验，人均GDP达到1000美元至3000美元时，往往是各类公共安全事故的高发期。据统计，1990—2002年，我国安全事故总量年均增长6.28％，我国每年因公共安全事故造成的经济损失高达6500亿元，约占全国GDP总量的6％，我国目前已经进入了公共安全事故多发期。

1.1.2　研究的意义

在土地资源有限供给的前提下,如何在时空上有效地把土地资源分配于不同的用途,并与其他经济资源(人力、资源、技术)进行合理组合,同时尽可能地避免城市灾害的损害,以使这些资源生产出更多的为城市、社会需要的产品,提供更多的就业机会。这些目标和任务,只有通过在考虑城市防灾减灾的基础上对土地资源进行合理利用、优化配置才能实现。

城市土地利用结构决定了城市未来土地利用的基本框架,它的合理与否将直接影响城市功能的发展,影响城市的进步。基于防灾减灾目的的土地利用规划、土地利用结构调整应该根据城市经济发展的需要和城市的社会、经济、生态、防灾条件,在城市发展战略指导下,因地制宜地、合理地利用土地,并作为土地利用空间布局的基础和依据。

城市规划是合理、有效和公正地创造有序城市生活空间环境的必要途径,而城市灾害又具有"一触即发,一发即惨"和"牵一发而动全身"的鲜明特性,并且由于灾害原因复杂、突发性强、灾度难测,灾害对城市和区域的可持续发展将产生迟滞效应。因此从战略的宏观层次研究城市形态,应主动地考虑城市的防灾减灾问题,合理地对城市进行规划,使之有利于塑造一个更适合人类生存的空间环境。

目前城市的防灾规划往往是被动地去适应城市规划所产生的形态,在城市发生灾害时也是被动地采取防灾减灾措施。因此城市防灾规划成了从属于城市总体规划的"被动式"规划,多是在第二道防线上消极地为城市各种灾害建立技术、管理和组织程序上的专业措施,这就在一定程度上造成了"先破坏后恢复""重复建设"的局面。这就要求城市规划要在灾害发生前考虑到城市土地利用的适宜性、安全性,以此来减少、消除损失。

虽然城市在内容上、作用上及空间结构上有其特殊性,但城市是现代灾害及事故风险的交汇处。在现代及未来城市中要体现良好的生态环境及预警安全能力,减少事故及危险发生应成为国际竞争力及现代文明的标志。

针对泉州市进行城市公共安全与城市规划研究的意义表现在如下几个方面:

(1)泉州是一座历史文化底蕴深厚、经济活跃、富有竞争力的城市。但是由于泉州现有的行政区划特点,市区面积小,不到 900 km²,城市的发展空间得不到应有的基本保障,给城市安全带来不利影响。从地区发展的现实状况来看,研究范围(详见 1.3.1)是泉州城市建设最密集、经济文化最繁荣、人口最集中的地区,确保城市安全的必要性十分突出。

(2)泉州市正面临转型的关键时期。泉州过去的发展模式是"弱中心城市下多点并发",这种模式对泉州此前的发展功不可没,但却不利于泉州今后的发展,尤其不利于泉州的城市产业转型。从福建省省委省政府和泉州市市委市政府提出的把泉州建设成为"海峡西岸三大中心城市之一"的发展目标来看(见图 1-1),查清城市安全的现状,制定相应措施,是实现宏伟目标,进一步加强"海西城市群"衔接的有力保障。上述这些现状对泉州市的城市安全提出了新的要求。

(3)从现有规划的基础和工作要求来看,泉州市总体规划已进入实施阶段,急需从整体发展的角度,提出城市规划和公共安全方面的意见和建议。

因此,在泉州城市总体规划框架下,对泉州市尤其是其人口集中的主城区进行城市公共安全研究,在泉州市城市规划过程中有针对性地制定规划导则并采取措施来预防或减少灾害带来的不良后果,其意义重大。

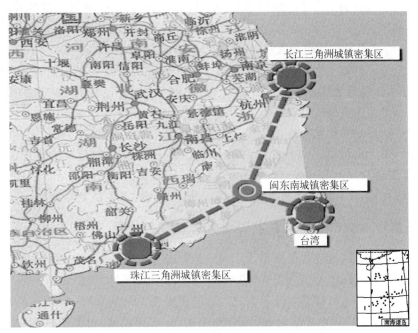

图 1-1　区域关系分析图

资料来源：《泉州市城市总体规划（2008—2030）》

1.2　城市规划与公共安全专题的研究进展

1.2.1　国内外城市规划与公共安全专题的研究进展

1986 年，美国减灾专家 S·哈夫利克认为"第三世界城市"为减轻灾害进行资源分配的思想认识尚处于最原始阶段，发展中国家绝大多数城市防灾标准只能暂时适应日常生活和社会生存的需要。1996 年，国际减灾日主题为"城市化与灾害"。

从国内外的研究现状来看，学者们对城市土地利用规划或者土地利用结构优化研究较多，对于城市灾害的管理、防灾规划的研究也不少。但是大多学者仅是研究了某一方面的问题，例如，研究土地利用结构、土地利用规划的学者，仅考虑城市土地的经济、人口、环境等方面的因素进行土地利用规划的方法和手段的研究；同样地，研究城市防灾减灾的学者仅从城市灾害理论方面、城市防灾减灾的角度研究单灾种、多灾种灾害对城市的影响。二者都没有将土地利用规划与城市防灾减灾有机地结合起来进行研究，也没有对城市土地利用规划与城市防灾减灾的相互作用和影响关系进行量化的研究。

城市规划作为城市发展的决策，对城市的空间布局、土地利用产生根本的影响。然而，到目前为止，我国还没有形成一套完整的城市公共安全规划预防、应急管理体系，主要表现在以下方面。

（1）在法治上，没有形成完整而严密的法律体系，城市公共安全走上规范化、制度化、法制化轨道还需要很长时间。

（2）在理论上，城市规划学界对城市公共安全问题及规划缺乏系统性的研究和分析。

(3)在规划上,我们还停留在分门别类的工程规划阶段,没有形成完整的城市综合安全规划体系。

为此,2008 年 1 月开始施行的《中华人民共和国城乡规划法》(中华人民共和国主席令第七十四号)中,第二章第十七条将涉及公共安全的内容规定为城乡规划中的强制性内容,必须严格执行,不得随意更改。2006 年 4 月开始实施的新版《城市规划编制办法》中,也强调了城市公共安全方面的重要性,强化了在城市总体规划编制中这些方面内容的研究深度,并明确为必须严格执行的强制性内容。这些文件为本研究的选题提供了依据。

在考虑城市土地利用安全的基础上对土地资源实行合理的配置,能促进城市快速、健康、和谐的发展。从国内外的研究现状来看,基于防灾减灾的城市土地资源的优化配置研究较为欠缺。因此,本课题的研究有着十分重要的意义。

1.2.2 泉州市对城市规划与公共安全专题的研究进展

国家历史文化名城福建省泉州市,自 1986 年升级为地级市以来,经过近 30 年的快速发展,取得令人瞩目的成就,并步入新的发展时期。2009 年,泉州实现 GDP 3002.12 亿元,首次突破 3000 亿元大关;财政总收入 6.15 亿元,同比增长 19.9%,增幅居全省首位。

泉州是沿海城市,降水充沛,但时空分布不均匀,暴雨洪涝、台风等气象灾害多发。近年来随着城市经济的快速发展,城市用地范围急剧扩大,各种人为灾害频频发生,火灾、交通事故、有害气体泄漏事故呈高发态势,给工农业生产和人民生命造成极大损失。如 2007 年 1 月至 9 月,全市共发生 4126 起交通事故,死亡 611 人,受伤 5188 人,直接财产损失 10954639 元。

1993 年编制的《泉州古城控规详细规划》和《泉州市历史文化名城(古城区)分区规划》,对泉州历史文化遗产的保护起到了积极的作用,但是对城市发展的规模和程度估计不足,造成古城区以外城市用地呈现自发蔓延状态。

2001 年编制的《泉州市古城保护整治规划——古城控制性详细规划修编》和《泉州都市区总体规划(2007)》第十四章综合防灾体系分别就防洪防潮、抗震减灾、人防工程、消防工程等方面在现状分析的基础上分析问题,提出规划的原则、要求及布局,并进行了系统的规划和调控。

自 2002 年以来,随着经济的快速发展,城市建设日新月异,泉州相关部门随着发展的步伐开展了多项城乡规划编制,主要包括:《泉州市都市区协调发展规划》、《泉州都市区总体规划》、《泉州城市区总体规划修编(2005—2020)》、《泉州市城市总体规划(2008—2030)》、泉州各县级市城市总体规划,以及泉州市综合交通规划、泉州市公共交通专业规划、泉州市中心城区基础设施用地专项规划等。这些规划从各自领域对城市的建设进行规划指导起到了积极的作用,但也存在过于强调专业特性而忽略了整体安全的问题。

为适应经济社会的发展需求,有效指导城市建设,减少灾害损失,泉州市相关部门自 2004 年起相继建立了地震、消防、气象灾害、抗洪抢险救灾、粮食的应急预案,如泉州市建设局关于印发《泉州市建设工程重特大安全事故应急预案》的通知(泉建建〔2004〕29 号),《泉州经济技术开发区地震应急预案》、《泉州市突发公共事件总体应急预案》(泉政文〔2005〕64 号)、《泉州市地震应急预案》等,这些文件反映出了我们对灾害发生后的应急处理高度重视,但是没有在事前提出有效预防措施,都是治标不治本。

《泉州市中心城区基础设施用地专项规划(2009)》中对防震减灾必需的城市应急避难场所和消防站进行调查,并进行布置规划。

《泉州市城市总体规划(2008—2030)》第六章中心城区总体规划的第七节中心城区综合防灾规划,对防洪、防潮工程提出设防标准、防护措施。在抗震工程规划中提出适合泉州的抗震设防烈度、规划目标和抗震减灾措施,提出除了建设避难所外,还要防治次生灾害所造成的危害。在人防工程规划中提出设防标准、总体防护规划。在消防工程规划中对消防站布局、消防通道、消防车通道、消防供水、消防通信系统、消防装备进行规划说明。

以上的这些规划对于泉州市公共安全的发展都作出了不同程度的贡献,但是它们没有从整个系统的角度去进行研究和规划,给城市管理带来许多不确定的因素,这也是本研究的意义所在。

1.3　研究范围及对象的确定

1.3.1　泉州市建成区概况

为确保泉州城市建设安全快速发展,本书对泉州城市公共安全进行研究,限于时间和技术力量,研究范围限定在人口密集、重点保护单位较多、灾害影响较大的中心城区的建成部分(以下简称为建成区)。具体包括 3 个市辖区,即鲤城区、丰泽区、洛江区(仅指区政府所在地万安街道,后同),总面积约 450 km²,详见图 1-2。

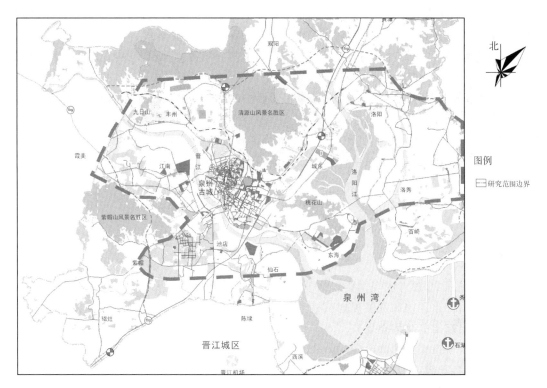

图 1-2　研究范围界定图(见彩图)

　　鲤城区是全国著名侨乡和台湾汉族同胞的主要祖籍地,是国务院首批历史文化名城泉州市的中心城区。占地面积53.74 km²,辖开元、鲤中、海滨、临江、江南、浮桥、金龙、常泰8个街道办事处和泉州高新技术产业园区(江南园)管委会。共有社区居委会77个,户籍人口26.30万人,人口结构以汉族为主。

　　丰泽区是1997年8月经国务院批准,由泉州市原鲤城区"一分为三"后设立的新区,区域面积126.5 km²,共有74个社区,下辖东海街道、城东街道、北峰街道、华大街道、东湖街道、丰泽街道、泉秀街道、清源街道8个街道。它是泉州市中心城市建设的主要区域,正在发展成为泉州市的行政文化、商贸旅游、人才技术、信息金融服务中心。2008年年末,全区常住人口454457人,外来人口占比52.87%。

　　洛江区是1997年8月泉州中心城市区划调整时在原鲤城区北郊乡镇基础上成立起来的新区,现辖三镇一乡两街道,85个村(社区),面积382 km²,人口17.83万人,其中城镇人口占25.7%。2008年实现地区生产总值57.74亿元。本书研究范围仅涉及该区中区政府所在地万安街道。

1.3.2　研究对象的确定

　　本研究以泉州市主城区范围内威胁城市安全的危险因素为主要对象,围绕城市公共安全规划开展研究。研究对象范围主要包括:

　　(1)城市工业危险源,主要包括有毒有害、易燃易爆的物质和能源及其工业设备、设施、场所;

　　(2)城市重要机构和公共场所(防护保卫目标),以人为中心的各类建筑物、生命线以及政府机构、教育机构、医疗卫生机构、文物保护单位等人群高度聚集、流动性大的公共场所等,如影剧院、体育场馆、车站、码头、商务中心、超市和商场等群死群伤恶性事故易于发生的地点;

　　(3)城市公共基础设施,主要包括城市生命线中的水、电、气、热、通信设施和信息网络系统以及地铁、轻轨交通等设施;

　　(4)城市自然灾害,地震、洪涝等灾害始终严重威胁城市的安全;

　　(5)城市道路交通,作为城市命脉的城市道路交通的事故率、死亡率始终是最高的。

1.4　研究内容及方法

1.4.1　研究依据和参考

　　在研究过程中,参考的规划资料如下:

　　(1)《泉州都市区协调发展规划》;

　　(2)《泉州都市区总体规划》;

　　(3)《泉州城市区总体修编(2008—2030)》;

　　(4)泉州各县级市城市总体规划;

　　(5)泉州市综合交通规划;

　　(6)泉州市公共交通专业规划;

　　(7)泉州市中心城区基础设施专项规划。

1.4.2　研究内容

　　(1)从泉州主城区城市安全现状调查分析出发,对主城区存在的危险源进行辨识与分析。

　　(2)从威胁泉州城市的灾害调查入手,对泉州面临的灾害进行分析,找出主要灾害。

　　(3)应用安全系统工程原理与方法,建立主城区城市安全评价系统,对目前的城市安全现状进行全面客观的评估和分析。

　　(4)分析研究泉州主城区规划在城市安全方面的缺陷,完成城市总体规划下的安全性研究,进而提出具有指导意义的城市规划理念。

　　(5)在泉州主城区城市安全风险评价的基础上,针对安全水平现状与规划安全目标间的差距,找出风险因素,提出对策,从风险概率和后果两个方面消除或减少风险,进而在上述基础上建立泉州主城区城市安全规划的应急救援系统和保障措施。

　　(6)突出城市规划与城市安全的协调发展,重点研究项目选址与城市安全的关系。

1.4.3　研究方法与原则

　　(1)理论基础

　　本研究的理论基础是灾害风险管理理论。城市公共安全规划是灾害风险作用在城市这一特殊对象后产生的一系列的问题研究,而城市规划又分为对已建成城市的规划和对城市未来的规划两种。对于城市规划中已建成部分,它作为城市公共安全承灾体的一员,规划的好坏程度会影响承灾体的易损性与灾害的危险性;对于还未建的城市规划,本研究主要从规避城市公共安全事故的角度进行分析探讨,提出对未来城市规划中应该注意的城市公共安全的问题而做的规避措施。

　　"十五"国家科技攻关计划课题《城市公共安全规划技术、方法与程序研究》,是按照国家科技攻关计划课题任务书《城市公共安全规划与应急救援预案编制及其关键技术研究》的要求,从城市建设和社会发展总体规划的角度出发,研究城市公共安全区域(单元)安全规划的设计原则与方法,提出城市公共安全总体规划技术;在城市危险源动态辨识的基础上,研究城市安全规划的基本要素及编制原则;针对城市不同区域的危险源特点,研究城市区域性的重大事故风险评价技术,建立城市区域性重大事故风险评价的模式和数学模型、风险量化方法及风险评价指标体系;另外,通过对城市重大危险源现状的调查研究,分析和预测城市重大危险源的发展趋势,开展城市重大危险源综合整治安全规划技术研究,提出重大危险源安全监控与管理方法。

　　由国家自然科学重点基金资助的北京师范大学史培军于 1991 年、1996 年、2002 年、2005 年、2009 年分别发表的《灾害研究的理论与实践》、《再论灾害研究的理论与实践》、《三论灾害研究的理论与实践》、《四论灾害系统研究的理论与实践》、《五论灾害系统研究的理论与实践》,对灾害系统的性质、动力学机制、综合减灾范式做了详细阐述并构建了由灾害科学、应急技术和风险管理共同组成的"灾害风险科学"学科体系。

　　(2)实践研究

　　2006 年,沈莉芳和陈乃志在《城市公共安全规划研究——以成都市中心城公共安全规划为例》中阐述,城市公共安全是城市规划研究的一项重要课题,城市公共安全规划应从综合防灾减灾的角度出发,实现资源共享、设施共用,达到消除隐患,降低风险,有效减灾避灾,保证居民的生命、财产安全的目的。成都市中心城公共安全规划将城市公共环境、公共安全保障设施的布局及建设标准作为规划的重点。

2008 年,叶晨和徐建刚在《城市公共安全定量风险评价方法研究——以长汀县城市总体规划为例》中,首先简述了城市总体规划编制过程中进行公共安全研究的内容以及区域定量风险评价(QRA)的理论与方法。然后结合长汀县城市总体规划的编制,运用 GIS 空间分析技术对中心城区的公共安全现状进行了定量风险评价的实证研究。结果显示研究区公共安全风险总体较高,该研究指出了风险值超标的主要区域和影响因素,为研究城市总体规划编制中有效制定危险源整治措施、合理布局各类用地提供了依据。

2009 年,吴越和吴纯在《基于城乡统筹的公共安全规划研究——以长株潭城市群为例》中,以长株潭城市群公共安全规划为研究对象,本着"资源节约、环境友好"两型社会建设的要求,从保护人的安全出发,以实现城乡统筹的风险控制和风险减缓设施建设。长株潭城乡公共安全规划包括:重大危险源安全规划编制、开敞空间及综合避灾场地规划和区域综合防灾规划 3 个方面,强调了对城乡统筹的安全内容。该安全规划既是政治经济发展的战略要求,也是政府职能部门的管理要害,还是城乡居民基本的生存保障。该规划以完善技术设计来降低风险,并在管理上加强了协调性和拓展性,具有良好的前瞻性。

通过以上研究,课题组按照以下研究方法进行了研究:

①统筹兼顾,正确把握"整体与局部""灾害与安全"的关系。在实现城市安全整体持续发展的同时,利用系统工程理论,兼顾不同区域的局部利益和城市安全的具体目标,处理好不同主体持续发展和确保安全的关系。

②预防为主,正确把握"现实与风险"的关系。在考虑国家有关政策规定、城市公共安全问题和公共安全目标、公共安全状况、投资能力和效益的情况下,运用风险理论,灾害事故触发理论及灾害事故预防理论为理论基础,提出具体的城市灾害防治的措施和对策。

③分类指导,正确把握"敏感地区与一般地区"的控制引导作用。在分析归纳的基础上提出判断和结论,对敏感地区和危险地区,突出规划的控制和协调作用,对一般地区,实施有限管制,合理引导。

1.5 研究技术路线框架

1.5.1 研究特点

(1)重点突出,特色鲜明

项目突出泉州城市安全的特色问题,力求使泉州在城市发展中处理好城市安全与城市发展的关系,突出以下方面:

①近期研究的重点是城市安全发展战略,包括目标体系、政策和策略框架;

②近期研究的重点是行动计划,包括从系统的观点分析了城市风险,将各类城市风险全盘考虑,确定具体的对策、重大城市建设项目和城市安全的关系和保障措施,以指导后续的各级规划、设计和研究。

（2）先进的理念

①以促进社会经济的发展,保障城市安全,创建和谐泉州作为泉州城市发展的根本目标;

②从政策和规划入手,通过将风险理论、灾害事故触发理论及灾害事故预防理论引入规划领域,从项目选址、城市用地布局、道路交通等各方面对比分析并提出具体的措施,实现城市安全的和谐发展;

③在能源、环境、人口和土地的硬约束下,通过正确把握"整体与局部"兼顾不同地区的局部利益和不同阶段的具体目标,处理好发展时序和发展节奏,为不同主体提供发展空间,实现城市安全、环境保护和可持续发展的目标;

④协调发展:城市安全与选址、土地利用、区域城市、各部门的协调等。

（3）可操作性强

本研究不仅提出了近期的城市安全现状评价体系,还提出了风险分区、控制风险的对策和城市安全规划的应急救援系统和保障措施,构建了完整的近期城市安全计划,能够对城市安全起到全面的引导作用。

（4）综合性强

①研究内容涵盖决策、政策、战略、规划、防灾减灾、管理、体制改革、建设行动等各个环节;

②充分吸收利用已有的各行业规划、研究;

③国内外不同视角的多家研究单位研究成果的整合;

④多次征询各方面意见,并不断修改完善。

1.5.2　研究层次

城市规划与城市安全研究将理论和实证研究两部分结合在一起,具体见图 1-3。

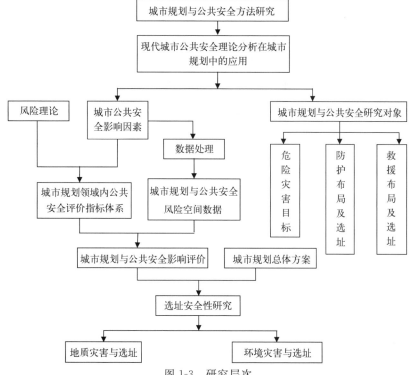

图 1-3　研究层次

其中,理论部分在总结国内外城市公共安全研究进展的基础上,简述了城市安全规划编制的程序框架,总结归纳了适合泉州的城市安全风险评价和规划指标体系。实证研究在城市总体规划框架下,通过实地调查数据,走访相关部门,进行风险分析和区域定量风险评价;并根据评价结果制定泉州城市安全规划的目标和措施,进行风险区划,编制专项规划;对比分析其他专项规划中关于城市公共安全的不足,提出建议;对项目选址进行安全性研究。

第 2 章　泉州市城市布局现状

　　福建省泉州市位于闽南三角洲东北,是福建省三个中心城市之一;它与台湾隔海相望,是大陆对台湾海峡上直航的最佳港口之一(见图 2-1)。本研究区域内丘陵和台地、平原居多,人口稠密,工商业发达,面临着洪水、台风等自然灾害影响;作为国家级历史文化名城,古城区历史建筑众多且缺乏修缮保护,基础设施不完善,居民生活环境质量差,安全隐患多;泉州中心城区中现状是建设用地混杂,有三类工业和易燃易爆的危险源存在,对人民生命安全和财产造成严重威胁。另外,公共安全信息的收集与分析是贯穿研究全过程的工作,是城市公共安全规划的重要支持系统之一,包括自然环境调查和社会经济现状调查。因此,对泉州中心城区进行公共安全现状调查对全面了解中心城区公共安全情况,以及进行公共安全评价与规划有重要的现实和理论意义。

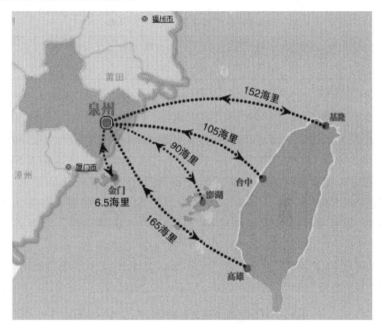

图 2-1　泉州市与台湾的地理位置关系图 *

资料来源:http://www.qzwb.com/spec/content/2009-05/19/content_3071709.htm

2.1　基本概况

2.1.1　自然环境

(1)地质

泉州市地层较发育,除志留系、泥盆系、中三叠统、下第三系及更新统缺失外,自元古界

---

　　* 1 海里＝1.852 千米。

至第四系均有出露,其中安溪县、永春县、德化县地层发育较齐全。泉州盆地附近出露的岩石以花岗岩、侵入岩和火山熔岩类为主,其次是变质岩类。区内第四纪地层比较发育,主要分布在泉州平原、山间谷地、红土台地及滨海地带。泉州地貌格局和展布形态是地球内外应力共同作用的综合结果,基本轮廓是地球内应力作用定型于中生代晚期、新生代以来,经外应力的改造而形成。泉州市位于闽东火山断拗带和闽东南滨海断隆带中段,断裂十分发育,以北北东向、北东东向及北西向断裂规模最大。由于泉州位于东南沿海地震带,属于环太平洋地震带的一个重要分支,为地震高发区,且其与我国地震活动最强烈的台湾岛仅一水之隔,因而时常受台湾地区强烈地震的波及影响。

(2)地貌

按全国地貌区划,泉州市西部及西北部山地属闽浙火山岩中—低山亚区,东南部属闽粤沿海花岗岩丘陵亚区。泉州市地貌类型复杂多样(见表2-1),以山地及丘陵为主。泉州市地势西北高、东南低,由内地至沿海逐渐下降,在一定程度上削弱北方寒冷气团的侵入,使泉州市冬季气温相对较高;东南部低矮的地势,有利于海洋湿润气流深入境内,使年降水量由东南沿海向西北内陆递增,也使境内易受台风侵袭,并导致境内河流顺地势由西北向东南入海。

表 2-1　泉州市主要地貌类型构成

地貌类型	中山	低山	丘陵	台地	平原
面积比例(%)	23	27.5	28.5	16.1	2.49

资料来源:《泉州市城市总体规划(2008—2030)》

泉州市东濒海洋,海岸曲折,多浅海、岛屿、滩涂(见表2-2)。海岸线总体是北东—南西向,迂回曲折,直线距离约90 km,实际总长度为421 km,占全省海岸线总长的12.7%,曲折率为1:5.03。港湾众多,大小港湾约49个,其中较大的港湾自北而南有湄洲湾、大港、泉州港、深沪湾、围头湾和安海湾等。这些港湾大致呈西北—东南向内陆深入21~35 km,深度一般较大,掩护条件好,水域广阔,湾内包含若干支港、支湾,建港条件甚为优越。湄洲湾的秀屿和肖厝港,为不可多得的深水良港;泉州湾内的秀涂、蟳埔、石湖等港口仍具深水条件,可建万吨级码头。此外,湾内有282.65 km^{2}的海滩,沿海0~20 m等深线的浅海面积达739.77 km^2,分布有51个岛礁,总面积为11.98 km^2。上述海岸地貌特征对于发展航运、渔业、盐业等都提供了良好的自然条件。

表 2-2　泉州市海岸线及岛屿、滩涂、浅海一览表

区	岸线长度(km)	岛屿面积(km^2)	滩涂面积(km^2)	浅海面积(km^2)
惠安县	192.00	2.85	11044	31494
鲤城区	18.20	0.01	2958	1038
晋江、石狮市	131.40	0.47	9387	17930
南安市	23.50	8.65	2129	2916

资料来源:《泉州市城市总体规划(2008—2030)》

(3)气候

泉州市属亚热带海洋性季风气候,其特点是:热量丰富,夏长冬短,霜冻少;气温较高,气温年较差不大,春温低于秋温,日较差较小;降水丰富,干湿季分明,降水量从沿海到内地递增,且

降水主要集中在春夏季,雨期较长,夏秋有台风现象。年均太阳辐射总量 120～140 kcal/cm²。全年无霜期长,沿海地区基本无霜。大部分地区年平均气温为 19.5～21.0℃(仅西北部的山区低于 18℃),最热月平均气温达 26～29℃,最冷月也有 9～13℃。大于 10℃ 的有效积温为 5610～7250℃·d,年日照时数为 1800～2200 h。全市年降水量为 1000～2000 mm,自东南部向西北部递增。干湿季分明,3—9 月为湿季,降水量占全年的 80%,其中台风是夏季最重要的降水系统,平均每年有 4.3 个台风影响,台风影响主要集中在 7,8,9 三个月。

(4)水文

泉州市溪流多、密度大,河流具有短小性、季节性、湍流性等特点。受地层岩性、地质构造影响,泉州市地下水资源均属浅层地下水。根据大气降水入渗法等估算,其多年平均地下水量为 0.78 亿 m³。泉州市地表径流深多年平均为 500～1300 mm。其空间分布趋势同年降水量,多年平均径流量为 100.88 亿 m³。从单位产水量看,最小为晋江、惠安沿海的小河系,每平方千米多年平均产水量只有 50 万 m³,使本市易发生旱情。

(5)土壤

泉州市土壤包括 10 个土类,24 个亚类,60 个土属,55 个土种。其中,红壤是本市分布面积最广泛的土壤,广泛地分布在山地、丘陵地区,占全市土壤总面积的 65%;水稻土是本市第二大类土壤,占土壤总面积的 12.1%;砖红壤、黄壤、盐土分别为本市第三、第四、第五大类土壤,分别占全市土壤总面积的 11.6%、7%、3.1%。泉州市土壤垂直分布非常明显,土壤层比较浅,耕层小于 15 cm 的占耕地面积的 56.9%。有机质含量低,且有下降趋势,缺磷面积占 53.64%,缺钾面积占 54.26%。土壤酸性偏大。

(6)植被

泉州市植被由森林等 7 个系列组成。其中森林,含亚热带雨林、常绿阔叶林、次生植被、海岸植被等 4 个类型;大田作物,含水稻、小麦、大麦、甘薯、大豆、花生、甘蔗等 12 个类型;果树,含龙眼、荔枝、柑橘、香蕉等 187 个类型,以及茶叶、蔬菜、花卉、牧草等。泉州市地处亚热带,适宜林木等植被生长,作为土地绿色覆盖物的植被,是固体保肥、涵养水源、调节气候的重要条件。

2.1.2　自然资源

(1)水资源

泉州市境内溪流密布,流域面积在 100 km² 以上的溪流有 35 条,其中晋江是福建省第三大江,流域面积 5629 km²。全市多年平均水资源总量 100 亿 m³,年降雨量 1000～1800 mm,可开发的水力资源约 70 万千瓦。晋江和洛阳江向东入海,其下游及沿海地区旱涝灾害频发,为治理灾害修建了防洪堤、山美水库等水利设施,以保障人民生命财产的安全。据 2002 年统计资料表明,全市平均降雨量 1680.9 mm,水资源总量 84.553 亿 m³,人均拥有水资源仅 1283 m³,可见泉州市属于水资源紧张地区,容易形成旱灾。

(2)土地资源

泉州市拥有土地 1354 万亩[①],农耕地 200 多万亩,其中一、二级耕地分别占 9.36% 和 11.1%;林业用地 1024 万亩,占土地面积的 62.4%;居民点及工矿用地、交通用地的比重分别占土地总面积的 8.0% 和 1.1%,比全省平均水平高 4.8% 和 0.4%。以上数据表明泉州

---

① 　1 m² = 0.0015 亩。

市人口多、社会经济发展水平较高,城镇建设规模和交通设施建设规模也较大。但是,不合理的耕作、农药化肥的过量施用,以及农田水利设施如水库等修建破坏了土地资源的生态系统平衡,引发了一系列的灾害。

(3)矿产资源

泉州市矿产资源较丰富。已发现的矿产有铁、煤、黄金、高岭土、石英砂、花岗石、矿泉水等46种,矿床共89处。其中大型矿床7处,中型矿床26处,小型矿床56处,此外还有一大批矿(化)点。探明储量的矿产有:无烟煤、铁、黄金、锰、铅、锌、钼、硫铁矿,明矾石,钾长石,高岭土,石灰石,黏土,石英砂,花岗石等。另外,伊利石矿是福建省首次发现的新矿种,具有一定规模。已发现的主要矿产都已开采利用,安溪潘田铁矿,德化阳山铁矿,永春天湖山煤矿,安溪剑斗煤矿,德化曾产煤矿,德化、南安、晋江的高岭土,晋江滨海石英砂及以沿海为主、遍及全市的花岗石矿。

(4)海洋生物资源

泉州海域面积大约为3180 km²,海洋生物资源丰富,多达627种以上,包括鱼类115种,虾类10多种,贝类20多种,藻类20多种;具有捕捞价值的鱼类60多种,可供养殖的经济水生物近百种;泉州海域是多种经济鱼类索饵、产卵、洄游的场所。近海渔场面积50.6万 hm²,相当于全市土地总面积的一半。浅海养殖水域面积4.18万 hm²,潮间带滩涂养殖面积为2.53万 hm²,是鱼虾贝藻类主要养殖区,盛产牡蛎、蛏、蛤、螺、海带、紫菜等。

2.1.3 泉州市行政区域划分及人口状况

(1)中心城区行政划分

根据1990年城市规划,泉州中心城区包括三个区:鲤城区、丰泽区、洛江区。各区人口及面积情况如表2-3所示。泉州市行政区划如图2-2所示。

表2-3 泉州市中心城区行政划分

所在区	面积(km²)	人口(万人)	街道名称	总人口(万人)	常住人口(万人)	流动人口(万人)
鲤城	53.37	36.78	海滨街道	4.589	3.7794	0.8096
			临江街道	2.7046	1.9882	0.7164
			鲤中街道	6.4994	5.2872	1.2122
			开元街道	6.7612	1.6605	5.1007
			浮桥街道	3.4683	1.9136	1.5547
			江南街道	5.39	1.5657	3.8243
			金龙街道	3.7289	1.5242	2.2047
			常泰街道	3.6396	1.4112	2.2284
丰泽	126.5	52.38	东湖街道	5.4154	3.8678	1.5476
			丰泽街道	10.3	5.5	4.9
			泉秀街道	6.6	2.9208	3.75
			清源街道	4.45		
			华大街道	10.94	3.6595	7.2805
			城东街道	3.668	2.2569	1.4111
			东海街道	8.5	3.9	4.6
			北峰街道	2.5123		

所在区	面积(km²)	人口(万人)	街道名称	总人口(万人)	常住人口(万人)	流动人口(万人)
			万安街道	1.6345		
			双阳街道	1.5377		
洛江	382	18.7	罗溪镇	4.4108		
			马甲镇	6.2975		
			河市镇	3.54		
			虹山乡	1.287		

资料来源:根据泉州市 2010 年第六次全国人口普查及《泉州市统计年鉴(2013)》相关资料整理

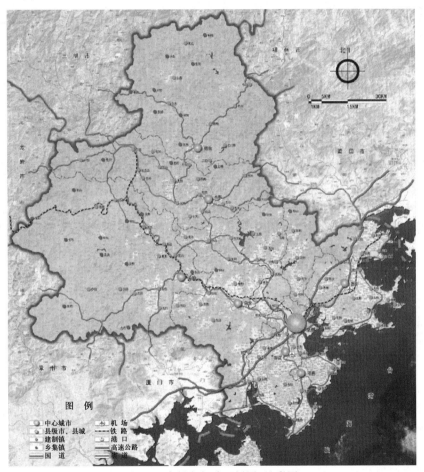

图 2-2　泉州市行政区划图(见彩图)

(2)市区人口及客流量

根据 2013 年统计年鉴,2012 年年末全市户籍人口 693.1 万人,全市人口自然增长率为 7.4‰。全市常住人口 829 万人,城镇化水平为 60.4%。市域人口的少儿系数、老年系数以及老少比分别为 16.16%、6.64% 和 41.09%。人口年龄结构属于老年型,人口老龄化问题已经出现,城市人力资源略显不足。全市 2012 年人口密度为 763 人/km²,从人口地域分布看,全市人口主要分布在东部沿海。从 2001 年起,近 10 年泉州的自然增长率呈现缓慢下降趋势;2010 年后,最近 4 年有所回升,但由于户籍人口迁出率高于迁入率,户籍迁出率有所提高,因此户籍人口总增长率保持下降趋势。泉州市 2007 年、2008 年、2012 年中心城区户籍人口分布状况见表 2-4。

表 2-4　2007 年、2008 年、2012 年泉州市中心城区户籍人口分布状况表(单位:人)

年份及人口分布 中心城区	2007 年		2008 年		2012 年	
	总人口	城镇人口	总人口	城镇人口	总人口	城镇人口
市辖区内	651594	520154	650050	517620	651686	515485
鲤城区	260235	260235	255601	255601	251857	251857
丰泽区	211451	211451	216124	216124	222161	222161
洛江区	179908	48468	178325	45895	177668	41467

资料来源:根据《泉州市统计年鉴(2008)》《泉州市统计年鉴(2013)》等相关资料整理

2.2　泉州市总体规划概述

2.2.1　泉州市城市总体布局的基本原则

泉州市土地利用总体规划围绕海峡西岸经济区现代化工贸港口城市建设目标,及全省保障与保护并重、统筹协调和集约利用并举的可持续发展土地利用总体战略,以严格保护耕地为前提,以合理控制建设用地规模为重点,以节约集约用地为核心,统筹保障发展与保护资源,统筹安排各类、各业、各区域用地,提高土地利用效率,促进土地资源可持续利用。

2.2.2　泉州市城市总体规划

2.2.2.1　泉州市相关城市公共安全历次城市总体规划回顾

1) 1989 年版泉州市城市总体规划
(1)规划背景
1986 年 1 月,晋江地区行署撤销,设立泉州地级市,实行市带县体制。1988 年 12 月,石狮由镇设市,泉州实际所辖 7 县(晋江县①、惠安县、南安县、安溪县、永春县、德化县和待回归的金门县)1 区(鲤城区)1 市(石狮市)。泉州列入沿海开放城市之列。原有的城市规划难以适应新的发展要求,为适应国家沿海经济发展战略,加速外向型经济发展,编制 1989 年版泉州市城市总体规划。
(2)主要规划结论
①城市性质
历史文化名城、侨乡中心城市、东南旅游胜地、开放港口城市。
②城市规模
城市规模指标见表 2-5。

---

①　现已改为晋江市,后同。

表 2-5　1989 年版泉州市总体规划城市规模主要指标

规划年限	2000 年	2010 年
人口新增量（万人）	10～13	6.85～9.85
旧城疏散量（万人）	0.9	1.85
人均用地标准（m²）	80	85～95
增加用地（km²）	8.7～11.1	7.9～10.3
人口（万人）	24.9～27.9	35
人均用地标准（m²）	71.9～72.8	80.5
用地（km²）	17.9～20.3	28.2

资料来源：1989 年版泉州市城市总体规划

③市域城镇体系

市域城镇化水平：现状城镇化水平为 12.43%（远低于 1987 年全国平均值 24.5%），预测 2010 年市域城镇化水平将达到 44%。

规模等级结构：中心城市（泉州）；二级城镇（石狮、螺城、溪美、洪濑）；三级城镇（凤城、龙浔、桃城、湖头）。

地域发展模式：两片、两线和一个中心。两片即晋江沿海突出部与惠安沿海突出部；两线即城区经洪濑至永春德化公路线和城区经南安至安溪公路线；一个中心即泉州城区。

④城市用地发展方向

泉州市用地发展较好的选择次序为：平原片区、东海和仕公岭、华大片区。江南片区地势低洼，不宜大规模发展。规划期内，城市主要向东部片区及仕公岭、东海方向发展。

⑤城市总体布局

规划中泉州将分阶段形成"片"状与"枝"状并存的城市格局，远景最终呈较稳定的三角形态。东部平原区与古城相连，是城市形态格局的主体，呈"片"状；仕公岭及东海发展区分别借助陆上交通轴和海上交通轴顺序发展，呈"枝"状。近期以"片"状布局为主，"枝"状布局适应长远发展要求，具灵活性。

⑥城市功能中心选址

现状行政中心位于旧城核心区，与新区联系不便，且不利于古城保护与自身发展，规划远期迁至东湖公园南侧；在九一路北、刺桐路西布置市级商业中心、文化娱乐中心等；在海交馆附近布置历史文化中心；沿福厦路以北、华侨大学以南发展全市的大专文教区。

⑦规划实施效果及简要评价

1989 年版总体规划城市空间布局紧凑，城市向东发展的规划设想得以实现，有效缓解古城保护的压力，对泉州的城市规划建设起到了积极指导作用。同时，该版总体规划对于一些重大问题进行了深入的分析与研究，如：ⓐ城市发展宏观层面问题的研究；ⓑ古城保护和旧城改善更新专题研究；ⓒ明确提出行政中心的搬迁问题；ⓓ针对当时对城市影响最大的漳泉铁路走线问题，进行了全面的论证，听取了各专家的意见，提出了新北线方案。

此外，该版总体规划虽修编年限较早，但内容丰富，规划成果表达较为完整、系统和规范，但该规划对泉州 20 世纪 90 年代的高速发展估计和准备不足。该规划预测 2000 年城市人口为 24.9 万～27.9 万人，城市建设用地为 17.9～20.3 km²，2010 年城市人口为 35 万人,城市建设用地为 28.2 km²。但到 2003 年城市人口已达到 70 万人,城市建设用地达 69.5 km²,远远超出该规划预测规模。在对厦门、漳州、泉州发展趋势判断中,对区域职能分工判断基本准确,但对泉州、漳州发展潜力估计稍显不足,厦、漳、泉三足鼎立的群体结构目前并没有发生重大转化,泉州在区域经济中的地位反而有较大提升。另外,该规划在城镇体系中提出重点发展石狮、惠安和南安,对晋江、安海、水头的快速成长考虑不够。

2)1995 年版泉州市城市总体规划

(1)规划背景

随着《中华人民共和国城市规划法》和《城市规划编制办法》相继颁布实施,泉州经济持续高速增长,1989 年版总体规划确定的城市框架难以满足城市快速成长的需要,城市规划用地规模偏小,缺乏足够的安排大型建设项目的用地,中心城市辐射能力不够等,为此泉州市政府组织了新一轮的总体规划修编。

(2)主要规划结论

①城市性质

国家历史文化名城、著名侨乡和旅游城市,闽东南重要的工贸港口城市。

②城市规模

市区人口规模 2000 年达到 50 万人,2020 年达到 80 万人;城市用地规模 2000 年达到 40.72 km²,2020 年达到 109.54 km²。

③市域城镇体系

规划市域人口近期(2000 年)为 751.93 万人,城镇化水平为 30.54%;远期(2020 年)为 1045.9 万人,城镇化水平为 56.23%。

规模等级结构:规划中心城市——泉州市区近期达到 50 万人,远期达到 80 万人;南翼的石狮、晋江、南安达到中等城市规模为 20 万~40 万人;北翼的肖厝、螺城达到 15 万~40 万人;晋江上游县城达到 8 万~15 万人。

空间布局结构:"一区三片,各具特色"的基本模式。中心区采用组团式空间布局,在金融、商贸、信息、旅游、行政服务和第三产业发挥中心作用;南部片区包括晋江、石狮和南安一部分,发展以外向型、市场型轻加工为主,逐步向高科技型转化;北部片区建设肖厝、斗尾、崇武、涂岭、螺城等城镇带,大力发展具有重大影响的港口和基础工业项目及旅游区;西部、西北部片区包括南安大部分和安溪、永春、德化,发展山区资源型和创汇农业型相结合的特色经济。

职能结构规划:规划为 11 个产业经济密集区(鲤城区、青阳区、石狮区、晋南区、安平区、蟠龙区、螺城肖厝区、南安中部区、安溪城厢区、永春桃城区和德化浔中区)。

④城市用地发展方向

城市东部有大片土地可开发,且有高速公路、铁路枢纽和深水港等优势条件,确定城市主要跨过洛阳江向东发展;同时向东就近洛阳江出海口西岸、向北至小阳山—清源山以南,以及跨过晋江向紫帽山向东作适当发展。

⑤城市总体布局

城市布局结构为单中心组团式,中心组团与其他组团有山水分隔,构成"风车状"布局,呈"指状"发展。

规划划分为八大组团:中心组团为城市核心,为全市行政、金融、商贸中心;城东双阳组团为全市交通枢纽,发展高新技术;东海组团为外商投资开发区、高科技产业和商住区;北峰丰州组团形成大型娱乐游览区;江南组团和池店组团是以乡镇企业和民营企业为主体的工商业区;秀涂组团和洛阳组团为新的港口工业区。

⑥城市功能中心选址

a.规划市级公共中心由旧区传统中心(中山路一带)和新区中心(古城以东,温陵路、刺桐路之间的街区)共同组成;

b.规划在中心组团布置市级商业中心、市级文化娱乐中心及市级体育中心;

c.规划依托华侨大学,在城东、双阳布置教育科研中心。

⑦规划实施效果及简要评价

1995 年版总体规划顺应城市快速发展需求,拉大城市框架,提出跨洛阳江、晋江发展,拓展了城市发展空间。城镇体系提出"一区三片,各具特色"的发展定位。城市总体布局提出了八大组团结构,并对各组团进行了明确的定位,对近年城市发展起到了积极的指导作用。

但该规划同样对泉州 20 世纪 90 年代中期以后的高速发展估计和准备不足,规划到2000 年城市人口为 50 万人,城市建设用地 40.7 km²,到 2020 年城市人口为 80 万人,城市建设用地 109.5 km²。实际发展到 2003 年,城市人口达到 70 万人,城市建设用地达到69.5 km²,远远超出预期发展规模。同时,该版规划过于注重拉大城市框架,对区域关系、城市内部空间组织和整合优化、规划成果表达规范化方面重视不够,规划确定的各组团功能定位应该在新的背景下进行适当调整,对行政中心搬迁等重大问题缺乏明确意见。

2.2.2.2　泉州市城市总体规划(2008—2030)介绍

(1)概述

为全面贯彻落实国务院《关于支持福建省加快建设海峡西岸经济区的若干意见》,进一步融入、服务、推动海峡西岸经济区建设,立足泉州经济社会发展的内在要求和长远目标,有效解决城市发展中面临的各种矛盾和问题,更好地推动泉州区域协调发展与城市一体化建设,全面提升泉州综合竞争力,特编制《泉州市城市总体规划(2008—2030)》。

①统筹兼顾,正确把握"整体与局部"、"远景与近期"的关系。在实现城市整体利益和长远目标的同时,兼顾不同地区的局部利益和不同阶段的具体目标,处理好发展节奏和发展时序,为不同投资主体和各级行政主体提供发展的空间。

②顺应规律,正确把握"市场与政府"、"引导与控制"的关系。既要坚持市场对资源配置的基础性作用,又要强化政府对公共资源和战略性资源的有效控制,在保持区域经济持续增长活力的同时,发挥政府整合核心竞争要素和配置区域重要资源的作用。

③分类指导,正确把握"先发与后发"、"发展与保护"的关系。对先发地区,重点引导发展建设模式的转变,同时提供必要的资源增量;对后发地区,重点提供发展的基础条件和政策扶持;对敏感地区(如生态敏感地区、战略性资源地区),突出上级政府的控制与协调作用;对一般地区,实施有限管治、合理引导,调动基层的发展积极性,放手发展。

④明确事权,正确把握"刚性与弹性"、"集权与分权"的关系。对于区域战略性资源,提出刚性的规划控制要求,并由上级政府直接监管或协调;对于区域性的基础设施建设和地方行政边界地区的发展,提出明确的引导与协调要求;对于各城镇的发展规模、内容和类型,保留一定的弹性,以适应未来发展的不确定性。

根据新发布的《中华人民共和国城乡规划法》和《城市规划编制办法》,确定本次规划期限为 2008—2030 年。其中近期为 2008—2015 年,中期为 2016—2020 年,远期为 2021—2030 年,远景为 2030 年以后。

本次规划包括市域、规划区和中心城区三个层次。

(2)市域层次

即泉州市管辖范围,面积为 1.1 万 km^2,包括以下区域。

市辖 4 区:鲤城区、丰泽区、洛江区、泉港区;3 个县级市:晋江市、石狮市、南安市;5 个县:惠安县、安溪县、永春县、德化县、金门县(待回归)。

核心内容:市域城镇发展与布局,重点是"协调"。

(3)规划区层次

即本次规划划定的规划区范围,面积为 2980 km^2。

核心内容是协调发展指引,重点在于"协调和整合"。

(4)中心城区层次

即本次规划的规划用地布局范围,面积为 980 km^2,包括:

①市辖区的鲤城区、丰泽区、洛江区(万安街道、双阳街道、河市镇和马甲镇);

②晋江市的池店镇、紫帽镇、磁灶镇(福厦高速公路以北部分)、陈埭镇(九十九溪以北以及规划内层环湾快速路以东部分)和西滨镇;

③石狮市的蚶江镇(生态廊道以北部分)和祥芝镇;

④南安市的丰州镇、霞美镇(福厦高速铁路以东部分);

⑤惠安县的洛阳镇、东园镇、百崎乡、张坂镇、崇武镇、山霞镇和黄塘镇。

核心内容:空间布局规划,重点是"整合和布局"。

2.2.3 泉州市城市土地利用现状

2007 年泉州规划区城镇建设用地为 356.69 km^2,建成区人口 291.1 万人,人均建设用地 122.53 m^2/人,详见表 2-6。本次规划划定的规划区范围,包括鲤城区、丰泽区、洛江区、泉港区、晋江市、石狮市、南安市十二镇和惠安县。

表 2-6 2007 年规划区城镇建设用地平衡表

用地代号	用地名称	面积(km^2)	占城市建设用地(%)	人均建设用地(m^2)
R	居住用地	154.14	43.21	52.95
C	公共设施用地	31.82	8.92	10.93
M	工业用地	92.28	25.87	31.7
W	仓储用地	7.98	2.24	2.74
T	对外交通用地	8.59	2.41	2.95
S	道路广场用地	31.32	8.78	10.76
U	市政公用设施用地	5.09	1.43	1.75
G	绿地	25.47	7.14	8.75
合计	城市建设用地	356.69	100.00	122.53

注:2007 年城镇人口为 291.1 万人。

资料来源:《泉州市城市总体规划(2008—2030)》

(1)居住用地

现状 154.14 km^2,占城市建设用地的 43.21%,人均居住建设用地 52.95 m^2/人,远超过国家标准人均用地 18～28 m²/人的标准。由于城市用地急剧膨胀,建设用地迅速沿交通走廊等向外无序蔓延,与近郊的村庄等用地混杂,村庄转换为城区,出现大量"城中村",导致人均居住面积较大。

（2）公共设施用地（范围见表 2-7）

表 2-7　公共设施用地范围

项目	内容
行政办公用地	市属办公用地、非市属办公用地
商业金融业用地	商业用地、金融保险业用地、贸易咨询用地、服务业用地、旅馆业用地、市场用地
文化娱乐用地	新闻出版用地、文化艺术团体用地、广播电视用地、图书展览用地、影剧院用地、游乐用地
体育用地	体育场馆用地、体育训练用地
医疗卫生用地	医院用地、卫生防疫用地、休/疗养用地
教育科研设计用地	高等学校用地、中等专业学校用地、成人与业余学校用地、特殊学校用地、科研设计用地、文物古迹用地
其他公共设施用地	

资料来源:《泉州市城市总体规划（2008—2030）》

（3）工业用地

现状 92.28 km²,占城市建设用地的 25.87％,人均工业建设用地 31.7 m²/人。现状工业用地比例和人均量均已经超过国家标准,分布较为散乱,一些工业企业已经位于城市中心区,土地的效益和价值没有得到体现。

规划至 2030 年,中心城区工业用地为 39.73 km²,占规划城市建设总用地的 14.23％,人均工业用地 14.19 m²;其中一类工业用地 3.91 km²,二类工业用地 35.81 km²。

工业用地原则上退出中心组团、仙石西滨、东海和白沙等环湾核心功能区,向外围工业园区集中。规划重点构筑四大工业片区和四个特色工业园区。

①四大工业片区

a.洛秀工业园区,是中心城区未来产业发展的最主要地区,以光机电一体化为重点,建设光电产业园、新材料产业园、现代装备制造产业园、现代物流产业园和保税港区等。

b.清濛工业园区。泉州经济技术开发区继续发展电子信息、生物医药、轻纺化纤、体育用品、工艺礼品等产业;出口加工区精心培植经济辐射力强、科技含量高、优势突出的产业集群,同时带动本地中小企业的产品出口,帮助中小企业转型升级,与国际市场对接。

c.江南工业园区,重点向西部发展,在产业上重点发展高新技术产业,在空间上注意对紫帽山风景区的保护和对周边多条区域重要交通廊道的预留。

d.石湖工业园区,以现有开发区为主体,结合石湖港口的发展和区域交通条件的完善,大力发展临港型工业、保税仓储和物流园区。

②四个特色工业园区

a.洛江经济开发区,注重产业升级,优化产业结构。

b.黄塘台商创业基地,以台商产业基地的开发建设为契机,发展低污染或无污染的特色产业,应注重对周边生态环境的保护。

c.崇武山霞石雕工业园区,以现有石雕工业为基础,进一步改造提升,应注重对滨海生态环境的保护。

d.磁灶陶瓷工业园区,以现有陶瓷工业为基础,提高产业发展层次,应注重对周边山体生态环境的保护。

（4）仓储用地

规划至2030年,中心城区仓储用地为6.40 km²,占规划城市建设总用地的2.29％,人均仓储用地2.29 m²。

中心城区的仓储物流用地主要分布在以下区域:

①石湖一带,结合石湖港口建设,建设大型综合性港口物流园区;

②秀涂一带,结合秀涂港口建设,建设综合性港口物流中心;

③江南浮桥一带,发挥外环高速公路、泉三高速公路等区域交通条件优势,建设综合性公路物流中心;

④出口加工区一带,结合紫帽出口加工区布局,建设专业出口物流中心。

（5）对外交通用地

对外交通主要指铁路、公路、管道运输、港口和机场等城市对外交通运输及其附属设施等用地,分为公路用地、管道运输用地、港口用地和机场用地。其中,公路用地指高速公路用地,一级、二级和三级公路用地,长途客运站用地;港口用地指海港用地和河港用地。

（6）道路广场用地

现状31.32 km²,占城市建设用地的8.78％,人均道路广场建设用地10.76 m²/人,基本达到国家标准。然而,中心城区现状道路框架较大,密度不足,道路不成系统,功能混乱。

（7）市政公用设施用地

公用设施用地包括其建筑物、构筑物及管理维修设施等用地,主要包括以下方面。

①供应设施用地:供水用地、供电用地、供燃气用地、供热用地;

②交通设施用地:公共交通用地、货运交通用地、其他;

③邮电设施用地;

④环境卫生设施用地:雨水、污水处理用地,粪便垃圾处理用地;

⑤施工与维修设施用地;

⑥殡葬设施用地;

⑦其他。

（8）绿地

①绿地系统结构

中心城区构筑以"一带七廊,五核多园"为主体,以外围绿化生态背景为补充的绿地系统。

a.一带:滨海防护生态林带。

b.七廊:沿晋江,洛阳江,九十九溪,西滨至灵秀山,祥芝至宝盖山,文笔山,崇武西部等形成七条重要的绿化生态廊道,在若干组团间起到重要的分隔作用,并具有生态、游憩等功能。

c.五核:清源山风景名胜区、桃花山森林公园、紫帽山风景名胜区、文笔山风景区和百崎湖风景区构成中心城区最主要的五个生态绿核。

d.多园:西湖公园、东湖公园、刺桐公园等城市公园。

②泉州市城市绿地规划

a.规模指标

规划至 2030 年,中心城区绿地达到 36.39 km^2,占规划城市建设总用地的 13.04%,人均绿地面积 13 m^2;规划公共绿地 35.49 km^2,人均公共绿地面积 12.67 m^2。

b. 公共绿地

规划中心城区形成市级公园、组团级公园、社区绿地和街头绿地这四级公共绿地。主要以市级、组团级公园为重点。

社区绿地在各居住社区布置中小型绿地,分布于各社区中心和中心城区景观道路两侧,每处面积为 2~5 hm^2;街头绿地在道路与建筑之间的闲置土地进行绿化,增建、扩建街头绿地,扩大亲切宜人的绿色空间,方便市民使用,每处面积为 0.5~2 hm^2。

c. 防护绿地

沿重大对外交通设施走廊两侧,按相应的防护要求布置,包括福厦高速公路、泉三高速公路、福厦高速铁路、漳泉肖铁路和多条快速路。

d. 风景名胜区

清源山国家级风景名胜区、紫帽山省级风景名胜区、桃花山自然保护区、仙公山风景名胜区等,必须按照相关规范要求进行保护。

(9)特殊用地

特殊用地主要指特殊用途用地,包括军事用地、外事用地、保安用地。

(10)水域和其他用地

主要包括水域、耕地(含菜地、灌溉水田和其他耕地)、园地、林地、牧草地、村镇建设用地(含村镇居住用地、村镇企业用地、村镇公路用地和村镇其他用地)、弃置地和露天矿用地。

2.3　泉州市公共服务设施

全市现有市级行业体协、单项运动协会 25 个,各种俱乐部、武术馆校 60 多个,功、拳、操辅导站 200 多个;全市文化娱乐经营单位共有 2183 家,从业人员近万人;全市共有综合娱乐场所 68 家,三星级以上酒店 61 家,歌舞厅 47 家,舞厅 32 家,卡拉 OK 厅 125 家,餐厅卡拉OK 有 156 家;网吧 136 家,电子游戏厅(室)150 家,台球厅 75 家,旱冰场 48 家,保龄球馆 12家,录像放映厅 42 家,电影发行部门 4 个,电影影剧院 19 家。

2.3.1　影剧院

(1)泉州影剧院

泉州影剧院位于历史文化名城泉州市西 20 号,毗邻闻名中外的国家级重点文物名胜——开元寺、东西塔。影剧院始建于 1959 年,复建于 1989 年,2002 年泉州市人民政府投资 340 万元对其全面装修。

(2)泉州东湖电影院

泉州东湖电影院毗邻泉州东湖公园,处于市中心,交通便利。

2.3.2　体育馆

(1)泉州侨乡体育馆

泉州侨乡体育馆位于泉州侨乡体育中心南侧,建筑面积 7679 m^2,总投资 2500 万元,馆内可容纳观众3400多人。该馆是侨乡体育中心的首期工程,于1992年12月正式动工,1994年元月建成。

(2)泉州市海峡体育中心体育馆

泉州市海峡体育中心体育馆定位为大型多功能综合体育馆,位于泉州市城东组团中心片区南部。该中心总占地面积达735亩,是2008年第六届全国农运会主场馆。该中心集"商业、休闲、文化及体育竞技"于一体,规划建设体育场、体育馆、游泳(跳水)馆、全民健身馆、网球馆、商务中心、接待中心和运动员公寓等设施,以及广场、道路、停车场等体育中心相关配套设施。

2.3.3 车站

泉州现有5个汽车站(泉州新车站、泉州客运中心站、泉州丰泽客运站、泉州汽车东站、泉州汽车西站)和2个火车站(含一个高铁站)。泉州新车站,位于温陵路与泉秀路交界处(也就是市标处,大洋百货对面)。泉州客运中心站,位于坪山路与泉秀路交界处(在中营学院旁)。泉州丰泽客运站,在宝洲路与坪山路的交界处(坪山路路尾)。泉州汽车东站,位于324国道186 km处,毗邻国立华侨大学和泉州火车站。泉州汽车西站,位于环城北路与新华北路交叉路口处。

泉州火车站位于福建省泉州市丰泽区城东镇福厦公路旁。福厦高铁泉州站在晋江,不在本次研究范围内。

2.3.4 港口、码头、仓库

泉州港位于福建省东南部,与台湾一水之隔。泉州港现辖有4个港区16个作业区,即:湄洲湾南岸港区(沙格、鲤鱼尾作业区);泉州湾港区(崇武、后渚、内港、石湖、祥芝作业区);深沪湾港区(梅林、深沪作业区);围头湾港区(围头、石井、东石、安海、水头作业区),以及正规划建设中的湄洲湾南岸港区斗尾作业区和泉州湾港区秀涂作业区。经过几年来的不断建设,现已建成投产码头32座、泊位54个,其中万吨级以上泊位10个,年设计吞吐能力1921万t,包括集装箱16万TEU(国际标准集装箱),初步形成了以泉州湾为中心港区、大中小码头泊位优势互补、配套设施比较完善、功能比较齐全的港口体系(见图2-3)。

2.3.5 宾馆、酒店

泉州商务中心比较分散,鲤城区由中山路、东街、打锡街、涂门街组成古城核心商业街区,中山路已改造成为传统商业步行街区,以丰泽广场为核心的商业圈,先后建成的闽南茶都、泉州汽车城、万祥数码城、宝洲路家具一条街、湖心街轻型建材一条街、东湖包袋材料市场等一批特色专业街(市)辐射带动了全区商贸服务业的发展。几家大的银行如招商银行、中国银行、农业银行等集中布置在丰泽街(也是金融街)。

近年来泉州市研究区域内的宾馆酒店有了迅猛的发展,不仅新建了一大批酒店,而且原有酒店也加快了升级改造的步伐。根据泉州市旅游局的统计资料显示,目前泉州市研究区域内有三星级以上宾馆60余家。其中,三星级酒店数量已增至47家,四星级酒店也达到14家,五星级酒店2家。泉州市中心主要宾馆酒店见表2-8。

图 2-3　泉州市码头一景

资料来源：http://www.qzkj.net/qxkjb/2005/06m30d/qxkjb/301.htm

表 2-8　泉州市中心城区主要宾馆酒店

序号	名称	规模	地点	楼高
1	泉州鲤城大酒店（三星级）	建筑面积为 21330 m^2，占地面积 11220 m^2	鲤城区南俊巷中段	10 层
2	泉州展览城宾馆（准三星）	客房数量：150 间（套）	泉州市鲤城区展览城商贸街	4 层
3	锦江之星	客房数量：93 间（套）	泉州市东湖公园正门对面	5 层
4	泉州酒店（五星级）		泉州鲤城区庄府巷 22 号（市政府旁）	主楼：16 层
5	航空酒店（三星级）	150 间	丰泽街	主楼：16 层
6	悦华酒店（准五星）	380 间	刺桐西路南段	28 层
7	华侨大厦（四星级）	208 间	百源路	11 层
8	泉州太子酒店	占地面积近 50 亩，建筑面积 4 万多 m^2，房间 202	经济技术开发区	5 层

序号	名称	规模	地点	楼高
9	泉州金宝商务酒店	264 间	宝洲路中段	13 层
10	泉州世贸中心大酒店(准四星)	141 间,3 万 m²	丰泽街中段煌星大厦	主楼 21 层、裙楼 13 层
11	泉州花园大酒店	103 间	丰泽区湖心街西段	10 层
12	晶都酒店(三星级)	71 间	丰泽区东湖街 718 号	多层

资料来源:根据泉州市工商局、百度网站、实地调研资料整理

2.3.6 大型商场与超市

泉州市大型商场与超市汇总见表 2-9。泉州市公共活动场所商业文化分布见图2-4。

表 2-9 泉州市大型商场与超市汇总表

序号	名称	营业面积(m²)	地点
1	永辉超市东街店	3000	泉州市鲤城区东街一区
2	永辉超市泉秀店	12000	泉州市丰泽区泉秀东街 26 号(金帝花园对面)
3	泉州新华都购物广场丰泽店	30000	泉州市丰泽区田安路泉州商城(丰泽广场:18000 m²)
4	泉州新华都购物广场汇金店	8000	福建省泉州市温陵南路汇金广场
5	泉州新华都购物广场新门店	5500	泉州市鲤城区新门街南 4 号楼
6	沃尔玛购物广场泉州江滨北路分店	18000	泉州市鲤城区江滨北路嘉信茂广场 2F、3F
7	麦德龙泉州丰泽商场	6000	福建省泉州市丰泽区云鹿路 11 号
8	泉州中闽百汇涂门店	10000	中心客运站涂门街西段 82 号
9	捷龙超市	5000	涂门街
10	捷龙超市	3000	美食街
11	奇龙超市	3000	东街钟楼
12	奇龙超市	5000	东门
13	奇龙超市	4000	温陵路
14	奇龙超市	20000	华大斜对面
15	奇龙超市	3000	武夷花园后面
16	永相逢超市	2000	泉秀路
17	永相逢超市	2000	庄府巷
18	永相逢超市	2000	东街
19	永相逢超市	2000	温陵路
20	好又多超市	10000	刺桐路
21	百旺超市	2000	田安路
22	百旺超市	2500	钟楼
23	百姓超市	2000	美食街
24	百姓超市	2000	田安路
25	百姓超市	2000	新华路
26	百姓超市	2000	泉秀路
27	百姓超市	2000	南淮路

注:在研究过程中,新华都购物广场于 2010 年 1 月将奇龙的五家门店收购,为说明问题,在此仍将奇龙单列。

资料来源:根据泉州市工商局、百度网站、实地调研资料整理

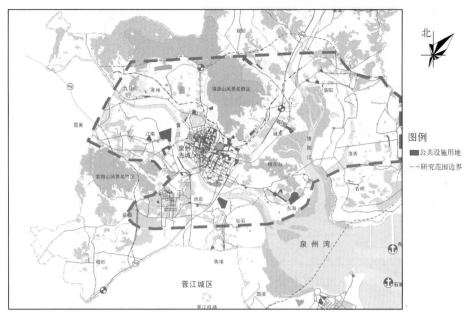

图 2-4　泉州市公共活动场所——商业文化分布图（见彩图）

2.3.7　公园

泉州中心市区目前拥有城市公园 12 个,包括西湖公园、刺桐公园、大坪山公园、江滨文化公园、石笋公园、桃花山森林公园、芳草园、释雅山公园等,景色宜人。现在,泉州市区园林绿地面积达 1109 hm²,绿化覆盖面积 1241 hm²,公共绿地面积 204 hm²,人均公共绿地近 7 m²,绿化覆盖率达 31%。泉州市公园一景见图 2-5。泉州市重要保护对象分布图(商业娱乐服务)见图 2-6。

图 2-5　泉州市公园一景

资料来源:http://tonywfy.waywaycn.com/b3742.html

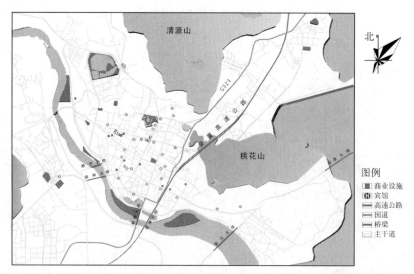

图 2-6　泉州市重要保护对象分布图(商业娱乐服务)(见彩图)

2.3.8　学校

至 2005 学年,全市有高等学校 14 所,其中本科高校 3 所,高职高专 11 所(含筹建 1 所)。各类高校招生 1.95 万人,比增 522 人,增长 2.75%;在校生 5.5 万人,比增 1.13 万人,增长 25.88%。其中,华侨大学、仰恩大学、泉州师院在校生 4.01 万人。普通高中 120 所,中等职业技术学校 78 所(含技工学校 12 所)。高中阶段在校生 20.85 万人,比增 2.14 万人,增长 11.45%。高中阶段招生 7.91 万人,比增 5796 人,增长 7.90%;初中毕业生升学率 66.60%,比去年提高 10.22 个百分点。初中 264 所(其中初级中学 246 所),在校生 37.07 万人,初中招生 13.18 万人,小学毕业生升学率 97.82%。小学 1951 所,教学点 105 个,在校生 62.03 万人,招收服务区新生 5.78 万人,招收外地新生近 1.3 万人,适龄儿童入学率 99.69%。泉州市高等学校汇总表见表 2-10。泉州市主要中学汇总表见表 2-11。泉州市重要保护对象分布图(文教设施)见图 2-7。

表 2-10　泉州市高等学校汇总表

名称	规模	地点
华侨大学	泉州、厦门两市设有校区,校园总面积 226.8 万 m²	
泉州师范学院	有东海和诗山两个校区,占地 1200 亩	
泉州医学高等专科学校	有洛江和县后街两个校区,占地面积 377.4 亩,现有校舍建筑面积 113494 m²	洛江校区:福建省泉州市洛江区安吉路 2 号;县后街校区:福建省泉州市县后街 50 号
黎明职业大学	现有占地面积 620 亩,建筑面积 17 万 m²	
福建电力职业技术学院	现有校园面积 400 多亩,建筑面积 9 万多 m²(洛江校区计划建筑面积 15 万多 m²)	泉州市北郊的国家级风景名胜区清源山麓
泉州华光摄影艺术职业学院	占地 230 多亩,现拥有办公楼、教学中心、实习工厂、公寓楼、餐厅、运动场馆等建筑面积 6 万余 m²	泉州市洛阳桥北

续表

名称	规模	地点
仰恩大学	占地面积 2000 余亩,校舍建筑面积 52 万 m²,体育场馆面积 14 余万 m²	泉州市北郊
泉州理工学院	学院校区包括泉州主校区,泉州博艺、晋江金井、埔宅、围头、南安山美等实训基地,校园占地 150 亩,面积 8.4 万 m²	泉州中心市区
泉州财贸学校	占地面积 24 亩,建筑面积 14388 m²	泉州市区东街二郎巷
泉州中营职业学院	校园建筑面积 7.5 万 m²	福建省泉州市坪山路南段
泉州艺术学校		泉州市清蒙开发区迎宾路
泉州经贸职业技术学院	占地 350 亩,建筑面积 5.5 万 m²	泉州市鲤城区南环路
泉州信息学院	占地 561 亩,建筑面积 155717 m²	泉州市丰泽区博东路 235 号
泉州儿童发展职业学院	现有建筑面积 7 万多 m²,学院在原有校区的基础上扩建东海新校区 300 亩(在建)	福建泉州东海滨城学园北侧
泉州服装学校	占地仅 10 多亩,新校区规划面积 250 亩	泉州市丰泽区东海法石美山
泉州市电子科技学校		福建省泉州市丰泽区博东路 235 号
泉州市高级技工学校	占地近 100 亩	泉州市北门外潭美
泉州市农业学校	现占地面积 317 亩,有室内体育馆,建筑面积 9000 千多 m² 的综合大楼	福建省泉州市丰泽区坪山路 350 号
泉州电子学校		刺桐北路东岳工业区(泉州体育馆后)
福建省泉州卫生学校		鲤城区县后街 50 号
泉州凯佳电脑学校		泉州市刺桐东路北段妇女儿童活动中心 C 座
泉州泰山航海职业学院	总占地面积为 823.15 亩,其中主校区占地 690.15 亩,海边训练基地 133 亩(距主校区仅 1.2 km),总规划建筑面积为 22.8 万 m²	石狮市祥芝镇
泉州纺织服装职业学院	校园占地近百亩,建筑面积 6.1 万 m²	泉州石狮市
泉州光电信息职业学院	学院用地面积 1057 亩,分为宝盖、蚶江两个校区。教学楼、实验楼、行政楼、体育馆、图书馆、大学生公寓、教师公寓等建筑面积为 18 万多 m²。学院固定资产 3.5 亿元	福建省石狮市厝仔工业区
闽南理工学院	校园面积 1100 多亩,现建筑面积 19 万多 m²,目前,学院资产达 5 亿多元	福建省石狮市宝盖风景区(宝盖校区)、福建省石狮市厝仔工业区(蚶江校区)
泉州育青职业技术学院	学院占地面积上百亩,建设面积 5 万多 m²,总投资近 8000 万元	泉州石狮市
泉州经贸职业技术学院慈山分院	现有用土面积 212.59 亩,总建筑面积 37080 m²	泉州安溪湖头

资料来源:根据泉州市教育局以及实地调研资料整理

表 2-11　泉州市主要中学汇总表

区	名称	规模	地址
鲤城区	泉州一中	学校校园面积 43702 m²，校舍建筑面积 46000 m²	泉州学府路 31 号
	泉州培元中学	学校占地面积 44000 m²，建筑面积 34000 m²	泉州市鲤城区新华北路花棚下
	泉州三中	占地面积 38.5 亩，建筑面积近两万 m²	泉州市鲤城区东街菜巷 20 号
	泉州五中	校园面积 35154 m²，建筑面积达 26507 m²	泉州市桂坛巷 49 号
	泉州七中	占地总面积达 100 亩，其中分校占地面积 42 亩	泉州天后路 40 号
	泉州现代中学（泉州七中分校）	占地面积 42 亩	泉州市田安南路 371 号
	泉州科技中学（泉州五中分校）	校园占地 50 多亩，是泉州中学面积最大的学校之一	泉州学府路原泉州师院内
	泉州十五中（原名泉州市满堂红中学）		福建省泉州市鲤城区浮桥仙景
	泉州外国语中学	学校投资 1.2 亿，占地 45 亩	学府路 33 号
丰泽区	泉州市城东中学	现占地面积 83338 m²，校舍建筑面积 43906 m²，绿化面积 13000 m²	泉州丰泽区城东前林村
	泉州市第九中学	学校现占地 50.71 亩，绿化面积 12000 m²，绿化率达到 35.5%，被评为市"园林式学校"	泉州丰泽区津淮街中段
	泉州市东海中学	学校占地面积 20326 m²，建筑面积 12271 m²，绿化面积 6000 m²	泉州市丰泽区东海镇法石村
	泉州市剑影武术学校	占地面积 5.2 亩，建筑面积 5000 多 m²	泉州市北门普明 305 省道边
	泉州市实验中学（泉州五中分校）	学校目前分两个校区：圣湖校区坐落于泉州市圣湖路圣湖社区旁，校园占地 42 亩；滨江校区坐落于泉州市疏港路法石社区旁，校园占地 58 亩	泉州市丰泽区圣湖小区旁；泉州市疏港路法石社区旁
	北京师范大学泉州附属中学	学校占地面积 106 亩，总建筑面积 6 万多 m²，全部设备按照一级达标校标准配置，总投资达 1.5 亿	泉州丰泽区东海街道云山社区
	泉州第十中学	校园占地 29.5 亩，建筑面积 9143 m²，生均占地和生均校舍分别为 15.97 m²/人和 7.44 m²/人	泉州市中心城区的丰泽街明湖路

资料来源：根据泉州市教育局以及实地调研资料整理

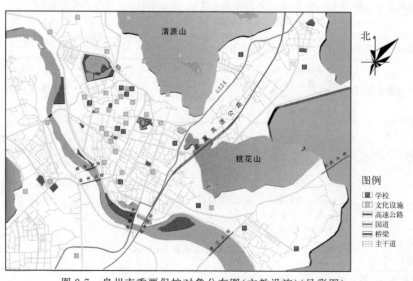

图 2-7　泉州市重要保护对象分布图（文教设施）（见彩图）

2.3.9 医院

鲤城区现有医疗卫生单位有：市人民医院、区卫生防疫站、区妇幼保健所、开元卫生院、鲤中卫生院、海滨卫生院、市中医外科医院、江南中心卫生院、浮桥卫生院、市成功医院等 10 所综合或专科医疗机构。泉州市主要医院汇总表见表 2-12。

表 2-12 泉州市主要医院汇总表

名称	面积	床位	地址
福建医大附属第二医院（泉州市第二医院）	占地面积 23.07 亩，建筑面积 44557 m²。"东海分院"占地面积 142.6 亩	医院病床编制 670 张。医院目前年门诊量 50 多万人次、年住院量超过 2 万人次	鲤城区中山北路 34 号
泉州市 180 医院	占地 12 万多 m²，建筑面积 7 万多 m²	医院展开床位 800 张，年收治病员 18000 余人次	丰泽区清源山下
泉州市第一医院	现占地面积 49 多亩	编制开放床位 810 张。年门诊量 60 多万人次，年住院病人 2.2 万人次，年急诊病人 3 万人次	鲤城区东街
泉州市第三医院	总建筑面积近 5000 m²	编制床位 370 张，实际开放 320 张。年门诊量 70000 次	泉州市鲤城区模范巷 92 号
泉州市人民医院（泉州医学高等专科学校附属人民医院）	占地面积 74 亩	开放床位 500 张。年门诊量约 20 万人次，年住院病人万余人次	鲤城区打锡巷
泉州市中医院	占地面积 11665.5 m²，建筑面积 20996 m²	开放病床 370 张。年门诊量 180600 次	鲤城区温陵路
泉州市正骨医院	占地面积 12 亩，建筑面积 11600 m²	编制床位 299 张	丰泽区刺桐西路
泉州市儿童医院泉州市妇幼保健院	占地面积 36000 m²，建筑面积 42000 m²	编制病床 500 张	泉州丰泽街
泉州市东南医院	医院面积 10000 多 m²	设有病床 80 张	丰泽区泉秀东路
泉州市成功医院	医院面积 10000 多 m²	现有编制病床 80 张。年均门诊量 2 万多人次，年均住院 1 千多人次	鲤城区浮桥东浦村
泉州市皮肤专科医院	建筑面积 20000 m²	专科住院病床 100 张	鲤城区北城基路
泉州市 120 急救中心	中心大楼总建筑面积近 5000 m²		丰泽区刺桐东路
泉州残疾人康复中心	建筑面积 10000 m²	编制病床 80 张	丰泽区刺桐东路
计生站生殖保健中心	建筑面积 2000 m²		丰泽区丰泽街

资料来源：根据泉州市卫生局以及实地调研资料整理

2.3.10 高层及超高层建筑

20 m 以上的公共建筑及 10 层以上的住宅建筑可称为高层建筑。目前,泉州市共有高层建筑 400 多栋,仅中心市区就有 200 多栋。未来三年内,将有 70 多座高楼在该市市区拔地而起。随着该市城市化步伐不断加快,高层建筑越来越多、越来越高,结构越来越复杂。高层建筑主要分布于丰泽区温陵路、田安路。超高层建筑分布于丰泽街,几家银行、保险大厦分布于此。

但是随着 2009 年 11 月泉州市总部经济聚集区选址的确定,分别位于东海、城东、江南三个片区的高楼聚集,成为消防隐患最大的区域。东海总部经济聚集区选址于东海组团沿海大通道北侧,浔埔保护片区周边地块建筑高度控制在 160 m 以内。城东总部经济聚集区由 7 栋 25 层至 43 层的高层办公建筑组成。江南总部经济聚集区共布置了 9 栋 15 层至 30 层的高层办公综合建筑,中心城区高层有泉州市财政大厦、泉州市地税大厦、泉州市国税大厦、泉州市工商行政管理大楼、泉州晚报大厦、泉州市行政服务中心、中国人寿保险公司泉州分公司(保险大厦)、中国人民保险公司泉州分公司(保险大厦)、中国人民银行泉州市中心支行(人行大厦)、中国银行泉州市分行(中行大厦)、中国建设银行泉州市分行(建行大厦)、中国农业银行泉州市分行(农行大厦)、中国工商银行泉州市分行(机关大院)、福建兴业银行泉州市分行(兴行大厦)、泉州丰泽商城、泉州煌星大厦、泉州益华商厦、福华商厦等。

由于电线线路密集、人员集中、楼层较高等原因,高层建筑一旦发生火灾,不易扑救,是需要重点关注的对象。

2.4 泉州市公共基础设施布局

2.4.1 给排水系统

(1)供水系统

泉州市供水工程始建于 1964 年,规划区内现有 11 个水厂,规划为 8 个组团供水,其中北水厂和泉南水厂形成泉州市供水干网。北水厂建于 1983 年,日供水量为 5.0 万 t;泉南水厂建于 1994 年,日供水量 20.0 万 t。20 世纪 70 年代建造的管道大部分已进行了改造,并增设了新管道。市中心区管网已成环状,郊区成枝状,管材为普通铸铁管、球墨铸铁管、预应力钢筋混凝土管和少量的钢管及 70 年代的普通水泥管。普通铸铁管直径为 100~300 mm,石棉水泥刚性接头;球墨铸铁管为 400~800 mm,为承插楔形接头;预应力钢筋混凝土管为 1000~1400 mm,承插式橡胶圈接头;钢管为焊接接头。此外,还有清濛水厂和 2 个小水厂及 6 个企事业单位的自备水厂,准备纳入城市总体供水系统。目前,除了部分 70 年代的水泥管经常发生漏水外,各水厂和供水网管运行良好。

(2)排水系统

近年来,泉州市高度重视城市生活污水处理设施建设,全市污水产业化工作有序开展,不断深入,并取得良好效果。据统计,全市城市污水处理能力达到 57 万 t/日;中心市区污水处理率达到 75%以上。泉州市主要污水处理厂见表 2-13。

表 2-13 泉州市主要污水处理厂

污水处理厂	服务范围
泉州市主城区 宝洲污水处理厂 东海污水处理厂 城东污水处理厂 北峰污水处理厂 洛秀污水处理厂	泉州市的鲤城区、洛江区、丰泽区,南安市的丰州镇、泉州市惠安县的洛阳镇和东园镇

资料来源:根据《泉州市城市总体规划(2008—2030)》资料整理

2.4.2 能源供给系统

(1)供电

泉州市区域内供电系统是由 4 个 220 kV 变电站、13 个 110 kV 变电站和高压输电线路组成。供电系统的建筑均按 7 度进行抗震设防,变电站的变压器、断电器、隔离开关、电压和电流互感器、避雷器等主要设备先进,高压输电线路的电杆采用钢筋混凝土,线塔以钢为材料,抗震性能良好。城东变电站只和惠安变电站有个双回路,降低了其供电可靠性,并影响了与之相连的大淮、滨城变电站的供电可靠性。

泉州市现状能源消耗主要以煤炭、电、柴油、燃料油为主,而且大部分能源需由省外调入供应。

目前泉州市单位 GDP 耗电指标略低于福建省的平均水平,与厦门市比较接近,但高于福州市。进入"十五"后,由于产业结构的调整,尤其是工业比重的增加以及化工、化纤等高耗能产业的快速发展,泉州万元 GDP 耗电量指标呈现回升态势。随着泉州将重化工作为今后的重要发展方向,单位产值耗电量还会继续增加,这给泉州的能源供应和单位产值能耗指标控制造成一定的压力。

2007 年泉州市最高用电负荷 3913 MW,用电量 250.1 亿 kW·h,用电总量占全省四分之一,分别比上年增长 16.11% 和 14.69%。2006 年全市人均综合用电 3253 kW·h,人均生活用电 476 kW·h。

泉州受端电网是省电网的重要组成部分,主要依靠省网供电。目前泉州市仅有南埔一座大型电厂(2×300 MW),另有中小电厂总装机容量约 1110 MW,其中水电约占 76%。这些中小电源分布广、容量小,绝大部分属径流开发,调节性能差。

220 kV 电网基本形成南、北分片供电格局,南部电网的官桥、永和、清濛、罗塘、山兜、宝盖、山峰、蟠龙、湖池等变电站由 500 kV 泉州变、晋江变供电,北部电网的井山、城东、东星、玉叶、惠安、涂寨、长新等变电站由 500 kV 泉州变和区域外的 500 kV 莆田变和南埔火电厂一期供电。现有 500 kV 变电站 2 座,主变 4 台,总容量 3800 MVA;220 kV 变电站 20 座,主变 40 台,总容量 7200 MVA。2006 年全市 110 kV 变电站有 78 座,主变 153 台,总容量 6374 MVA;另外南安、安溪、永春和德化等山区县还存在部分 35 kV 变电站。2006 年泉州市火电机组(含热电联产、企业自备电厂机组)有关情况见表 2-14。

由于目前泉州缺乏足够的电力支撑,以致影响到电网的安全稳定运行,至规划期末全市形成以南埔火电厂、晋江燃气电厂、惠安火电厂、石狮鸿山热电厂、华电晋江电厂等 5 个大型电厂联合供电的局势,其装机总容量可达 13900 MW,基本可以解决泉州地区缺乏大型电网支撑的问题。泉州市规划电源规模见表 2-15。

表 2-14　2006 年泉州市火电机组(含热电联产、企业自备电厂机组)有关情况表

火电企业名称	总装机容量(万 kW)	机组编号	机组装机容量(万 kW)
福建省石狮热电有限责任公司	1.8	1	0.6
		2	0.6
		3	0.6
国电泉州发电有限公司南埔电厂	60	1	30
		2	30
德化县国有电力投资经营有限公司德义热电分公司	2.4	1	1.2
		2	1.2
晋江热电厂	10	1	5
		2	5
福建省永春美岭集团(热电联产)	2.4	1	1.2
		2	1.2
安溪煤矸石发电厂	10	1	5
		2	5
晋江晋源柴油机发电有限公司	6.72	1	1.12
		2	1.12
		3	1.12
		4	1.12
		5	1.12
		6	1.12

资料来源:http://www.qzepb.gov.cn 泉州市环保局网站

表 2-15　泉州规划电源规模(单位:MW)

电厂名称	规模			总装机容量
	一期	二期	三期	
南埔火电厂	2×300	2×600	2×1000	3800
晋江燃气电厂	4×350	2×350		2100
华电晋江电厂	2×600	2×600		2400
惠安火电厂	4×600			2400
石狮鸿山热电厂	2×600	2×1000		3200
合计				13900

结合区域电网规划,在泉州南安规划建设特高压变电站。规划期末,泉州境内共有 9 座 500 kV 变电站,分别为泉州变(2×900 MVA)、晋江变(2×1000 MVA)、晋北变(3×

1000 MVA)、惠安变(2×1000 MVA)、泉港变(2×1000 MVA)、大园变(2×1000 MVA)、石狮变(2×1000 MVA)、南安变(2×1000 MVA)和永春变(1×1000 MVA),总容量达到17800 MVA。

分期建设 220 kV 变电站。到规划期末,泉州共有 61 座 220 kV 变电站,变电容载比在1.6~1.9 之间。

(2)燃气

泉州市供燃气系统的建设时间不长,主要以泉州平原区作为泉州市开发管道煤气的示范区,为今后全市燃气建设积累经验。平原小区的供气范围东起坪山路、西至温陵路,南以晋江北岸的东堤路为界,北到风山南路。气化居民 10.08 万人,计 2.65 万户。同时考虑了气化范围内的商业及小工业用户用气。

2.4.3　通信系统

泉州市通信系统的有线电话、无线电话和网络覆盖了泉州市区,乡镇一级有线电话和无线电话也基本实现了 100% 的覆盖。

泉州市通信系统主要涉及电信、联通、移动、邮电、有线电视等企业单位,各企业将以自身作为主体,进行抗震防灾规划的编制,制定抗震防灾措施和要求。

2.4.4　工程管线

(1)天然气管道

泉州市于 2005 年 9 月份引进天然气使用工程。自开工至 2007 年 10 月,累计完成高中压管线铺设 200 多 km,泉州市液化天然气一期工程计划建设门站 3 座(泉州、晋江、惠安),高压管线 26.4 km,次高压管线 15.6 km,高压/中压调压站 3 座(晋江、清濛、南安),次高压/中压调压站 2 座(石狮、内坑),LNG(液化天然气)应急气源站一座(泉州门站内),CNG(压缩天然气)加气母站 1 座(泉州门站内),新建中压干管 636.13 km,改造部分中压管网并建立监控及数据采集(SCADA)系统,预计工程投资 9.5 亿元。泉州门站、晋江广安储配站、南安储配站、清濛储配站、惠安华辉储配站、晋江罗山瓶组站等 6 个场站已经建设完成,并投入使用。

2007 年,该工程已对泉州市区、晋江市、石狮市、南安市、惠安县 5 个县(市、区)进行了供气,共有 200 多家工商业用户、15000 多户居民用户通上了天然气。随着工程的推进,2008年市区居民小区基本上都能具备开通天然气的管网条件。

至 2008 年 4 月泉州市累计完成投资 4.45 亿元。泉州门站、南安调压站、华辉 LNG 站、清濛 LNG 站、晋江罗山瓶组站建成;惠安门站土建完工,正在安装工艺管道;晋江门站土建和安装正在施工;南安 LNG 站设备已安装,土建完成。累计铺设高压管道 14.7 km,次高压管线已完工。

(2)地下污水管道

至 2009 年 10 月,泉州市建成区污水管道主干管总长约 1100 km,未来一批管网系统将继续建设,完善该市城市污水处理体系。

2.5 泉州市大型公用交通设施布局

2.5.1 泉州市交通系统概况

泉州市中心区路网基本形成"一环四横五纵"的干道网布局。现状道路总长810 km,其中高速公路29.2 km,国道17.8 km,现有城市主、次干道长度约360 km,道路面积率为11.25%,高于7.82%(全国的平均水平)。同时,中心区城市道路主次干支路的级配比例关系为1:0.2:1.46,次干路比例偏低。从道路等级的级配关系看,路网系统不合理,主干路基本形成,次干路和支路严重欠缺,系统远没达到"金字塔"形的合理道路网等级结构的要求。而中心区以外的其他地区,路网体系还未真正形成。泉州市主要道路见图2-8。泉州市区重要保护对象分布图(重要交通设施)见图2-9。

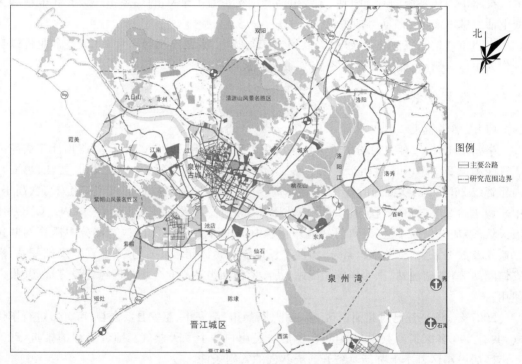

图 2-8 泉州市主要道路(见彩图)

泉州市居民日均出行次数2.63次,计算得泉州中心区现状客流总量约为171万次。居民出行主要以步行、自行车、摩托车方式为主,这三种出行方式比重占总出行方式的86.2%;而公共交通仅占4.7%左右,若包括暂住人口,则公共交通的出行比例为8%左右。其中,公交出行较大的街道为开元街道、鲤中街道,分别占公交总量的17.1%和16.3%;其次为丰泽街道和海滨街道,分别占公交总量的8%和7.9%,整体公交出行比例仍处于较低水平。

根据现有预测,全市公路货运总需求量将达到:近期(2015年)1.2亿t,远期(2030年)2.5亿t左右。泉州市公路货运总量和枢纽作业量发展预测见表2-16。

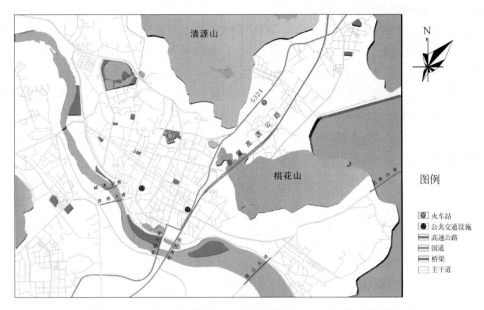

图 2-9　泉州市区重要保护对象分布图(重要交通设施)(见彩图)

表 2-16　公路货运总量和枢纽作业量发展预测(单位:万 t)

年份	货运总量	集装箱	零担配送	储运	联运
2010	8400	18	168	252	35
2015	12100	39	300	424	68
2020	16500	81	495	660	130
2030	25000	135	710	850	280

　　物流中心的功能主要是为区域的工业、销售企业提供物流服务,通过其良好的集散条件,积极吸引物资到该区域,成为区域的货物集散地,促进当地的经济发展。物流中心通过对货运交通的吸引和物流企业的吸纳,对改善城市用地结构、减轻城市交通压力、优化城市生态环境及增加就业岗位均产生巨大的积极影响,具有较好的经济效益和社会效益。

　　伴随着海西区域和泉州市域综合交通网络的逐步完善,大力发展现代物流业是泉州支撑自身产业发展、参与国内国际竞争、强化泉州对周边和内陆地区经济辐射力的需要。规划形成四大类物流枢纽,即海港物流中心、铁路物流中心、公路物流枢纽和空港物流中心。

　　(1)海港物流中心:规划分别在各主要港区,建设服务于各自地区和产业发展的临港物流及多方式联运的货运枢纽。主要包括肖厝海港物流中心、斗尾海港物流中心、泉州湾秀涂、石湖综合物流中心和深沪、围头港地区性海港物流中心等。其中肖厝、斗尾、秀涂三处货运枢纽应建设"公—铁—海"多方式联运的综合物流中心。

　　(2)铁路物流中心:结合福厦铁路、福厦货运铁路、漳泉肖等干线铁路的规划建设,分别在惠安、晋江前洪、南安美林、泉港肖厝、安溪等重要市县建设公路—铁路联运发展的城市货运枢纽。规划铁路物流中心包括:泉港综合铁路物流中心、晋江综合铁路物流中心、惠安西站综合铁路物流中心、丰州高铁站公路—铁路联运物流中心、南安观音山现代物流园区、安溪地区性综合铁路物流中心。

（3）公路物流枢纽：结合现有公路专业规划和未来泉州市域发展需要，规划在以下地区建设公路货运枢纽和物流园区：泉州区域性综合公路物流中心（经济技术开发区）、泉港地区性综合公路物流中心、石狮服装城物流中心、安海—水头地区性综合公路物流中心、石井闽台商贸物流中心、南安地区性综合公路物流中心、惠安地区性综合公路物流中心、安溪地区性综合公路物流中心、永春地区性综合公路物流中心、德化地区性综合公路物流中心。

（4）空港物流中心：结合民用航空规划，设置地区性空港物流中心，近期于晋江机场周边建设航空货运站，待新机场选址确定后另行建设航空物流中心。

2.5.2　轨道交通

目前，泉州市形成了以福厦高速公路、泉三高速公路和国道（G324）、省道（S201、S203、S206、S207、S306、S307、S308）为主体，以县乡道路为补充的市域公路网，实现了村村通公路。现状全市公路网通车里程 13920 km，其中：高等级（二级以上）公路 1750 km，公路网密度达到 128.12 km/百 km²，略高于全省平均水平（73 km/百 km²），但仍低于全国平均水平。公路系统建设发展处于相对缓慢的局面，难以适应泉州市社会、经济快速发展带来的交通需求增长要求。

2008 年，泉州公路完成客运量 8666 万人次、客运周转量 71.81 亿人千米，平均运距 82 km；完成公路货运量 6443 万 t、周转量 60.34 亿 t km，平均运距 93 km。

现状干线公路网流量分布显示：泉州市公路交通需求主要集中在沿海经济发达地带，而与内陆地区的公路交通联系则相对薄弱。要实现泉州东部沿海和西部山区经济协调发展，就必须实现两者间的现代化交通联系。现状干线公路网流量分布图见图 2-10。

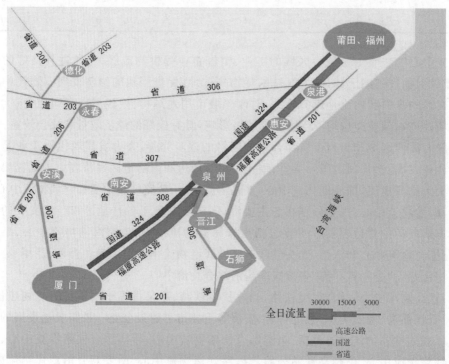

图 2-10　现状干线公路网流量分布图（见彩图）

受地形条件限制,福建省铁路建设相对落后,其中泉州市现状铁路建设与发展更显不足,铁路系统建设和运输发展水平与泉州经济总量全省第一的城市地位不相符合。

泉州市域内现状仅拥有漳泉肖铁路,起于鹰厦铁路漳平站,途经安溪、南安、泉州、惠安至肖厝,全长约 257 km,为单线、Ⅲ级,年输运能力 350 万 t。2008 年,漳泉肖铁路完成旅客发送量 157 万人次,旅客周转量 2.20 亿人千米;货运 1012 万 t,货运周转量 12.90 亿 t km;平均运距 127 km。客运线路为泉州—武汉;货运以矿石、水泥、矿建、钢铁、煤炭等为主,虽然近年来实现了较快增长,但仍存在线路技术等级偏低、运能有限、与城市环境建设存在一定矛盾等问题。

2.5.3　重要大桥

泉州市区段第九座跨江大桥——田安大桥,已于 2012 年通车。除了已停用的浮桥和顺济旧桥,晋江泉州市区段目前有 7 座跨江大桥,分别为泉州大桥、刺桐大桥、笋江大桥、顺济新桥、泉厦高速公路沉洲特大桥和泉州晋江大桥、田安大桥。

(1)泉州大桥

泉州大桥于 1980 年 11 月 28 日在顺济桥下游 400 多 m 处破土动工,费时 3 年 10 个月,耗资 1755 万元,于 1984 年国庆节前夕建成通车。泉州大桥是一座由 22 孔、23 座墩台、157 根灌柱组成的飞架晋江之上的钢筋混凝土拱桥,大桥长达 848 m,桥面宽 16 m。

(2)刺桐大桥

大桥总投资 2.5 亿元,全长 1530 m、宽 27 m、双向六车道,设计日通车量为 2.5 万辆,是当时福建省最大型公路桥梁之一。

(3)笋江大桥

笋江大桥位于晋江下游,是连接晋江两岸的重要交通通道,桥宽仅为 15 m,仅有总宽为7.5 m 的 2 个机动车道。2004 年 10 月,笋江大桥实施了两侧拓宽改造工程,笋江大桥由15 m 拓宽至 32 m,现有的 2 车道增加至 4 车道。

(4)顺济新桥

顺济新桥位于江滨北路,北侧交通节点目前交通组织复杂,车流量较大,且人车混行,是滨江北路最为拥堵的节点之一。2009 年 7 月进行了改造。

(5)泉厦高速公路沉洲特大桥

该桥位于泉州市泉秀路西侧的沉州工业区旁,是泉(州)厦(门)高速公路上一座横跨晋江的双幅单向车道的分离式特大桥,于 1997 年建成投入使用。主桥上部结构为 50 m+5×80 m+50 m 的预应力混凝土变截面箱型连续梁桥,顶宽 11.5 m,底宽 6.5 m,主跨跨中箱梁内净空 1.4 m,根部处箱梁内净空 3.8 m。下部结构采用柱式墩、肋式桥台,基础为钻孔灌注桩基础。

(6)泉州晋江大桥

2004 年 11 月开工建设的泉州晋江大桥是省道 201 线泉州段暨泉州沿海大通道的关键性工程,由主桥、南北引桥及南北互通立交组成。大桥起点北岸与泉秀东街连接,跨越晋江江面后,终点南岸晋江市陈埭镇仙石村与江滨路和沿海大通道连接,全长 3.6 km。

全市还有上百座中小桥,多为实心板桥梁,少数为石拱桥、空心板梁桥和 T 型梁桥,还有箱型和钢架的桥,现状良好。

2.5.4　重要隧道

(1)瑞峰铁路隧道:仕公岭。

(2)大坪山隧道/泉厦高速公路:大坪山隧道位于泉州市区内,分左右两洞,全长1524 m,宽10.5 m,净高7.24 m,最大埋深60 m。

(3)朋山岭隧道:隧道全长4.05 km,其中隧道单洞双向,长1320 m,宽10.5 m,净高5 m,区域内还有华大、邮电和迎津三座人行天桥,状态良好。

2.5.5　重要高架立交桥

(1)泉州西福立交改扩建工程位于国道324线(福厦线)与福厦高速公路连接的喇叭形互通立交处,扩建的互通立交为城东片区主干道5号路与国道324线原有立交匝道连接,将原来出收费站后需绕行才能进出5号路至海峡体育中心的交通流,通过改扩建后的立交匝道直接进出5号路至海峡体育中心。工程主要包括:改扩建西福立交A、B、C三条匝道;匝道总长约1005 m;同时废弃原有一条匝道,另外改建涵洞一座,新建桥梁两座、涵洞两座。

(2)顺济新桥北立交位于江滨北路,扩建工程将原有四车道全线扩容为六车道,全长20 km。已于2010年全线贯通。

(3)桥南立交位于江滨南路和G324相交处,2008年底完成防护工程。

(4)刺桐大桥立交是一座连接晋江陈泉路和泉州市区江滨路的新立交桥。2007年10月建成,大大缩短晋江陈埭、西滨以及石狮到泉州市区的路程。

(5)田安大桥工程起点位于田安路与泉秀街的交叉口南侧,路线沿田安南路上跨宝洲街交叉口,由西经半径为300 m平曲线后上跨江滨北路,以基本垂直水流方向跨越晋江,主线跨越江堤及江滨南路后,以高架桥的方式沿江滨南路中央分隔带向东接入规划机场连接线,到达路线终点。2010年初开始修建,大桥设计为双向六车道,设计时速为60 km,标准道路宽度47 m,标准桥梁宽度为36.5 m,主桥桥跨布置为50+160+50 m。主线道路全长2897 m,包括一座跨越晋江的主桥和三座互通立交(宝洲街互通、江滨北路互通、江滨南路互通),目前的推荐方案桥梁总长度2256 m。

2.6　泉州市重大危险源布局

2.6.1　贮罐区(贮罐)

(1)巨型煤气储罐

根据调查,泉州市经过几年的整治,不规范的液化气储配站已经被取缔,目前泉州市研究区域内共有2家液化气储配站及43家供应点,分布在31个城镇,情况如表2-17所示。2家液化气储配站都分布在后渚。泉州招商石化有限公司储配站在泉州市丰泽区东海镇,储量4000 t。泉州市液化石油气公司后渚储配站储量200 t,近期因槽车泄漏事故暂借泉州招商石化有限公司储罐。泉州市主要煤气、液化石油气、天然气储罐统计表见表2-17。

表 2-17　泉州市主要煤气、液化石油气、天然气储罐统计表

序号	名称	储量（t）	地址
1	泉州招商石化有限公司储配库	4000	泉州市丰泽区东海镇后渚港
2	泉州市液化石油气公司储配库	200	泉州市区后渚大桥右侧
3	新华液化石油气供应站	1	新华路 1 号
4	西街液化石油气供应站	1	西街 527 号
5	北门液化石油气供应站	1	北门街西 D-29 号
6	金山液化石油气供应站	1	金山干休所 5-6 号店面
7	玉泉液化石油气供应站	1	东浦上埕路口
8	坂头液化石油气供应站	1	浮桥镇繁荣路中段
9	刺桐路液化石油气供应站	1	刺桐西路刺桐公园 1 号
10	丰泽区北峰招贤液化石油气供应站	1	丰泽区北峰普贤路边
11	丰泽区北峰招联液化石油气供应站	1	丰泽区北峰招联进站路草地边
12	泉秀液化石油气供应站	1	泉秀路 59 号
13	田安液化石油气供应站	1	兰台路 12 号店面
14	富源液化石油气供应站	1	东涂村源淮 28 号
15	东美液化石油气供应站	1	刺桐东路
16	祖钊液化石油气供应站	1	北门外泉山路倒松对面
17	快捷液化石油气供应站	1	宝洲路中段
18	益民液化石油气供应站	1	后茂路口
19	鹏程液化石油气供应站	1	宝洲路宝洲花苑南侧
20	东海金崎社区液化气供应站	1	东海街道金崎社区
21	东海滨城液化气供应站	1	东海滨城别墅区大门旁 17 号店面
22	宝珊花园液化气供应站	1	东海宝山社区厨头
23	恒辉液化气供应站	1	北峰工业区丰发路
24	北峰群石液化气供应站	1	北峰群石社区高厝
25	北峰群山液化气供应站	1	北峰群山社区上村王厝角
26	城东东星社区液化气供应站	1	城东东星社区
27	城东新前液化气供应站	1	城东新前社区 1 号店面
28	城东新前志刚液化气供应站	1	城东新前社区
29	城东浔美社区阿忠液化气供应站	1	城东浔美社区
30	霞美液化气供应站	1	城东霞美社区
31	城东埭头第一液化气供应站	1	城东埭头社区
32	华大新埔社区液化气供应站	1	新埔社区闽东南地质队大门
33	快运液化气供应站	1	坪山路南段
34	霞淮液化气供应站	1	霞淮烟草公司宿舍边店面 1-2 号
35	泉州市鲤城金源液化石油气供气站	1	人才大厦北侧 18 号店面
36	源液化气供应站	1	环清社区花围内
37	丰泽东南液化气供应站	1	津淮街东段丰泽消防大队东侧 6 号
38	西湖瓶装液化气供应站	1	新华北路西门社区 11-7 号店
39	少林瓶装液化气供应站	1	少林路自来水厂 3 号店面
40	洛江区超群液化石油气供应站	1	洛江区万安吉和街
41	洛江区万通液化石油气供应站	1	洛江区万安车宅溪边

续表

序号	名称	储量(t)	地址
42	洛江区万安塘西液化石油气供应站	1	洛江区万安街道办塘西村
43	洛江区琯头液化石油气供应站	1	洛江区万荣街明益店 11 号
44	泉州鲤城金源液化气有限公司	90	鲤城江南上村工业区
45	中石化后渚油库	贮罐区 3 个	泉州市丰泽区东海办事处莲安村
46	泉州市泉安石化有限公司	贮罐区 1 个	丰泽区少林路北段
47	泉州丰泽通达石油制品有限公司	贮罐区 1 个	丰泽区华大街道南埔岭
48	泉州闽中燃港丰石化有限公司		泉州市后渚港区港丰油库管理中心

资料来源：根据泉州市抗震规划(2007)、泉州市安监局相关资料整理

(2)市内加油站及油库

据对泉州市有关部门调查，目前泉州市共有较大型的油库 17 家，它们的储量不一，较大的石狮永宁油库的储量达 50000m³。储量 9000 m³ 以上的达 9 家，分别是泉州石油公司后渚油库(26000 m³)、泉州石油公司东海油库(12000 m³)、晋江长城石化有限公司(2700 m³)、石狮永宁油库(50000 m³)、石狮祥艺油库(20000 m³)、南安后店油库(11100 m³)、南安南燃供应公司(12800 m³)、南安鹭安化工有限公司(9600 m³)、中南安船舶物资公司(9000 m³)。这样大量存储的重油、柴油、汽油类易燃物品如果储油罐和设施抗震能力不足，就是地震次生火灾的重大隐患。更值得重视的是在南安石井有限公司范围内，建有 8 座大型油库，总储量为(68000 m³)，这些油库分属不同部门，如果集中分布，在地震时，一旦发生火灾，有可能发生群燃、群爆，后果十分严重。泉州市主要商用加油站的基本情况见表 2-18。

表 2-18　泉州市主要商用加油站的基本情况

序号	加油站名称	地理位置	油品种类	存储方式	储量(m³)	罐数	储罐形式	连接方式
1	义全加油站	泉州鲤城区临江	汽油 90、93、97，柴油 0#	埋地	160	4	卧式罐	回填沙
2	大桥加油站	泉州大桥南侧	汽油 90、93、97，柴油 0#	埋地	100	4	卧式罐	回填沙
3	浮桥加油站	泉州鲤城区浮桥	汽油 90、93、97，柴油 0#	埋地	80	4	卧式罐	回填沙
4	北门加油站	泉州丰泽区城北路	汽油 90、93、97，柴油 0#	埋地	120	4	卧式罐	回填沙
5	少林加油站	丰泽区少林路	汽油 90、93、97，柴油 0#	埋地	160	4	卧式罐	回填沙
6	仕公岭加油站	泉州丰泽区城东	汽油 90、93、97，柴油 0#	埋地	120	4	卧式罐	回填沙
7	洛江加油站	洛江区万安杏宅	汽油 90、93、97，柴油 0#	埋地	80	4	卧式罐	回填沙
8	东美加油站	丰泽区刺桐东路	汽油 90、93、97，柴油 0#	埋地	80	4	卧式罐	回填沙
9	汀州加油站	丰泽区坪山路	汽油 90、93、97，柴油 0#	埋地	80	4	卧式罐	回填沙
10	南泉加油站	鲤城区江南路	汽油 90、93、97，柴油 0#	埋地	60	4	卧式罐	回填沙
11	西湖加油站	泉州新华路北段	汽油 90、93、97，柴油 0#	埋地	110	4	卧式罐	回填沙
12	华大加油站	丰泽区华大办	汽油 90、93、97，柴油 0#	埋地	200	4	卧式罐	回填沙
13	滨城加油站	丰泽区东海滨城	汽油 90、93、97，柴油 0#	埋地	80	4	卧式罐	回填沙
14	福祥加油站	泉州丰泽区北峰镇	汽油 90、93、97，柴油 0#	埋地	80	4	卧式罐	回填沙
15	东浦加油站	鲤城区江南镇玉霞村	汽油 90、93、97，柴油 0#	埋地	120	4	卧式罐	回填沙
16	浮新加油站	鲤城区浮桥镇新步村	汽油 90、93、97，柴油 0#	埋地	120	4	卧式罐	回填沙
17	泉州顺达加油站	泉州丰泽区华大街道	汽油 90、93、97，柴油 0#	埋地	350	4	卧式罐	回填沙

序号	加油站名称	地理位置	油品种类	存储方式	储量（m³）	罐数	储罐形式	连接方式
18	新龙加油站	晋江市陈隶镇	汽油 90、93、97，柴油 0#	埋地	80	4	卧式罐	回填沙
19	刺桐加油站	晋江市池店镇	汽油 90、93、97，柴油 0#	埋地	80	4	卧式罐	回填沙
20	惠阳加油站	惠安县洛阳镇	汽油 90、93、97，柴油 0#	埋地	80	4	卧式罐	回填沙
21	九日山加油站	泉港区前黄镇	汽油 90、93、97，柴油 0#	埋地	80	4	卧式罐	回填沙
22	豪达加油站	南安市丰州镇	汽油 90、93、97，柴油 0#	埋地	80	4	卧式罐	回填沙
23	山美加油站	南安市霞美镇	汽油 90、93、97，柴油 0#	埋地	80	4	卧式罐	回填沙
24	中石油南安霞美加油站	南安市霞美镇	汽油 90、93、97，柴油 0#	埋地	80	4	卧式罐	回填沙
25	泉胜加油站	南安市霞美镇	汽油 90、93、97，柴油 0#	埋地	80	4	卧式罐	回填沙
26	高速驿坂加油站	泉港区涂岭镇驿坂高速公路服务区	汽油 90、93、97，柴油 0#	埋地			卧式罐	回填沙
27	福惠加油站	泉港区涂岭镇溪西村 324 国道155 km—50 m 处	汽油 90、93、97，柴油 0#	埋地			卧式罐	回填沙
28	德和加油站	泉港涂岭镇驿坂村 324 国道 147 km—300 m 处	汽油 90、93、97，柴油 0#	埋地			卧式罐	回填沙
29	涂岭加油站	泉港区涂岭镇涂岭村西胡敦 324 国道	汽油 90、93、97，柴油 0#	埋地	23	4	卧式罐	回填沙
30	金冠加油站	泉港区涂岭镇龙头岭 324 国道 144 km+500 m	汽油 90、93,柴油 0#	埋地			卧式罐	回填沙
31	界安加油站	泉港区界山镇界山村 324 国道	汽油 90、93、97，柴油 0#	埋地			卧式罐	回填沙
32	石安电脑加油站	泉港区界山镇槐山村	汽油 90、93、97，柴油 0#	埋地			卧式罐	回填沙
33	霞兴加油站	泉港南浦镇领口开发区	汽油 90、93、97，柴油 0#	埋地			卧式罐	回填沙
34	隆兴润滑油供销公司加油站	泉港南浦镇领口开发区	汽油 90、93,柴油 0#	埋地	65	4	卧式罐	回填沙
35	大地石化有限公司加油站	泉港南浦镇通港路 3 km+300 m	汽油 90、93、97，柴油 0#	埋地			卧式罐	回填沙
36	石油公司加油站	泉港区前黄镇南山路 4 km	汽油 90、93、97，柴油 0#	埋地	105	4	卧式罐	回填沙
37	华翔加油站	泉港区山腰镇新宅村驿峰路旁	汽油 90、93、97，柴油 0#	埋地	120	5	卧式罐	回填沙
38	福达加油站	泉港区山腰镇钟晋村惠山路 5 km+300 m	汽油 90、93、97，柴油 0#	埋地			卧式罐	回填沙
39	海上加油站	泉港区山腰镇钟晋村（沙格码头）	汽油 90、93、97，柴油 0#	埋地			卧式罐	回填沙
40	中石油泉港北加油站	泉港南浦镇下炉村	汽油 90、93、97，柴油 0#	埋地			卧式罐	回填沙
41	中石油泉港南加油站	泉港南浦镇下炉村	汽油 90、93、97，柴油 0#	埋地			卧式罐	回填沙
42	中石化泉港泉胜加油站	泉港区前黄镇风南村	汽油 90、93、97，柴油 0#	埋地			卧式罐	回填沙

资料来源：根据泉州市抗震规划（2007）、百度网站、泉州市安监局相关资料整理

2.6.2　库区(库)

据调查,泉州市各种危化品仓库、储罐较多,储存物品主要是成品油、液化气和化工原料等易燃易爆品,主要集中在后渚大桥南侧港口区一带,对后渚大桥、行政中心、海星小区等构成较大的安全隐患。后渚客运码头与后渚石油石化储罐区及配套码头相邻,旅客处于潜在危险之中。

石油、石化储罐的呼吸及其码头装卸,都产生各种有机物废气散发,对气味很敏感的桃花山山脉候鸟保护区的鸟类会产生不利的影响,可能会使候鸟飞离保护区栖息地。此外,石油、石化储罐及配套码头,都存在泄漏的可能。如发生泄漏,石油或石化品进入洛阳江水域后会迅速扩大油膜,危害附近红树林的生长。

东海组团现存 9 处危险化学品仓库、储罐,主要有泉州石油分公司后渚油库、招商石化液化气罐区、港丰公司油品仓库(2 个储量约 900 t 的二甘醇储罐;3 个储量约 1500 t 的柴油储罐;还有 21 个储量约 6 万 t 的危险化学品储罐)、泉州市液化石油公司储罐等,已经制定初步搬迁方案。

随着泉州市中心城区"东移"步伐的加快,使原本处于城市郊区的东海组团,将迅速发展成为泉州市新的行政服务中心,并逐步发展成为集现代居住、商务办公、商业金融、文化休闲、旅游服务等功能为一体的现代化服务业集聚区。而由于历史原因和区位环境,东海组团现有 9 家危险化学品生产、储存企业等,已与东海组团的发展定位不相适应。

初步方案提出,在福厦高铁泉州南站设主要化学品仓储物流区,同时,考虑在湄洲湾南岸设主要化学品仓储物流区。方案还建议东海组团在搬迁过程中需要依托港口布局的危险化学品仓储、物流的危化品,应结合泉惠、泉港石化园区,进行搬迁选址;不需要依托港口布局发往内陆地区的危险化学品,则应考虑结合福厦高铁泉州南站周边的相应功能区内选址。另外,初步方案还提出,利用海峡石化产品交易中心的交易大厅在东海规划建设成泉州市主要的化学品交易市场。

2.6.3　生产场所

泉州石化企业从 2002 年开始大规模发展,至 2007 年,石化企业主要分为七类。

(1)炼油、化工原料生产企业,集中分布于泉港石化园区,南安水头镇,南安梅山镇,在晋江深沪、德化、永春、泉惠石化园区也有分布。至 2009 年 8 月泉港石化工业区已入驻石化相关企业 39 家,总投资 530 亿元,泰山石化仓储、永兴化纤等 17 个项目正在抓紧建设,已内酰胺、林德气体等 12 个超千万美元的石化项目正在筹建中。

(2)合成纤维重点企业,位于晋江、石狮和泉州市辖区;泉州天宇化纤织造实业有限公司位于鲤城区江南工业园区南环路;三宏化纤公司位于泉州经济技术开发区,主要生产丙纶,2006 年到达 6 万 t/年;东华化纤制造有限公司位于泉州经济技术开发区,主要生产丙纶,2004 年到达 2 万 t/年。

(3)化工新型工业企业,生产聚氨酯、高吸水性树脂和硅材料;聚氨酯企业主要位于晋江五里工业园区,晋江青阳,晋江池店;高吸水性树脂和硅材料企业主要位于南安水头。

(4)精细化工和专用化学品企业,在泉州、晋江、南安、永春都有分布。在研究区内有洛江信和涂料有限公司(福建省泉州市洛江区塘西工业区),食品添加剂企业有泉州中侨集团味精厂(福建省泉州市鲤城区东海镇法石村)、洛江光大食品有限公司(万安街道吉源街光大工业园),饲料添加剂企业泉州大泉赖氨酸厂(泉州市丰泽区东海法石)以及黏合剂企业丰泽通用化工有限公司(宝洲路南丰新城)。

(5)塑料制品企业,分布于南安、晋江、石狮、泉港。

(6)橡胶制品企业,分布于南安、晋江。

(7)石化贮运企业,分布于石狮、泉港。

泉州是我国东南沿海纺织服装业、鞋业、塑料橡胶制品、化学建材、工艺制品产业的主要产地,对石化产业中下游原料市场的需求量巨大,而目前已有数十家石化企业承接了一体化产品生产的项目。其中,将于年底正式投产的石狮佳龙 60 万吨 PTA(精对苯二甲酸)项目,上与炼化一体化 PX(对二甲苯)项目紧密衔接,下与当地聚酯、化纤厂家配套,把周边 30 km 内的众多下游聚酯、化纤、织造、印染、成衣企业与大型石化紧密联系,形成从炼油、化纤原料到纺织、服装的一条完整产品链,将大大加快石狮超千亿纺织服装产业集群的发展。

2009 年石化产业振兴规划明确提出,泉州被纳入我国九大炼油基地,其中福建炼化 1200 万 t 炼油扩建和 80 万 t 乙烯工程、福建石狮 60 万吨 PTA 等 2 个项目被列入"要抓好的 20 项重大在建工程"规划。

项目位于湄洲湾南岸,是一个"石化圈"。福建省委、省政府出台的《关于加快产业集聚培育产业集群的若干意见(试行)》(简称《意见》)中明确指出,石油化工要加快"炼化一体化"项目建设。炼化一体化和泉港石化工业园区非常接近,最近的 2 km 处,东鑫石油化工有限公司总投资约 3 亿元的 6 万 t/年环己酮项目正在建设。以泉港石化基地为先导,加快合成树脂、合成纤维、合成橡胶及其后加工项目建设,形成湄洲湾石化产业集群,泉港石化园区上下游产品将通过管道配送。在《意见》中福建炼化公司 1200 万 t/年炼油、80 万 t/年乙烯一体化工程、500 万 t/年重油加工项目和 60 万 t/年 PTA 项目等扮演撑起世界级石化基地的"头等角色",重任主要落在泉港和泉惠两个石化工业区身上。根据规划,泉港石化园区重点发展石化中上游项目、氯碱化工和大型液体化工原料储运系统。泉惠石化园区重点建设 30 万 t 级特大型石油码头和国家大型油库,发展重油加工和化工原料产品。石狮 PTA 项目有望贡献 50 亿元产值,主要市场是晋江、石狮和长乐地区,形成上承炼化一体化项目的 PX,下为福建的聚酯、化纤、织造、印染、成衣企业提供原料。

2009 年 7 月份,泉州地区全社会用电量 27.78 亿千瓦时,同比增长 9.44%,创单月用电量历史新高。其中,福炼一体化项目新增项目带动用电量大幅度增加,拉动化学原料及化学制品制造业用电量增速提高,增幅达到 222.34%。目前正处于转型期,石化产品贮运建设分散,现代石化物流尚未形成,存在安全隐患。

2.6.4　锅炉及压力容器

泉州鲤城金源液化气有限公司有压力容器 3 个;泉州市泉鑫石化有限责任公司有锅炉 1 个;丰泽区泉州市华帮树脂有限公司在泉州市丰泽区东海后厝社区东滨工业区有锅炉 1 个。

2.7 泉州市防护保卫重点对象

2.7.1 重点政府机关、广电部门

（1）泉州市重点国家机关

①中共泉州市委（办公室）；

②泉州市人大常委会（办公室）；

③泉州市人民政府（办公室）；

④泉州市政协（办公室）；

⑤泉州市中级人民法院；

⑥泉州市人民检察院；

⑦泉州市公安局（指挥调度中心）。

（2）泉州市广电部门

①泉州广播电视中心；

②泉州市邮政局（邮政大楼）；

③中国移动通信有限公司泉州分公司；

④福建省电信公司泉州分公司；

⑤中国联通有限公司泉州分公司；

⑥泉州市电业局（电力调度大楼）。

泉州市重要保护对象（党政广电高层）见图 2-11。

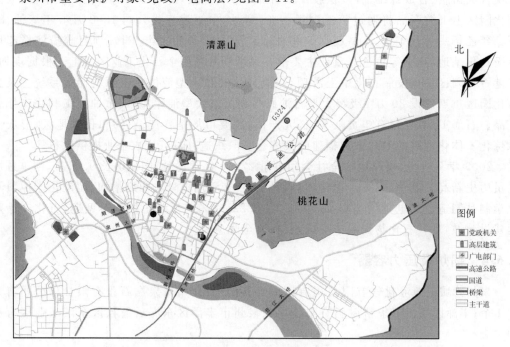

图 2-11 泉州市重要保护对象（党政广电高层）（见彩图）

2.7.2　古城保护及海丝文物保护

　　泉州现有国家级文物保护单位 12 处,包括开元寺、天后宫、老君岩、伊斯兰教圣墓、洛阳桥、崇武古城墙、草庵摩尼教石刻、安平桥、九日山摩崖石刻、郑成功陵墓、屈斗宫窑遗址等;省级文物保护单位 37 处,包括泉州府文庙、崇福寺、石笋、李贽故居、杨阿苗民居等等。市级文物保护单位更是不计其数。这些文物保护单位很大部分已被打造成为知名景区、景点,成为泉州市民和外来游客旅游休闲的重要场所。大型博物馆、专题馆 9 处,包括泉州市博物馆、泉州闽台缘博物馆、泉州海外交通史博物馆、泉州闽台关系史博物馆、泉州华侨历史博物馆、泉州佛教博物馆、泉州南戏博物馆、泉州南少林博物馆、泉州市南建筑博物馆等。

　　泉州市文物古迹保护规划图见图 2-12。

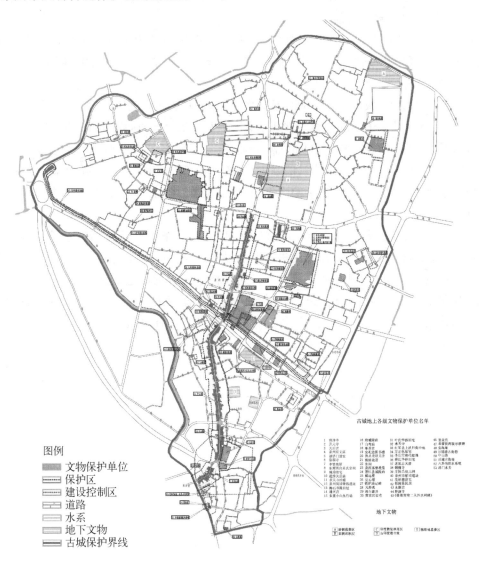

图 2-12　泉州市文物古迹保护规划图(见彩图)

资料来源:《泉州市城市总体规划(2008—2030)》

2.8 泉州市承灾能力评价

2.8.1 城市概述

"城市"是一定地区范围内的经济、政治、文化、科技信息的中心,它以人口、建筑物、物质财富和精神财富的高度集中为基本特征。依据现代系统科学观点,现代化城市是一个以人为主体,以空间利用为特点,以聚集经济效益为目的的一个集约人类、集约经济、集约科学文化的空间地域系统。城市中存在的主体为人,人类赖以生存的物质基础为房屋、能源,这些是实体。在这些实体间存在着一定的联系,即社会关系,包括人类自身的社会交往关系,以及人与物质基础之间的互动关系。

城市功能是城市系统的重要组成要素,是城市系统的动力所在。城市系统的存在和发展,是城市各种功能的吸收、消化、排除、适应、运动以及各种城市功能间耦合机制等综合作用的结果。

从承灾体角度看,城市要素间的关系见图2-13,具体如下所述。

(1)灾害造成社会子系统的相对严重破坏:即人员伤亡严重,则人对经济和自然的改造功能大大减弱,若要恢复三角重心的平衡位置,则一是经济子系统对社会的促进作用要更大,主要通过灾前城市基础设施建筑的强度、物资储备、医疗卫生条件的强化来实现,二是自然环境子系统对社会好的方面的影响力度要加大,主要是灾前环境保护、加强维持生态平衡的力度;

(2)灾害造成经济子系统的相对严重破坏:即基础设施的严重破损和经济产业运行的停滞,则经济子系统对社会发展的促进作用大大减弱,对自然环境的破坏力变小,若要恢复三角重心的平衡位置,则一是灾前加大人对经济子系统的改造力度,主要通过对基础设施建设质量的保证和科学合理的管理,对各产业的均衡发展来实现,二是灾前就重视自然环境子系统对经济发展的限制作用,科学合理地利用自然环境资源,以促进经济的进一步发展;

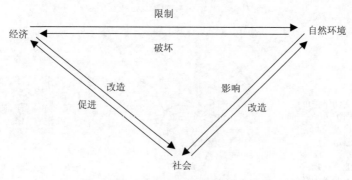

图 2-13 三个承灾子系统的相互关系

(3)灾害造成自然环境子系统的相对严重破坏:即主要是发生生态灾害,则自然环境对人类正常生活的"光合作用"大大减弱,为经济发展提供的自然资源减少,若要恢复三角重心的平衡位置,则一是灾前合理控制经济发展对自然环境造成的破坏,维护生态平衡,二是灾前加大人类对自然环境的改造,主要表现在保护环境,爱惜自然资源,合理开发利用。

2.8.2　城市承灾能力概述

城市承灾能力由防灾能力、抗灾能力、救灾能力和灾后恢复能力构成。

(1)防灾能力,衡量其大小,需要考察城市在灾害来临之前所做的准备是否完善与充分。由于现在的监测预报技术还尚不能满足人们对灾害来临时间和破坏力度准确性的要求,人们只能通过增强防范意识,根据以往的经验来改善承灾环境。主要表现在防灾教育、防灾工程和防灾的经济投入上。

(2)抗灾能力,是灾害发生瞬间,承灾体在灾害破坏情况下保持原状或接近原状的能力。抗灾能力与易损性同样是承灾体的属性,只不过是正反相对的两方面。易损性是用来衡量一个结构在地震活动下受破坏的量,它与地面运动没有关系,只由结构本身决定,因此,一个系统的易损性也不依靠当地的地震风险决定。该定义说明即使在地震安全区域结构也可能是易损的。一个城市的易损性是由其现代化程度的高低、建筑物的结构类型及质量、经济发展水平等等人为和社会因素所决定。这些因素可以通过科学的规划和设计、采取加固和调整等措施来改变它们的特征。

(3)救灾能力,主要表现在于灾害的应急处理。灾害发生初期,尽管城市各种状况还尚不能完全掌控,但迅速的应急救援可以减少和降低灾害造成的损失。抗灾与救灾的差别是,抗灾侧重点是抗御灾害,降低灾害的危害程度,而救灾则侧重于事故发生后开展救援。

(4)灾后恢复能力,英文单词为 Resilience。灾后恢复能力目前仍没有较公认和统一的定义,研究者都根据自己研究的需要有不同的理解。在以往对恢复力量化的研究中,仅仅只有地震对基础设施的影响方面有从数学模型入手进行较为深入的研究。既没有针对某种灾害建立恢复力指标体系(即没有从数量上回答"什么因素决定恢复力大小"和"在多大程度上决定恢复力大小"),也没有建立较全面的、系统的综合评估模型。但恢复力评估在应急管理和减灾规划中的价值已得到足够重视。

如今城市的承灾能力已渐渐成为判断城市现代化的重要指标,城市的承灾功能也成为城市综合竞争力的一项重要功能。另外,如图 2-14 所示的减灾基础能力也可作为评判城市现代化的指标之一。

2.8.3　泉州市承灾能力评价

(1)城市承灾能力评价方法概述

①从社会、经济和环境三方面考察城市的防灾能力、抗灾能力、救灾能力和灾后恢复能力(简称恢复能力)就构成了城市系统承灾能力判断矩阵(见图 2-15)。

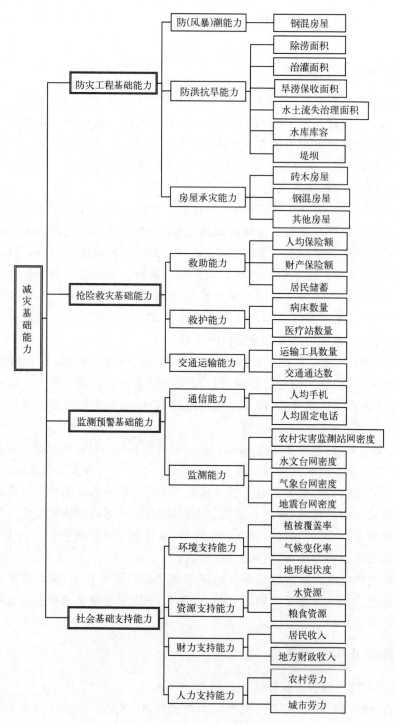

图 2-14　减灾基础能力指标体系

图 2-15　城市承载能力判断矩阵

这是一个"双重权重"的矩阵,对承灾能力的影响,以行向量为判断准则,会得出一个权重矩阵;以列向量为判断准则,又会得出一个不同的权重矩阵。以列向量为评判准则作了如下判断:

　　a.社会子系统:救灾＞防灾＞恢复＞抗灾;

　　b.经济子系统:抗灾＞救灾＞防灾＞恢复;

　　c.环境子系统:恢复＞救灾＞抗灾＞防灾。

②应用层次分析法 AHP 确定权重。从本质上讲,层次分析法是一种思维方式,通过两两比较的方式确定层次中诸因素的相对重要性,然后综合决策者的判断,确定决策方案相对重要性的总排序。决策者利用判断矩阵,能较好地衡量相互关联的事物之间的优劣关系,可以简化系统分析和计算。判断矩阵所需的尺度设定便于决策者使用,其所需信息量较少,但要求对问题的本质、结构,包含的因素及内在的关系分析清楚。

③采用 0,1,2 三标度法,而后转换成判断矩阵,降低判断难度,增强判断矩阵的逻辑性。

社会系统中,防灾能力 F、抗灾能力 K、救灾能力 J 和恢复能力 H 对承灾能力的相对影响重要程度矩阵如下:

$$\begin{array}{c} \quad\;\, F\;\; K\;\; J\;\; H \\ \begin{array}{c} F \\ K \\ J \\ H \end{array} \begin{bmatrix} 1 & 2 & 0 & 2 \\ 0 & 1 & 0 & 0 \\ 2 & 2 & 1 & 2 \\ 0 & 2 & 0 & 1 \end{bmatrix} \longrightarrow \begin{bmatrix} 5 \\ 1 \\ 7 \\ 3 \end{bmatrix} \end{array}$$

得到比较矩阵的排列指数为:$F=5,K=1,J=7,H=3$。应用极差法进行判断矩阵的转换,并取可以充分反映极差元素对的相对重要程度系数为 9,得到判断矩阵为:

$$\mathbf{A} = \begin{bmatrix} 1 & 9^{\frac{2}{3}} & 9^{\frac{1}{3}} & 9^{\frac{1}{3}} \\ 9^{\frac{2}{3}} & 1 & 9^{-1} & 9^{\frac{1}{3}} \\ 9^{\frac{1}{3}} & 9 & 1 & 9^{\frac{2}{3}} \\ 9^{-\frac{1}{3}} & 9^{\frac{1}{3}} & 9^{-\frac{2}{3}} & 1 \end{bmatrix}$$

应用乘积方根法求出特征向量为:

$$W_B = \frac{[9^{\frac{1}{6}},9^{-\frac{1}{2}},9^{\frac{1}{2}},9^{-\frac{1}{6}}]^{\mathrm{T}}}{(9^{\frac{1}{6}}+9^{-\frac{1}{2}}+9^{\frac{1}{2}}+9^{-\frac{1}{6}})} = [0.26,0.06,0.55,0.13]^{\mathrm{T}}$$

则判断矩阵的最大特征值为:$\lambda_{\max}=4.00$。满足一致性检验,且一致性很好。其实,极差法建立判断矩阵的原则就是在满足一致性的前提下找到一种函数,所以可以不做一致性检验。同理可得经济系统和环境系统中各个分力对承灾能力的相对影响。

经济系统中：

$$
\begin{array}{c}
\begin{array}{cccc} F & K & J & H \end{array} \\
\begin{array}{c} F \\ K \\ J \\ H \end{array}
\begin{bmatrix}
1 & 0 & 0 & 2 \\
2 & 1 & 2 & 2 \\
2 & 0 & 1 & 2 \\
0 & 0 & 0 & 1
\end{bmatrix}
\longrightarrow
\begin{bmatrix}
3 \\
7 \\
5 \\
1
\end{bmatrix}
\end{array}
$$

得到判断矩阵为：

$$
\mathbf{A} =
\begin{bmatrix}
1 & 9^{-\frac{2}{3}} & 9^{-\frac{1}{3}} & 9^{\frac{1}{3}} \\
9^{\frac{2}{3}} & 1 & 9^{\frac{1}{3}} & 9 \\
9^{\frac{1}{3}} & 9^{-\frac{1}{3}} & 1 & 9^{\frac{2}{3}} \\
9^{-\frac{1}{3}} & 9^{-1} & 9^{-\frac{2}{3}} & 1
\end{bmatrix}
$$

应用乘积方根法求出特征向量为：$W_B = [0.13, 0.55, 0.26, 0.06]^{\mathrm{T}}$。

环境系统中：

$$
\begin{array}{c}
\begin{array}{cccc} F & K & J & H \end{array} \\
\begin{array}{c} F \\ K \\ J \\ H \end{array}
\begin{bmatrix}
1 & 0 & 0 & 0 \\
2 & 1 & 0 & 0 \\
2 & 2 & 1 & 0 \\
2 & 2 & 2 & 1
\end{bmatrix}
\longrightarrow
\begin{bmatrix}
1 \\
3 \\
5 \\
7
\end{bmatrix}
\end{array}
$$

得到判断矩阵为：

$$
\mathbf{A} =
\begin{bmatrix}
1 & 9^{-\frac{1}{3}} & 9^{-\frac{2}{3}} & 9^{-1} \\
9^{\frac{1}{3}} & 1 & 9^{-\frac{1}{3}} & 9^{-\frac{2}{3}} \\
9^{\frac{2}{3}} & 9^{\frac{1}{3}} & 1 & 9^{-\frac{1}{3}} \\
9 & 9^{\frac{2}{3}} & 9^{\frac{1}{3}} & 1
\end{bmatrix}
$$

应用乘积方根法求出特征向量为：$W_B = [0.06, 0.13, 0.26, 0.55]^{\mathrm{T}}$。

④分别为社会系统、经济系统、环境系统赋予可持续发展权重：社会系统＝0.4，经济系统＝0.35，环境系统＝0.25，则有防灾能力、抗灾能力、救灾能力和恢复能力在一个城市中所起到的相对重要程度为：

$$
\begin{bmatrix} 0.4 & 0.35 & 0.25 \end{bmatrix}
\begin{bmatrix}
0.26 & 0.06 & 0.55 & 0.13 \\
0.13 & 0.55 & 0.26 & 0.06 \\
0.06 & 0.13 & 0.26 & 0.55
\end{bmatrix}
= \begin{bmatrix} 0.16 & 0.25 & 0.38 & 0.21 \end{bmatrix}
$$

综上所述，通过交叉分析得到的防灾、抗灾、救灾和灾后恢复四种能力的相对重要性权重分别为 0.16，0.25，0.38 和 0.21，得出了救灾能力在城市综合承灾能力中相对重要的结论。

通过上述城市防灾、抗灾、救灾和灾后恢复能力的分析，提出按照城市功能性分类的城市承灾能力主要因素，建立城市承灾能力评价指标见表 2-19。

表 2-19　城市承灾能力评价指标

总目标层	分目标层	功能层	指标层	指标计算说明
承灾能力	防灾能力	社会因素	就业	就业人数/人口
			教育	人均教育费用支出
			医疗	人均医疗卫生费用支出
			社会保障	人均抚恤和社会福利救济费
		经济因素	防灾投入力度	
			监测预报设施	
		环境因素	环境保护力度	
	抗灾能力	社会因素	人口密度	人口密度
			人口状况	男女比例和平均年龄
		经济因素	固定基础财富密度	
		工程抗灾能力	建(构)筑物抗灾能力	
			生命线各子系统抗灾能力	
			生命线系统关联度	
	救灾能力	社会因素	医疗救助能力	病床、医生/每十万人
			政府应急反应能力	
			生命线系统恢复能力	
		经济因素	内外交通发达度	公路网综合能力
			排水设施情况	排水管道网密度
			次生灾害	消防队个数及分布
		环境因素	救灾临时集散中心	人均园林绿地面积
	恢复能力	社会因素	生产建设人力资源	劳动力情况
		经济因素	经济多样性	二、三产业构成比例
			财富储蓄	人均年末储蓄余额
			保险	保费收入
		环境因素	环境质量	环境质量参数

其中,一些指标项的意义阐述如下:

①防灾能力指数中的社会要素指标的选取,是为了评价社会和谐程度。社会和谐是社会稳定的基础,从灾害角度来说,社会和谐也是灾发时期社会稳定的前提保障。

②防灾投入力度,是一个没有明确规定范围的量,指为了减轻自然灾害损失所采取的最主要的预防措施,包括以下内容:

a.灾害监测,包括灾害前兆监测、灾害发展趋势监测等。

b.灾害预报,这也是一项极其重要的减灾措施,如 1975 年我国地震工作者成功地预报了海城地震,结果拯救了数万人的生命,并减少了数十亿元的经济损失。

c.防灾措施,即对自然灾害采取避防性措施,这是代价最小的且成效显著的减灾措施。

③监测预报设施,较精确地比较应该考虑监测预报站的分布及其预报的精确情况。因目前国内的灾害监测预报站的设置是以"区域"来划分的,没有以城市为划分单位的参考数据。

④环境保护力度。以往很多研究中都忽略了环境因素的影响,这是因为环境因素的影响是潜移默化的,不是立竿见影的。但无论灾前城市生存环境的建设还是灾后生存环境的恢复,甚至次生灾害发生的可能性都与环境有着密切的联系。因此,保护环境,重视环境对

城市承灾能力的贡献和影响是十分重要的。

⑤固定基础财富密度。目前固定基础财富是无法单纯用货币形式来表达的,因为它的价值衡量缺乏标准,且财富数量很庞大,无法做到专项统计。这里用建成区面积与土地面积的比值来大致反映一个城市的固定基础财富密度。

⑥建(构)筑物抗灾能力。1994 年 11 月 10 日,建设部颁布了关于《建设工程抗御地震灾害管理规定》(1994 年 12 月 1 日起施行),其中第十七条明确要求"新建、改建、扩建工程必须进行抗震设防,不符合抗震设防标准的工程不得进行建设"。第二十六条规定,凡未经抗震设防的房屋、工程设施和设备,除本规定第二十七条第二款外,均应按现行的抗震鉴定标准和加固技术规程进行鉴定和加固,以达到应有的抗震能力。城市灾害中对建筑物有威胁的最主要作用就是地震的破坏,因此,用建筑物的抗震性能代表建筑物的抗灾能力是可行的。尽管建筑物的建筑年限、建筑类型等因素也决定了建筑物的抗灾性能,但鉴于统计的时间范围只有 10 年,所以这里暂且忽略建筑年限带来的性能差异。在本书中由于不能获取城市建筑物具体的使用年限和各种性能数据,用"1995 年以来的房屋建筑面积占 2003 年年末实有房屋总面积的百分比"来反映城市抗震设防的建筑规模,进而反映该城市的建筑物整体抗灾能力。

⑦生命线各子系统抗灾能力。这一项指标除了应研究生命线管网的性质,如管网材质、接头方式、管网直径、使用年限等外,还应包括对其网络特征的连通可靠度和网络均衡性分析。

⑧生命线系统关联度。该项指标可以说明城市生命线系统之间的关联情况。关联越紧密,连锁反应越强烈。生命线系统的关联情况本应该考察生命线各功能系统间的依存性,细致研究各城市的生命线系统关联,研究各系统之间的"连接"方式、数目、可靠性等问题,但从宏观上来讲,生命线系统之间的关联关系和方式是基本相同的。

⑨政府应急反应能力。这一项是从政府管理效能的角度出发,考察政府在应急事件中的作用。政府应急反应迅速、指挥到位,则可挽救大量生命和财产,减少灾害造成的损失;相反,如果政府的应急管理是不畅通和不及时的,则对城市会造成更严重的损害。

⑩生命线系统恢复能力。该项能力除与生命线系统本身的构造有关外,还主要与组织抢修的人力物力投入资源有关。由于在分析抗灾能力时已经考察了生命线系统构造方面的影响,因此这里用生命线系统相关从业人数指标来对比衡量,包括两项,一项是生命线系统部门的从业人员,一项是负责公共设施管理事业部门的从业人员。

⑪内外交通发达度,用公路网综合能力指标来衡量。依据公路网所在区域的面积、人口、经济为基数来计算,分别称为面积网密度、人口网密度、经济网密度和综合网密度。区域公路网的通达程度,就是公路网中各个节点间的连接方便紧密程度情况,通常用路网密度、路网连通度和节点的通达性来表达。灾后救援过程中交通的重要性很高,无论是消防救援、医疗救援、物资救援都离不开畅通的交通。公路越发达,越有利于救援的进行。

⑫排水设施情况,用排水管道网密度指标来衡量。排水管道是指汇集和排放污水、废水和雨水的管渠以及其附属设施所组成的系统,包括干管、支管以及通往处理厂的管道。无论修建在街道上或其他任何地方,只要起排水作用的管道,都应作排水管道统计。排水管道按其排水性质分为污水管、雨水管、合流管三种。由于救灾是一个能源消耗的过程,消耗掉的废弃必须以一定形式排放出去才能继续进行能源利用。因此排水管道是很重要的一种排泄设施。

⑬次生灾害。城市灾害衍生的次生灾害主要为火灾和疫情。其中火灾的发生是短时期

的,因此,将城市的火灾消防能力看作是城市救灾能力的一项内容。由于消防设施和消防等级是按照国家的一定标准设置的,各地区的消防能力强弱还没有明显的可比性。

⑭生产建设人力资源。中青年是生产建设的主力军,也是抗灾能力较强的群体。因此,将城市的中青年比重看作是城市灾后恢复生产生活的主要社会力量。其范围按照中国及国际劳动力划分标准,认定 15—64 周岁为劳动力组成人群。由于城市的人口年龄结构数据不可得,且人口分布特征在地区范围内可以反映出一定差异,这里用各城市所在地区的抚养比来表达城市灾后生产建设的人力资源能力。抚养比又称抚养系数、负担系数。它是指人口中非劳动年龄人口数与劳动年龄人口数之比,以百分数表示。其计算公式是:

抚养比＝(非劳动年龄人口数/劳动年龄人口数)×100%。

其中,非劳动年龄人口指 14 岁及以下和 65 岁及以上人口,劳动年龄人口指 15—64 周岁的人口。

⑮经济多样性。灾害理论认为,经济类型越多样,产业构成越复杂,灾后经济越容易恢复。如果经济类型单一,例如,某一区域的所有经济活动只围绕着一个产品而进行的话,则灾后的经济恢复就相对要缓慢得多。

⑯保险。保险可以作为减少损失的一种有利途径,也是灾后重建的重要资金来源,同时也体现了人们对灾害的预防意识。

⑰环境质量。环境是以往评价研究中忽视的环节,环境的好坏不仅关系到城市人口的健康生存,还关系到灾害发生后的次生灾害发生可能性。城市环境相对较好,发生疫情的可能性会降低,有助于灾后的生产生活恢复。环境质量通常考察空气、饮用水和噪声等内容。这里用空气质量好于二级的天数作为评价指标。

(2)泉州市承灾能力评价

针对泉州市承灾能力评价,引入与泉州市规模发展相当的石家庄、济南以及都是沿海城市的上海来进行对比性研究。

关于数据的采集,均采自《中国统计年鉴》、《中国经济年鉴》、《中国城市统计年鉴》、《中国区域经济统计年鉴》中的统计数据。数据选择使用了市辖区的数据。市辖区的基本情况,基本上反映了城市各个主要方面;另一方面,市辖区的资料便于剔除非城市的因素,比较准确反映城市的作用和特点。但由于采集单位和统计单位的不同,数据还是存在一些微弱差异,致使本节所得出的各城市承灾能力只有数值比较上的作用,没有明确的实际意义。但在全国范围内进行城市间的比较,可以使人们,尤其是政府管理人员对某城市面对灾害时的表现能力有一定掌握,并了解城市承灾功能的致优致劣因素,以便在日后城市规划和发展建设中得以发扬、改进和提高。同时,也为后面的城市灾害综合风险分析打下了基础。城市防灾能力指数见表 2-20,城市抗灾能力指数见表 2-21,城市救灾能力指数见表 2-22,城市灾后恢复能力指数见表 2-23。

表 2-20　城市防灾能力指数

城市	社会因素	经济因素	环境因素	防灾能力指数
泉州	0.52	0.23	0.71	0.49
石家庄	0.48	1.00	0.13	0.53
济南	0.36	0.34	0.85	0.52
上海	0.65	0.93	1.00	0.86

表 2-21 城市抗灾能力指数

城市	社会因素	经济因素	工程抗灾能力	抗灾能力指数
泉州	0.69	0.54	0.47	0.57
石家庄	0.00	0.00	0.49	0.16
济南	0.82	0.86	0.32	0.67
上海	0.51	0.71	0.51	0.58

表 2-22 城市救灾能力指数

城市	社会因素	经济因素	环境因素	救灾能力指数
泉州	0.63	0.34	0.14	0.37
石家庄	0.46	0.72	0.08	0.42
济南	0.54	0.30	0.07	0.30
上海	0.41	0.40	0.06	0.29

表 2-23 城市灾后恢复能力指数

城市	社会因素	经济因素	环境因素	恢复能力指数
泉州	0.454	0.694	0.886	0.68
石家庄	0.653	0.607	0.163	0.47
济南	0.603	0.360	0.179	0.38
上海	0.767	0.790	0.783	0.78

上述各城市防灾、抗灾、救灾和恢复能力的数值,并不是各种能力的绝对反映,而是在这些城市中对比产生的相对大小。显然它们还不能直观地确定一个城市承灾能力大小或好坏。应用综合评价技术,可以基于系统分析的思想,运用各种数学模型对各种日益复杂的经济、技术和社会问题进行描述、分析和评价,得出符合帮助或辅助人们决策的结论。本节选择模糊综合评价方法,基于可变模糊集理论确定相对隶属度,对上述各城市之间的相对承灾能力加以评判。

模糊可变识别方法原理:对城市承灾能力的评价是涉及多个级别,并以区间数表示各级别标准值的评价问题。模糊可变评价方法正适应这种情况。

城市承灾能力是一个关系复杂、动态多变的体系,它的评价指标、评价标准有很大的不确定性,本节的城市相对承灾能力评价是在已经获取某些承灾能力指标值的基础上,通过所建立的数学模型,对全国 4 个城市的承灾能力等级进行评判。根据前面获得的防灾能力、抗灾能力、救灾能力和恢复能力指数都控制在[0,1]之间,并且按照一般的五级划分方式,有以下评价标准(见表 2-24)。

表 2-24 五级划分

级别	差 1	较差 2	中等 3	较好 4	好 5
值	[0,0.2)	[0.2,0.4)	[0.4,0.6)	[0.6,0.8)	[0.8,1.0]

通过模糊可变评价方法,可得出各城市的综合承灾能力水平,见表 2-25。

表 2-25　各城市的综合承灾能力水平

城市	分值	综合承灾能力水平评价
泉州	3.039	中等
石家庄	2.489	较差,略偏中等
济南	2.703	中等
上海	3.128	中等

2.9　本章小结

本章通过对泉州市基本情况、总体规划从泉州市公共安全的角度进行了简要概述,对泉州市公共服务设施布局、公共基础设施布局、大型公用交通设施布局、重大危险源布局、防护保卫重点对象进行了调查分析,基本掌握了泉州市承灾体的情况。

从泉州市承灾体角度对泉州市城市系统的功能性进行分析,分别判断了泉州市社会子系统、泉州市经济子系统和泉州市自然环境子系统在受灾后的表现和功能影响,以及子系统内部的各重要要素。在泉州市承灾体功能性分析的基础上,对泉州市的综合承灾能力进行研究探讨,对泉州市防灾能力、抗灾能力、救灾能力和灾后恢复能力构成的城市综合承灾能力采用对比的方法进行了研究。

第3章 泉州市城市公共安全风险识别

3.1 城市灾害

3.1.1 概述

我国是世界上自然灾害最严重的国家之一。每年因灾害造成的直接经济损失,约占国民生产总值的 3‰～5‰。我国 70% 以上的大城市,半数以上的人口,75% 以上的工农业产值位于灾害频发地区。自然灾害严重地危害着国计民生和可持续发展的进程。

城市是一个地区的政治、经济、文化活动的中心,在国民经济中占有极其重要的作用。然而,随着城市经济和社会的快速发展,城市中人口和财富的不断集中,中国乃至世界均面临着许多人为和自然灾害的严重威胁。

城市公共安全是指城市及其人员、财产、城市生命线等重要系统的安全,其作为国家安全的重要组成部分,是城市依法进行社会、经济和文化活动,以及生产和经营等所必需的良好的内部秩序和外部环境的保证。

3.1.2 城市灾害的特点

(1)高频度与群发性

"事故型"小灾害如交通事故、火灾等,发生的频度较高,而且城市规模与灾害发生次数基本呈正相关关系。另外,地震、洪水等大灾则体现出群发性,次生灾害多,危害时间长,范围广,形成灾害群,从多方面连续地给城市造成损害。

(2)高度扩张性

城市灾害的另一个特点是发展速度快。小灾害若得不到及时控制,会发展成大灾害。而对于大灾害,若不能进行有效抗、救,将会引发众多的二次、三次次生灾害,同时地震可能引起塌方、火灾、交通事故。由于城市各个系统间相互依赖性大,所以灾害发生时容易殃及全城。

(3)高灾损失性

由于城市人口密集、产业密集,是某一地区的经济、政治、文化中心,因此在同样的灾害强度下,其损失明显高于非城市地区。虽然现代城市进行自我保护的能力有所增强,但众多灾害学家和经济学家都认为,现代城市承受大地震、洪水、台风、火灾打击的能力并不强,一次性中型灾害可使一个城市的发展进程延缓多年。而且,城市的防护重点目前主要集中在人员的安全上,对财物尤其是固定资产的防护手段较少。因此,尽管灾害中人员的伤亡从总体上呈下降趋势,但在同等灾情下,城市经济损失却呈快速上升的势头。

(4)区域性

区域性是我国城市灾害的一个重要特点。一方面,我国城市灾害往往是区域灾害的组成部分,尤其是发生较大的自然灾害时,常有多个城市受同一灾害的影响。所以,灾害的管理和防御不仅仅是一个城市的任务,单个城市也无法有效地防抗区域性灾害。另一方面,城市灾害的影响往往超出城市范围,扩展到城市周边地区和其他城市。

3.1.3　城市灾害规律

从灾害的分布空间考虑,若灾害发生的地点或灾害的影响范围包括城市,就可以称其为城市灾害。目前,影响范围较大的城市灾害,多数是自然事物本身发展与演化叠加人类开发活动带来的负面作用而形成的灾害。

城市灾害发生的规律主要有以下方面:

(1)城市灾害的致灾因子复杂,灾害损失程度差别大。

(2)由于对灾害深化过程还无法预测,灾害突发性强,预测灾害的难度大。

(3)城市经济社会结构的复杂性,使城市灾害往往超越灾区而危害更大的空间范围,灾害影响滞后性明显。

(4)城市灾害相关性强,一个灾害发生往往导致几个灾害连续发生。

3.1.4　泉州市面临的灾害

通过对泉州市城市灾害历史与现状的调研,查明了泉州市面临的主要灾害,如表 3-1 所示,并依据科学的灾害研究方法,从灾害分布范围和灾害发生概率两个角度对泉州市公共安全所面临的危险性进行了分析,并对泉州市公共安全面临的风险进行了定性描述。

表 3-1　泉州市面临的主要灾害

大类	小类	泉州市重点防治灾害
地质灾害	地震、滑坡、泥石流、山崩、火山爆发等	地震、滑坡、崩塌
气象灾害	海啸、台风、风暴潮、洪涝、干旱、大风、雷电、雪灾、低温冻害、沙尘暴、龙卷风、赤潮、温室效应等	旱灾、暴雨、台风、酸雨
工业灾害	火灾、重大安全生产事故、爆炸等	交通事故、火灾、爆炸、气体泄漏
生态环境灾害	酸雨、臭氧空洞、水土流失、荒漠化	噪声污染、水体污染、大气污染

资料来源:据实地收集、调查所得

3.2　泉州市地质灾害

3.2.1　泉州市地质环境

泉州市地质属于闽粤沿海花岗岩丘陵区,可分为侵蚀剥蚀低山区、剥蚀丘陵区、波状台地、冲洪积平原区和海湾盆地淤积区,泉州市的建设用地主要分布在后三类区域上。北西邻接闽浙火山岩中-低山亚区,东南濒临台湾海峡。泉州市的地势在总体上呈西北高东南低,以阶梯状向滨海过渡。泉州市区被两条西北向的低山带环抱,东南面向海域。东北侧的低山带是大阳山—小阳山—清源山—东岳山—大坪山—桃花山等,西南侧的低山带是帽儿山—乌石山—罗裳山—灵秀山等,二者在丰州的九日山一带相连,形成半环状屏障。出露的岩石以花岗岩和变质岩为主,其次为火山岩。第四系地层尤其是上更新统和全新统地层比较发育,主要分布在泉州平原、山间谷地、红土台地及滨海一带,成因类型比较复杂。

按地形高程和地貌类型,泉州市可以划分为以下几个次级地貌单元:侵蚀剥蚀低山区、剥蚀丘陵区、红土台地区、冲洪积平原区、海湾淤积平原区。

研究区地处滨海,属于海洋性季风气候,气候温和湿润,时常受台风带来的暴雨影响,地表水主要汇集于晋江流入大海,径流模数达到 $31.6\ \mathrm{L/(s \cdot km^2)}$,部分渗入地下。晋江对临江沿岸的地下水有良好补给作用。地下水无结晶侵蚀性。低丘台地破碎层中地下水 pH 值较低,部分民井水质分析结果表明对混凝土具有分解侵蚀性。该区地下水可分为松散岩类孔隙水、风化带孔隙—裂隙水和基岩裂隙水三种类型。

研究区均属于泉东南低山、丘陵、平原地质灾害防治区,根据泉州市国土资源局对泉州市地质灾害隐患点的调查,泉州市区(包括鲤城区、丰泽区及泉州经济开发区)的地质安全隐患点共计 15 处,其中鲤城区 0 处,丰泽区 8 处、经济开发区 7 处。这些地质安全隐患点较为分散,除国公爷千亿山庄别墅后坡为自然斜坡且位于地质灾害易发区(15 度以上)外,其余都分布在山前较为平缓的地带,都是人工开挖形成的高边坡。其规模差异性较大,斜坡高差为 6~68 m,宽度为 35~200 m。这种零星点状分布的特点和规模差异较大的特点主要与人类工程活动向山坡地带延伸及工程开发的规模有关。

在这些高边坡地质灾害隐患点中,大多是岩土混合质的斜坡,多数经过加固和排险。其隐患主要表现为高边坡在降雨诱发下存在小型的土质滑坡与岩石崩塌演变的可能性。根据调查结果,泉州鲤城区、丰泽区和经济开发区的地质灾害安全隐患点见表 3-2、表 3-3、表 3-4。

表 3-2 鲤城区地质灾害安全隐患点一览表

位置	规模		危险性评估	稳定性	危害程度
	方量(m³)	分级			
鲤城区江南街道树兜社区紫帽山段崩塌	31250	小型	主要因山体坡脚开挖、削坡过陡遇连降暴雨造成,山体小面积的崩滑,于 2000 年 6 月已停止开挖,但因远离村民居住地,并未对人民生命财产造成危害,无危险	基本稳定	小
鲤城区江南街道赤土社区观音阁寺路旁崩塌	4000	小型	主要因道路开挖,遇暴雨造成山体崩塌,崩体主要为碎块状强风化花岗岩并夹杂一些残积黏性土,块体直径约 10~100 cm,崩体未及时清理,只堆至路边,边坡未进行处理,对道路过往行人造成一定隐患,危险性一般	基本稳定	一般
鲤城区江南街道乌石社区乌石山斜坡		小型	由于山体基岩开采,未采取边坡防护措施,并在离坡脚 1~2 m 处建房,斜坡上含开采后遗留下的碎石、滚石,最大直径约 2 m。遇暴雨有下滑危险,对坡脚民房及人民生命财产造成安全隐患,危险性较大	不稳定	较大
鲤城区浮桥街道金浦社区西山滑坡	6000	小型	主要由于人工取土造成山脚大面积开采,坡面未及时采取防护措施所引起,由于坡面经过清理已与道路和民房有一定距离,危险性较小	基本稳定	较小

通过表 3-2 至表 3-4 的数据分析,可以得出泉州市地质灾害的如下特征。

(1)与地形地貌关系密切

泉州市地处中低山丘陵区,境内地貌类型复杂多样,山地及丘陵占土地总面积的 80%。地形总体西北高,向东南梯次降低,自西北向东南由中山—低山—丘陵—平原过渡。山脉走向以北东—南西为主,与主构造线和海岸线方向一致。受地形地貌条件影响,泉州市地质灾害较为集中分布在安溪、永春、德化 3 县及南安市和洛江区北部。

表 3-3 丰泽区地质灾害安全隐患点一览表

位置	坐标 X	坐标 Y	地貌特征	坡高(m)	宽度(m)	坡向(°)	坡度(°)	坡面形态	稳定性评价
东海街道国公爷山千亿山庄别墅区后自然斜坡	2755583	20663767	陡坡	60	200		75~80	台阶坡	一般
城东街道东星社区宏智机械厂后斜坡	2757366	20664341	陡坡	8~15	70	295	45~90	直线坡	一般
华大街道城东社区工艺厂西侧	2760081	20664416	陡坡	7	30	130	70	直线坡	较差
华大街道城东社区橄榄下牛、狗场	2760825	20664018	陡坡	20~25	80	180	65~80	直线坡	较好
东湖街道仁风工业区成达鞋厂后边坡	2758649	20661999	陡坡	6~8	100	290	70~78	直线坡	较差
北峰街道招联社区鹏溪张美远屋后	2761887	20656152	陡坡	6~8	85	240	80~90	直线坡	较差
北峰街道招集社区黄佳辉屋后	2761835	20656246	陡坡	6	35		85	直线坡	较差
北峰街道国联工业园	2762218	20657132	陡坡	6~30	150	110	60~85	直线坡	一般

表 3-4 泉州经济开发区地质灾害安全隐患点一览表

位置	坐标 X	坐标 Y	地貌特征	坡高(m)	宽度(m)	坡向(°)	坡度(°)	坡面形态	稳定性评价
太子酒楼代建场地	2752242	20657257	陡坡	35	20	140	45~65	直线坡	较好
绿林食品、高得鞋业有限公司	2752722	20656636	陡坡	25	150	10	80	直线坡	一般
特步厂房	2752721	20656635	陡坡	16	120	115	85	直线坡	较好
冠力机械代建场地	2752250	20655413	陡坡	15	60	50	80	直线坡	较好
佩斯卡拉服装厂	2752576	20655986	陡坡	20	120	105	86	直线坡	较好
罗裳山制药厂内	2752712	20656225	陡坡	20	180	20	65~80	凹形坡	较好
泉州国茂汽车一带	2752905	20655647	陡坡	25	200	10	86	直线坡	一般

资料来源:表 3-2、表 3-3、表 3-4 均为实地收集调查所得

(2)与降雨量关系密切

据统计,年降雨量 1500 mm 以上地区的地质灾害点 1477 处,占总数的 88%。地质灾害的高发时段与降雨强度密切相关,汛期(4—10月)常因强降雨诱发大量的地质灾害,如 2000 年 8 月 25 日凌晨 3 时,丰泽区大坪山发生山体滑坡,造成 5 人死亡,5 人受伤。

(3)与人类工程活动关系密切

泉州市山区的村民住宅、学校、厂矿有不少建筑建在人工边坡上,由于不合理的边坡开

挖,导致这些地区具有潜在致灾的危险性。一旦灾害发生,由于房前屋后的高陡边坡距离房屋近、运动速度快、突发性强,往往会造成人员伤亡和财产损失。

泉州市地质灾害的存在直接影响到项目选址,其影响范围与地质灾害发生规模等有关。此外,当地震发生时,丰泽区存在的断层周围的工程设施容易遭受破坏,因此规划选址时需避开断层一定距离。

3.2.2 地震

(1)概述

地震灾害是一种地壳运动过程中应力的突然释放所带来的后果,通常表现为地面震动、地表断裂、地面破坏以及引起海啸等。由于地震灾害破坏力极大,又常常表现为没有明显征兆的突发性灾害,从发生时给城市带来的危害程度来看,地震位于各种自然灾害之首。

地震对城市所造成的灾害主要表现为:建筑物、构筑物的倒塌以及由此所造成的人员伤亡和财产损失。同时,地震所引起的次生灾害,例如,火灾、堤坝溃决、海啸等所造成的损失有时甚至超过地震灾害本身的程度。

影响地震灾害的因素除了历史地震的活动性、地振动水平这些直接因素以外,城市,特别是特大城市所具有的某些特征会对地震灾害具有放大作用,许多严重的次生灾害都与这些城市特征密切相关。一个不算大的地震可以在一座设防标准不高的城市演化为一场巨大的灾难。所以才常常会有某些地震频率较低的地区地震损失比地震活动频繁的地区大的情况存在。历史上,这样的震例有1960年的摩洛哥地震(5.8级,死亡13100人)、1972年的尼加拉瓜地震(6.2级,死亡5000人,经济损失占GDP的40%)、1993年的印度中部地震(5.8级,死亡30000)等等。1999年9月21日,台湾里氏7.3级地震导致了2400人死亡,这次地震造成的损失也创下了台湾地区地震损失的新纪录。在这次地震中,新竹科技工业园生产半导体芯片的能力受到地震的严重破坏,影响到全世界笔记本电脑生产下降1/3达半年之久,见图3-1。

图3-1 1999年9月21日,台湾里氏7.3级地震

资料来源:http://www.cbmedia.cn/html/86/n-40686.html

（2）泉州市断层分布状况

研究区范围主要位于长乐—诏安断裂带中段，发育的断裂构造主要以北东向断层为主，其次为北西向断层和南北向断层，主要断裂平面分布见图 3-2。北东向断裂主要有惠安—晋江断裂、国公爷山断裂、东岳断裂、圆庄—马甲断裂、南安—八尺岭断裂、丰州断裂和南安庄顶—霞尾畲断裂。这些断裂均可归为长乐—诏安断裂构造体系。北西向断裂主要有清源山断裂和乌石山断裂，可归结为永安—晋江断裂构造体系。以往研究成果未发现在近场区存在有晚更新世以来的活动断裂，地震活动较弱，在地区上具有随机分布的特征，与具体地表断裂构造的关系不明显。根据福建省和江西地震区划、中国地震烈度区划（1978，1990）、中国地震动参数区划图（2001）及各项研究成果综合评定，泉州市地震烈度为 7 度，设计基本加速度为 0.10～0.15g。泉州市古城区位于《中国地震动参数区划图》上设计基本加速度0.15g 范围内，历史上有多次地震均对古城造成了不利影响，特别是 1604 年泉州外海 7.5级地震，古城当时遭受了相当于 8 度影响的严重破坏。

泉州市位于华南地震区内地震活动水平最强的东南沿海地震带，自公元 963 年至 2001年不完全统计，发生里氏震级大于 4.75 级地震共 36 次，最大震级为 1604 年的泉州外海 7级，震中烈度为 IX 度，泉州地区影响烈度为 VIII 度。强震主要集中在泉州至汕头间约 400 km范围内，大震多发生在海域。

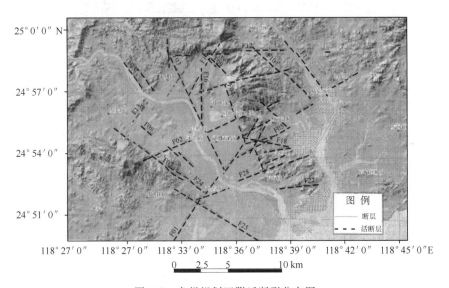

图 3-2　泉州规划区附近断裂分布图

近年来，泉州及其邻近海域中强地震频发，如 1994 年"9·16"台湾海峡南部的 7.3 级强震和 1995 年"2·25"晋江金井以南海域的 5.5 级地震。据《中国地震动参数区划图》（GB18306—2001，1：400 万）标示，泉州市地震动反应谱特征周期为 0.40 s，地震动峰值加速度为0.15g，相当于基本烈度为 VII 度，是全国 52 个抗震防灾重点城市之一。据有关单位研究与预测，未来 100 年内有可能发生中—强地震。

泉州区域内共有滨海、长乐、诏安等 8 条断裂带。中心区范围主要位于长乐—诏安断裂带中段，发育的断裂构造主要以北东向断层为主，其次为北西向断层和南北向断层。北东向主要有惠安科山—岭头断裂等 13 条断裂，北西向主要有洛阳—吕芮断层等 6 条断裂，南北向主要有后渚断裂和河市断裂。区域基本构造骨架见图 3-3,区域地质构造纲要图见图 3-4。

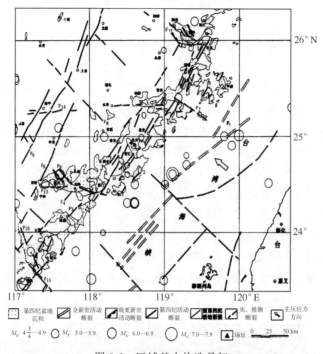

图 3-3　区域基本构造骨架

资料来源:泉州市、崇武幅水文地质工程地质编测报告,1987

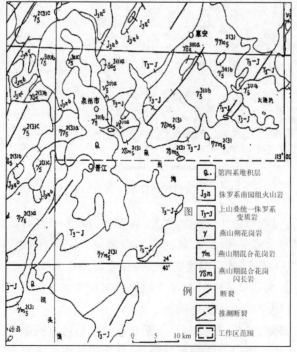

图 3-4　区域地质构造纲要图

资料来源:泉州市、崇武幅水文地质工程地质编测报告,1987

（3）泉州市地震活动主要特征

①在空间上反映出历史强震和现今弱震相一致。据历史记载，区内曾发生过 8 次破坏性地震，其中最大震级 8 级；近期弱震仍频繁发生，1972—1986 年共发生弱震 63 次以上，其中 3 次震级在 3～4 级之间，因此本区属于泉州—莆田海外弱震密集区。

②地震活动属于主震型，即一次强震可以明显地分出前震、主震和余震三个阶段，1604 年泉州海中 8 级地震的记载可证明这一观点。

③地震活动属浅震型，震源深度在 15～33 km 间，区域内陆地地震多发生在康氏面深度范围内，而海域地震的深度略大，多发生在莫霍面以上。

④强震震中沿着活动断裂分布，在断裂构造交叉部分，常形成地震活动的密集区。震源的主应力方向为北西西—南东东向，与区域构造基本垂直。震源错动以水平剪切为主，呈左旋特征。主应力方向由海向陆地有逐渐向南偏转的趋势，例如，泉州海中 8 级大地震震中附近北东向滨海断裂主压应力方向为 110°左右。

（4）泉州市地震活动小结

根据《中国地震简目》(1988)、《中国历史强震目录》(1995)及"福建省惠安山前核电厂厂址地震详细调查及安全性评价报告"等有关资料。该区自公元 963 年至今发生的≥4.8 级的地震有 11 次（见表 3-5）。1971 年来，区内共发生≥2.0 级的低强度地震计 7 次（见表 3-6）。

①泉州市历史地震活动情况

该区位于华南沿海地震带上，华南沿海地震带是华南地震区地震活动性较强的地震带。自公元 963 年至今，兴化湾至厦门外海共发生≥4.75 级地震 16 次，4.75～4.9 级地震 5 次，5.0～5.9 级地震 9 次，6.0～6.9 级地震 1 次，7.0～8.0 级地震 1 次。其中，发生于泉州区域及泉州外海的≥4.75 级地震 12 次，4.75～4.9 级地震 5 次，5.0～5.9 级地震 6 次，7.0～7.9 级地震 1 次；发生在泉州外海的有 7 次，陆上 5 次。未发现该区有≤4.75 级的地震历史记录。

表 3-5　公元 963 年至今泉州市大于 4.8 级地震的资料

发生地震时间	震中位置			震级	震中烈度
	地点	东经	北纬		
963-05	泉州	118°0′	24°9′	4.8	6
1538-10	晋江安海	118°5′	24°7′	4.8	6
1567-03-09	泉州外海	119°0′	24°5′	5.5	
1596-10	惠安西南	118°7′	25°0′	4.8	6
1604-12	泉州外海	119°1′	24°6′	7.5	
1607-08	泉州外海	119°1′	24°6′	5.2	
1609-06-07	泉州外海	119°3′	24°7′	5.8	
1691-05	晋江安海	118°5′	24°6′	4.8	
1934-05-21	安溪附近	118°2′	25°0′	5.8	6-7
1999-08-05	惠安外海	119°18′	24°49′	4.8	
1907-10-15	泉州湾	118°7′	24°8′	5.0	6

资料来源：根据《中国地震简目》《中国历史强震目录》资料整理

表 3-6　1971 年以来泉州市低强度的地震资料

发生地震时间	震中位置			震级
	地点	东经	北纬	
1972-07-14	石狮详芝	118°8′	24°8′	3.0
1978-05-28	晋江安海	118°5′	24°7′	3.0
1980-04-09	石狮永宁	118°8′	24°7′	2.0
1980-09-24	石狮永宁	118°8′	24°7′	2.1
1987-09-18	石狮	118°6′	24°7′	2.0
1991-09-22	惠安黄塘	118°7′	25°1′	
1992-09-26	石狮	118°8′	24°7′	2.6

资料来源:根据《中国地震简目》、《中国历史强震目录》、泉州市地震局资料整理

②泉州市现代小震活动

根据"福建地震台网地震目录",1971 年 1 月至 2002 年 5 月,泉州地区共发生≥2.0 级小震 7 次,其中 2.0～2.9 级 4 次,3.0～3.9 级 3 次,主要分布于石狮、晋江近海地区和海域;据《福建年鉴(2005)》,福建及其近海地区 2004 年共发生有≥3.0 级小震 9 次,多分布于厦门至东山一带近海,仅 1 次发生于晋江海域。该区未见现代≤2.0 级小震历史记录。

③泉州市地震活动的时空分布特征

泉州市地震活动时空分布特征与华南沿海地震带基本一致。时间上,自 1400 年以来存在两个地震活动期,第一活动期为 1400—1696 年,第二活动期为 1696 年至今,目前已进入第二个地震活动高峰期后的调整阶段;空间上,多呈条带状分布,为近海和海域的北东向条带及安溪至泉州海外的北西向条带。

④泉州市地震地质环境

由于欧亚板块、太平洋板块和菲律宾海板块的相互作用形成"台湾动力触角",东南沿海及华南地区的大部分≥6.0 级强震和绝大部分中小地震主要发生在"台湾动力触角"强烈影响的三角区中。受区域性北东向滨海断裂带、长乐—诏安断裂带和北西向晋江—永安断裂带的控制,大多数地震分布在北东向断裂带与北西向断裂带的交汇部位,并呈现自沿海向内陆、自东南向西北逐渐减弱的趋势。

位于泉州东部海域的滨海断裂带处于"台湾动力触角"强烈挤压区,形成于新生代,为全新世以来的活动断裂带,具有发生中强、强震的区域构造动力学背景。仅公元 1600 年以来该断裂带就发生过 3 次≥7 级地震,其中最强烈的为 1604 年泉州外海 7.5 级大地震。

长乐—诏安断裂带自晚更新世以来活动强度大为减弱,其历史地震活动无论是在空间分布的密度上,还是在强度和频度上,均比滨海断裂带弱得多。近 500 年来,沿该断裂带发生的中强地震和强震(5.75～6.25 级)只分布在汕头、漳州和晋江安海等地,最大地震强度未超过 6.25 级。

历史地震资料表明晋江—永安断裂带与北东向断裂交汇部位具有中强、强震发震构造背景。如 1604 年在与滨海断裂带交汇部位发生的海外 7.5 级地震,1934 年在长乐—诏安断裂带交汇部位发生的安溪 5.57 级中强地震。历史上,该断裂带在永安附近曾发生多次中小震,近年来也发生过若干呈北西向分布的小震群,其震源深度较浅,一般在 10 km 左右。

邻区历史上曾经发生过的地震,对该区影响最大的是 1604 年泉州海外 7.5 级地震,其

影响烈度达Ⅷ度；其次是 1607 年 8 月泉州湾 5.25 级地震、1906 年 3 月厦门海外 6.2 级地震和 1907 年 10 月泉州湾 5.0 级地震，影响烈度为Ⅵ—Ⅷ度；其余地震的影响烈度均小于Ⅵ度。

对泉州市中心城区区域地壳结构、区域地质构造、新构造运动、区域构造应力场及区域地震活动性进行综合分析后的结果表明：ⓐ尽管该区在第四纪中更新世之前地壳运动和岩浆活动强烈，地质构造复杂，现代位于菲律宾海板块对欧亚板块挤压形成的"台湾动力触角"影响范围内，但该区仍属于相对地壳稳定区，处于构造应力平稳状态；ⓑ新构造运动相对于周边地区表现不强烈，未发现全新世活动断裂；ⓒ历史上未见有≥5.0 级的地震记载，地震活动性不强；ⓓ潜在震级上限为 6.0 级，未来遭遇 6.0 级地震的危险性不大。其破坏性的地震影响来自周边地区，强震危险性主要来自东部海域，与"台湾动力触角"的作用和滨海断裂带的活动有关。因此，在该区的城乡规划、工程建设仍应加强防震抗震工作。

3.2.3　海啸

(1)历史时期中国海域发生海啸的频次和空间分布

依照全球海啸分区，中国及其临近海域也属于海啸危险区。我国位于环太平洋地震带，是一个多地震灾害的国家。据不完全统计，有记载以来，我国大约发生了 4117 次 4.75 级以上的地震，破坏性地震 1009 次，其中有 51 次大于 6.5 级的地震发生在我国海域的海底。它们中的一些引起了不同程度的海啸，但中国近海地震伴生海啸的比例只有 6%，远小于世界平均水平(25%)。据历史资料分析，有历史记录的海啸共有 139 次，现已证实的海啸有 27 次，其中能引海啸的浅源地震主要集中在台湾附近。在东部沿海各省份中(见图 3-5)，按照有历史记录的海啸分析，浙江的发生次数最多高达 45 次，其次是江苏、山东、上海、福建、台湾、广东，发生的次数分别是 25,19,13,11,10,10。最少的省份是河北、海南、广西和辽宁。如果按照已确定的海啸记录分析，台湾发生的次数最多，有 8 次，其次是山东、广东和浙江，分别发生 5 次、4 次和 3 次，福建和上海有历史记录的海啸均为 2 次，辽宁仅有一次，其他省份没有记录。不论是用哪个数据，它们都表明，我国是一个海啸发生的危险区，在历史时期有过海啸的发生。按照区划，台湾周围是海啸的高发区，其次是大陆架区域，低发区是渤海区域。

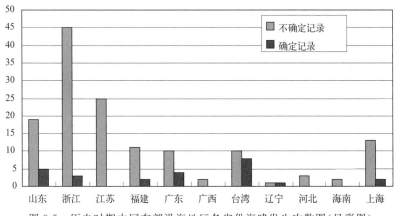

图 3-5　历史时期中国东部沿海地区各省份海啸发生次数图(见彩图)

资料来源：郭彩玲，王晓峰，"中国东部海域发生海啸的可能性分析"，

一旦发生地震引发的海啸,将有可能改变海平面使海平面上升,而海平面上升必将对这些地区的社会、经济产生重大影响,表现在许多沿海低洼地区将被海水淹没,现有海防设施的防御能力将大大降低,沿海地区的人居环境和经济建设将面临更大的风险;且遭受洪水危害的机会增大,遭受海啸、风暴潮影响的程度和严重性加大。

(2)海啸灾害

海啸通过高水位淹没和浪涌冲击对海边地势低平地区的房屋、道路、桥梁、机场以及给排水、供电、通讯等设施与车辆、船只造成严重破坏。海啸上岸后,由于巨大的冲力,将夹带一些破损建筑物产生的固体漂浮物一同前进,因此破坏力更强。由于淹没、浪涌、冲毁建筑物压埋以及漂浮物冲击等综合作用,海啸造成人员死亡率极高,所过之处,财物殆尽。抗御海啸灾害的工程措施主要在于合理规划(避让、削弱、分流、阻挡)和科学设计(潜在海啸灾害等级划分、结构性态决策、海啸荷载确定、抗海啸分析、构造设计)。海啸示意图见图3-6。

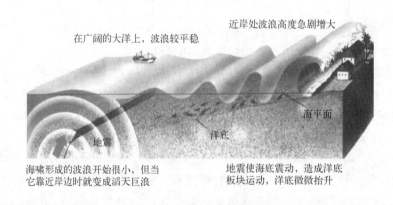

图3-6 海啸示意图

资料来源:陈颙,史培军,《自然灾害》,北京师范大学出版社,2007年9月,第111页

1960年智利地震产生的海啸也袭击了日本。在第一次海啸波之后,日本的居民跑到高处躲避海啸波并保持高度的警惕,没有得到通知前没有一个人回家,他们在高处足足等了4个小时。正是日本民众的海啸知识的普及,大大减少了人员的伤亡。智利地震产生的海啸袭击日本后的破坏情况见图3-7。

(3)海啸破坏的主要特点

海啸是由海底强烈地震引发的大量水体的强烈波动,但是与一般洪水和地震灾害相比,海啸灾害有许多不同点,主要有以下5点:

①海啸的破坏力来自于突然间的水位升高引起的淹没和离开海洋方向的强烈水平冲击。

②海啸造成的灾害分布与海拔高度有关,并沿海岸线呈带状分布。在海边,海拔低的地方,就容易被淹没。

③比如在河流入海口,海啸灾害沿河而上,呈现喇叭口状分布。

④除人工预警外,海啸灾害没有征兆,突发性强。

⑤除对房屋、桥梁、供水、排水、供电、通讯等基础设施造成破坏,海啸还破坏船只、车辆、农田、果园、风景区以及地势低平的晒盐场。

图 3-7　智利地震产生的海啸袭击日本后的破坏情况

资料来源：陈颙，史培军，《自然灾害》，北京师范大学出版社，2007 年 9 月，第 127 页

3.2.4　崩塌、滑坡、泥石流、地面塌陷

（1）概述

滑坡、崩塌是重力侵蚀的结果，是以重力为其直接原因所引起的地面物质的移动形式。但诱发滑坡、崩塌的原因是多方面的，是各种因素综合作用的结果，既有自然因素中的地质、地貌、气候因素，也有人为因素，如人为水土流失、人为地质作用因素。人为水土流失、人为地质作用是造成泉州市滑坡、崩塌发生频率较以往有大幅度增加的主要原因。落石、坍方、滑塌、泥石流的示意图见图 3-8。

2001 年夏，位于都江堰市麻溪滑坡紫坪铺水库工程建设区，在降雨和工程开挖的影响下发生了两次滑坡，滑坡体总量达到 $60 \times 10^4 \ m^3$，造成滑坡前缘 213 国道中断达 20 h，见图 3-9。

2003 年 8 月 25 日，四川省雅安市雨城区和荥经县遭受特大暴雨袭击。在不到 5 小时的时间内，降雨量达到 228 mm，发生群发性滑坡和洪水，造成 18 人死亡 3 人失踪，见图 3-10。

2005 年 8 月，四川泸定海螺沟风景区的道路被滑坡破坏，见图 3-11。

2009 年 8 月 8 日，台湾高雄县甲仙乡小林村遭"莫拉克"台风引发的泥石流袭击，造成至少 129 人死亡，300 多人失踪。泥石流现场见图 3-12。

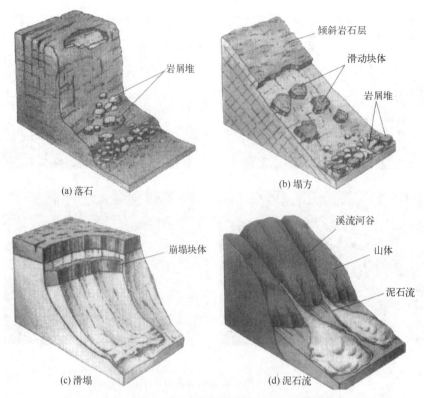

图 3-8　地表物质运动的几种情况

资料来源:陈颙,史培军,《自然灾害》,北京师范大学出版社,2007 年 9 月,第 308 页

　　(a)落石,陡峭的岩石山坡上,零星岩石的下落;(b)塌方,倾斜山坡上表层土壤和植被的缓慢和个别的滑动;(c)滑塌,整个滑坡体的整体运动;(d)泥石流,大量大小混杂的松散固体物质和水的混合物沿山谷猛烈而快速运动

图 3-9　都江堰市麻溪滑坡

资料来源:陈颙,史培军,《自然灾害》,北京师范大学出版社,2007 年 9 月,第 305 页

图 3-10　四川省雅安市洪水导致的滑坡

资料来源:陈颙,史培军,《自然灾害》,北京师范大学出版社,2007 年 9 月,第 315 页

图 3-11　四川泸定海螺沟风景区道路被滑坡破坏

资料来源:陈颙,史培军,《自然灾害》,北京师范大学出版社,2007 年 9 月,第 315 页

图 3-12　被泥石流淹没的小林村

资料来源:http://jxnews.jxcn.cn/525/2009-8-16/30107@558219.htm

（2）与崩塌相关的因素

①崩塌区的地形地貌及崩塌类型、规模、范围，崩塌体的大小和崩落方向。

②崩塌区岩体的岩性特征、风化程度和水的活动情况。

③崩塌区的地质构造，岩体结构类型，结构面的产状、组合关系、闭合程度、力学属性、延展与贯穿情况及编绘崩塌区的地质构造图。

④气象（重点是大气降水）、水文和地震情况。

⑤崩塌前的迹象和崩塌原因，地貌、岩性、构造、地震、采矿、爆破、温差变化、水的活动等。

⑥当地防治崩塌的经验。

（3）与滑坡相关的因素

①泉州市滑坡史、易滑地层分布、水文气象、工程地质图和地质构造图等资料是否齐全，是否有完整调查分析山体地质构造。

②是否做足以下工作：调查微地貌形态及其演变过程；圈定滑坡周界、滑坡壁、滑坡平台、滑坡舌、滑坡裂缝、滑坡鼓丘等要素；查明滑动带部位、滑痕指向、倾角，滑带的组成和岩土状态，裂缝的位置、方向、深度、宽度、产生时间、切割关系和力学属性；分析滑坡的主滑方向、滑坡的主滑段、抗滑段及其变化，分析滑动面的层数、深度和埋藏条件及其向上、下发展的可能性。

③泉州市滑带水和地下水的情况，泉水出露地点及流量，地表水体、湿地分布及变迁情况。

④泉州市滑坡带内外建筑物、树木等的变形、位移及其破坏的时间和过程。

⑤对滑坡的重点部位宜摄影或录像。

⑥泉州市整治滑坡的经验。

（4）与泥石流相关因素

①泉州市暴雨强度、前期降雨量、一次最大降雨量、平均及最大流量、地下水活动情况。

②地层岩性，地质构造，不良地质现象，松散堆积物的物质组成，分布和储量。

③沟谷的地形地貌特征，包括沟谷的发育程度、切割情况、坡度，弯曲、粗糙程度，并划分泥石流的形成区、流通区和堆积区及圈绘整个沟谷的汇水面积。

④形成区的水源类型、水量、汇水条件、山坡坡度，岩层性质及风化程度。断裂、滑坡、崩塌、岩堆等不良地质现象的发育情况及可能形成泥石流固体物质的分布范围、储量。

⑤流通区的沟床纵横坡度、跌水、急弯等特征。查明沟床两侧山坡坡度、稳定程度，沟床的冲淤变化和泥石流的痕迹。

⑥堆积区的堆积扇分布范围，表面形态，纵坡，植被，沟道变迁和冲淤情况；查明堆积物的性质、层次、厚度，一般粒径及最大粒径以及分布规律。判定堆积区的形成历史、堆积速度，估算一次最大堆积量。

⑦泉州市泥石流沟谷的历史，历次泥石流的发生时间、频数、规模、形成过程、暴发前的降雨情况和暴发后产生的灾害情况，并区分正常沟谷或低频率泥石流沟谷。

⑧开矿弃渣、修路切坡、砍伐森林、陡坡开荒及过度放牧等人类活动情况。

⑨泉州市防治泥石流的措施和经验。

（5）与地面塌陷相关因素

地面塌陷包括岩溶塌陷和采空塌陷。

①岩溶塌陷

a.调查过程中首先要依据已有资料进行综合分析，掌握区内岩溶发育、分布规律及岩溶水环境条件。

b.查明岩溶塌陷的成因、形态、规模、分布密度、土层厚度与下伏基岩岩溶特征。

c.地表、地下水活动动态及其与自然和人为因素的关系。

d.划分出变形类型及土洞发育程度区段。

e.岩溶塌陷对已有建筑物的破坏损失情况，圈定可能发生岩溶塌陷的区段。

②采空塌陷

a.矿层的分布、层数、厚度、深度、埋藏特征和开采层的岩性、结构等。

b.矿层开采的深度、厚度、时间、方法，顶板支撑及采空区的塌落、密实程度、空隙和积水等。

c.地表变形特征和分布规律，包括地表陷坑、台阶、裂缝位置、形状、大小、深度、延伸方向及其与采空区、地质构造、开采边界、工作面推进方向等的关系。

d.地表移动盆地的特征，划分中间区、内边缘和外边缘区，确定地表移动和变形的特征值。

e.采空区附近的抽、排水情况及其对采空区稳定的影响。

f.建筑物变形及其处理措施等。

（6）泉州市滑坡、崩塌等地质灾害

滑坡、崩塌既是一种地质灾害，也是土壤侵蚀的一种形式。地处福建省东南沿海的泉州市，近年来每逢暴雨或台风，频繁发生滑坡、崩塌等地质灾害，而且危害呈加剧趋势。1990年9月12日下午4时，马甲乡大寨山山体发生严重滑坡，全村倒塌房屋2座。2000年，滑坡、崩塌主要发生在6月中下旬的持续大暴雨和8月下旬第10号台风（碧利斯）正面袭击期间。据不完全统计，在2002年全市共发生滑坡、崩塌485处，造成37人死亡，26人受伤，数十座民房被毁，主要公路、铁路受阻，多座水库出现险情，直接经济损失达7266万元。滑坡、崩塌已成为该市水土流失危害的主要表现形式之一。

如前所述，滑坡、崩塌是重力侵蚀的结果，是以重力为其直接原因所引起的地面物质的移动形式。但诱发滑坡、崩塌的原因是多方面的，是各种因素综合作用的结果，既有自然因素中的地质、地貌、气候因素，也有人为因素中的人为水土流失、人为地质作用因素。但人为水土流失、人为地质作用是造成该市滑坡、崩塌发生频率较以往有大幅度增加的主要原因。

据调查，鲤城区、丰泽区及泉州经济开发区的潜在地质安全隐患点共有15处（鲤城区0处，丰泽区8处，泉州经济开发区7处）。

潜在地质安全隐患点发育特征为：①分布较为分散，除国公爷千亿山庄的别墅区后坡为自然斜坡且位于地质灾害易发区（15度以上）外，其余都分布在山前坡麓较为平缓的地带，都是人工开挖形成的高陡边坡。②其规模差异较大（斜坡高差6～68 m，宽35～200 m），这种零星点状分布的特点和规模差异较大的特点与人类工程活动向山坡地带延伸及工程开挖的规模有关。③高陡边坡大都是岩土混合质的斜坡，多数经过加固和排险。地质安全隐患主要表现在这些高陡边坡在降雨的诱发下存在向小型的土质滑坡与岩质崩塌演变的可能。

在地质安全隐患点稳定性评估中,丰泽区稳定性较好的有 1 处,一般的 3 处,较差的 3 处,危险性较小的 6 处,较大的 2 处,可统计受威胁人数 21 人;泉州经济开发区地质安全隐患点稳定性较好的 5 处,一般的 2 处,较差的 2 处,危险性较小的 6 处。

3.3　泉州市气象灾害

3.3.1　干旱

干旱是泉州市主要灾害之一,据近百年数据统计,平均每 3 年有 1 次中等程度以上旱灾,给全市工农业生产和人民生活带来严重影响。

从 2002—2004 年的数据来看,泉州市天然来水量呈逐年减少趋势。2002 年各地平均降雨量为 1680 mm,2003 年为 1290 mm,而 2004 年降雨持续偏少,1 月至 7 月 31 日,全市累计降雨量在 490～750 mm 之间,比多年同期平均偏少 3～4 成。2004 年 1—7 月晋江流域来水总量为 10.6 亿 m³,比多年平均的 29.1 亿 m³ 少 18.5 亿 m³,比 2003 年同期的 18.64 亿 m³ 偏少 8.04 亿 m³。截至 2004 年 8 月 11 日,全市大中型水库蓄水总量为 3.33 亿 m³,占正常库容的 37.7%,比去年同比偏少 0.85 亿 m³;小型水库蓄水量为 0.51 亿 m³,占正常库容的 30%,全市有 23 座小型水库干涸。

2003 年 10 月 15 日至 2004 年 1 月 15 日,持续 91 天无雨,“两节”期间用水紧张,曾一度造成 6 万人饮水困难。

由于降雨偏少,水资源量不足,2004 年上半年泉州市旱情不断,影响了经济发展和社会生活的各个方面,造成供水供电紧张,森林火灾频发。

2004 年 3 月份,各地降雨量比多年同期普遍偏少 2～4 成,影响春播生产,春播进度偏慢;6 月上旬,山美水库技改,停水期间,金鸡拦河闸水位一度出现接近 8.5m 的临界水位,影响泉州市区及晋江、石狮等沿海县市的正常供水;7 月 8—27 日,除安溪县境内出现一次阵雨过程,其他县(市)20 天无降雨,全市农作物受旱 28.6 万亩,3.09 万人饮用水困难。

由于水力发电能力大幅度降低,电力供应紧张,泉州市被迫长时间采取限电措施。截至 2004 年 7 月 26 日,全市累计限电 3.95 亿 kW·h,已经超过 2003 年全年限电量 3.04 亿 kW·h。限电使企业开工不足,影响全市工业产值,并给群众生产生活用电带来不利影响。

高温干旱造成全市幼林受灾 7389 亩,苗圃受灾 11.2 亩,经济林受灾 3308 亩。森林火灾 167 起,过火面积 1747.1 hm²,受害面积 1236.9 hm²,损失林木(蓄积)16970 m³,幼林 121.6 万株。

干旱是泉州影响范围最广、出现频率最高的气象灾害。泉州最大年降水量与最小年降水量之比相差达 2.9 倍。山区比沿海均匀些,倍数小,沿海几乎每年都有不同程度的干旱发生。据记载统计,从北宋崇宁元年(1102)到 1998 年的 896 年中,沿海地区发生干旱的年份就有 108 年。泉州地区一年四季都存在发生干旱的可能,一般来说,沿海地区受旱灾影响较大,特别是春旱和夏旱。有时会跨季持续连旱,甚至连年干旱。新中国成立后,春旱严重的有 1963、1971 年,夏旱严重的有 1971、1974 年,秋冬旱严重的有 1957、1962、1964 年。泉州一带每逢干旱,不仅田地荒芜、水源枯竭,甚至江河断流,连饮用水也经常发生困难,农业生产损失尤重。如 1963 年持续 8 个多月干旱,冬旱、春旱又连夏旱,是年晋江于 5 月份断水,众多水库水位或在死库容以下,或干涸。全区受旱面积占总耕地的 70%,粮食失收 1850 万 kg。更严重的是由于久旱无雨,气候干燥酷热而相应出现的瘟疫等灾害。

泉州市部分旱灾统计表见表 3-7。

表 3-7　泉州市部分旱灾统计表

序号	灾种	发生时间	发生地点	起因	灾情
1	干旱	1979	鲤城区	夏、秋持续酷热、干热	受旱 5 万余亩
2	干旱	1983	鲤城区	夏季持续干旱	受旱 5.4 万亩
3	干旱	1984	鲤城区	春播期间干旱,5—7 月持续干旱	受旱 4.5 万亩
4	干旱	1986	鲤城区	降雨为 25 年来最少	作物普遍受旱
5	干旱	1987	鲤城区	夏季连续酷热无雨	受旱 2.2 万亩
6	干旱	1988	鲤城区	7 月受 3 次热浪袭击,最高气温 38 度	受旱 4.5 万亩
7	干旱	1989	鲤城区	雨量比正常减少 6 成	受旱 3.8 万亩

资料来源:根据泉州市地方志编纂委员会的相关资料整理

3.3.2　暴雨

泉州市的暴雨日(日雨量≥50.0 mm)平均每年在 3.5～6.5 d,南安最多,永春次之,崇武最少。南安、安溪与同安交界的山区,永春雪山和德化戴云山的迎南风坡是泉州市暴雨最多的地方。泉州处于沿海地区,遭受台风袭击的机会比较多,降水强度也比较大。泉州市各地全年均有机会出现暴雨,集中期是雨季和台风季(5—9 月)。每年中最早出现暴雨的时间是 1 月 2 日(崇武,1987 年),最迟出现暴雨的是 12 月 18 日(德化,1971 年)。泉州市暴雨以局部性或区域性多见,全市性暴雨较为少见,同一地点出现连续性暴雨的机会也很小,仅南安、安溪等地偶有出现,且主要受台风影响。1990 年 7 月 30 日至 8 月 3 日,南安、安溪、永春等地连续 5 天出现暴雨,为历年之最。

晋江流域降雨集中在 4—9 月份。在 6—9 月台风频繁时,台风携带大量暖湿气流在晋江流域登陆后常引发大暴雨。此时若遇天文大潮,江河两岸及沿河地区常发生洪涝灾害。

中心城区河流属于山区河流,洪水多由持续时间短而强度大的暴雨造成,大暴雨主要来源于台风。在受灾程度方面,由于晋江、洛阳江和九十九溪上游地势高、坡度大,所以防洪压力比较小;下游地势平缓,在雨季河流源头断流,加上潮水顶托,经常使外江水位与内涝水位同时上涨,在低洼地区会出现涝渍现象。根据水利部门提供的资料,当受到外江水位顶托时,一次降雨量大于 30 mm 即可产生内涝,若超过 100 mm 时,可产生大涝灾。

随着城市向沿海方向的拓展,风暴海潮和台风的预防将成为防洪工程的一项重要任务。但是现有沟渠排洪排涝标准偏低,如晋江北岸市区堤段的防洪标准为 50 年一遇,而南岸防洪标准仅为 30 年一遇。并且晋江下游河段岸线很不规则,河道宽窄不一,障碍较多,一些河段有效行洪断面利用率不高。因河道淤积,致使排水不畅,加上蓄滞洪区被占用,易引起内涝,危及城市安全。所以,在注重防洪堤建设的同时,还应对内涝排水进行考虑,提高排涝标准以防暴雨造成大面积积水并引发洪涝。

泉州市洪涝灾害统计表见表 3-8。

表 3-8 泉州市洪涝灾害统计

序号	灾种	发生时间	发生地点	起因	灾情
1	洪涝	1979 年 6 月 11—12 日	鲤城区	受大暴雨袭击平均总雨量 194 mm	内涝 7500 亩,历时 48 小时
2	洪涝	1980 年 5 月 24 日	鲤城区	受台风影响出现暴雨平均达 127 mm	受淹 1.8 万亩,房屋倒塌 253 间,水毁工程 150 处
3	洪涝	1983 年 1—4 月	鲤城区	110 天中连续阴雨 91 天,总雨量 997~1148 mm	大/小麦分别比 1982 年减产 5935 t 和 340 t
4	洪涝	1985 年 6 月 25 日	鲤城区	受台风影响出现	受灾人口 7800 人,死亡 1 人,房屋倒塌 116 间,受淹作物 1.5 亩,损失粮食 1.5 万亩,总损失 445 万元
5	洪涝	1987 年 7 月 31 日	鲤城区	双阳、城东、东海受特大暴雨袭击	农作物普遍受灾,民房倒塌 299 间及校舍 669 m²,围墙 440 m,坑岸及堤防 43 处 10 km,总损失 1375 万元
6	洪涝	1988 年 8 月 22—24 日	鲤城区	受台风和冷空气影响,普降暴雨 5 天	大量农作物受灾,损毁水利工程 331 处,乡村道路 554 处,桥梁 17 座,民房牲畜舍 285 间,总损失 1785 间
7	洪涝	1990 年 6 月 19 日—9 月 15 日	鲤城区	台风,暴雨	市区遭受 6 次台风暴雨袭击
8	洪涝,冰雹	1993 年 5 月 7 日	鲤城区	暴雨,冰雹	河市镇遭受暴雨、冰雹袭击,不少民房瓦片被冰雹砸坏,受害农作物面积达 3000 多亩
9	洪涝,雨灾	1994 年 6 月 16 日	市区	暴雨	房屋倒塌 30 多座,死亡 15 人,重伤 9 人,一些交通和水利设施被冲毁
10	洪涝	1998 年 5 月 12 日	市区	长达 2 个钟头的暴雨,降水量达 82 mm	市区多处积水
11	洪涝,暴风雨	2002 年 4 月 6 日	鲤城区	暴风雨	暴风雨袭击泉州市,鲤城区副食品基地受灾严重,损失逾 80 万元。
12	洪涝	2002 年 8 月	市区沉洲路	积水未退,排洪沟受阻	
13	洪涝	2005 年 6 月 15—17 日,2005 年 6 月 19—21 日	市区	暴雨	15—17 日有大到暴雨,局部有 8 级雷雨大风;19—21 日,全市天气阴有阵雨和雷阵雨
14	洪涝,雨灾	2008 年 7 月 8 日	鲤城区	强降雨	鲤城区普遍出现百年一遇的强降雨过程,泉州大桥雨量站点降雨量高达 190 mm
15	洪涝	2009 年 10 月 10 日	丰泽区城东街道凤屿社区	排洪设施被破坏,台风	居民家一楼被淹
16	洪涝	2009 年 10 月 10 日	开发区狮子山		

资料来源:根据泉州晚报、泉州水利信息网、泉州市地方志编纂委员会的相关资料整理

3.3.3　台风

台风在全球的活动规律一般是在北半球作逆时针方向转动,在南半球作顺时针方向旋转。全球台风运动路线分布图见图 3-13。

从卫星照片(见图 3-14)可以看出,台风就是在大气中绕着自己的中心急速旋转的同时又向前移动的空气涡旋。图 3-15 和图 3-16 所示为台风登陆后的情况,灾情严重。从台风登陆次数及其强度分布(见图 3-17)可以看出,泉州位于次数频繁及强度大的区域。

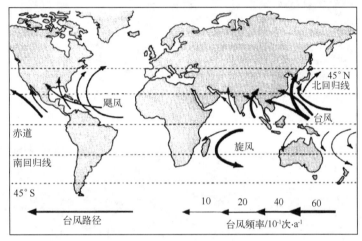

图 3-13　全球台风运动路线分布图

资料来源:陈颙,史培军,《自然灾害》,北京师范大学出版社,2007 年 9 月,第 195 页

图 3-14　台风中心

资料来源:陈颙,史培军,《自然灾害》,北京师范大学出版社,2007 年 9 月,第 195 页

泉州市是东南沿海最容易受台风影响和袭击的地区之一,平均每年有 4.3 个台风影响,最多的年份有 11 个(1961 年),最少为 2 个(1983 年),台风影响集中在 7,8,9 三个月,最早 5 月 19 日(1961 年),最迟是 11 月 15 日(1967 年)。它带来的狂风暴雨和风暴潮常造成重大的直接经济损失。泉州市台风灾害统计见表 3-9。

图 3-15 台风登陆后,凶猛异常,房屋的屋顶被它轻而易举地掀掉
资料来源:陈颙,史培军,《自然灾害》,北京师范大学出版社,2007 年 9 月,第 196 页

图 3-16 新奥尔良市(美)市中心东部飓风后一天房屋被飓风引起的洪水淹没只露出了一片屋顶
资料来源:陈颙,史培军,《自然灾害》,北京师范大学出版社,2007 年 9 月,第 202 页

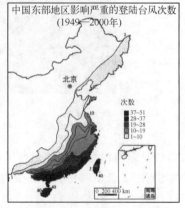

图 3-17 中国东部登陆台风次数及其强度分布图(1949—2000,热带气旋年鉴)
资料来源:陈颙,史培军,《自然灾害》,北京师范大学出版社,2007 年 9 月,第 207 页

表 3-9　泉州市台风灾害统计

序号	发生时间	发生地点	起因	灾情
1	1981 年 3 月 14 日	鲤城区	局部地区受到历史罕见的龙卷风袭击	
2	1982 年 7 月 29 日	鲤城区	受 9 号台风袭击	开元寺古树被刮倒,万亩甘蔗茎折率达 14%～25%
3	1987 年 4 月 22 日	鲤城区	罗溪大路脚遭受龙卷风夹冰雹袭击,9 月 10 日受 12 号台风正面袭击	
4	1988 年 9 月 22—24 日	鲤城区	先后受 17、18 号强台风袭击	
5	1989 年 3 月	鲤城区	遭受龙卷风、暴雨和冰雹袭击	死亡 63 人,损坏民房 14489 间,经济损失 3500 万元
6	1990 年 6 月 21 日和 27 日,7 月 30 日,8 月 19 日和 24 日,9 月 3 日	鲤城区	受 6 次台风袭击	灾情严重
7	1991 年 7 月 20 日	市区	第 7 号台风	严重
8	1999 年 10 月 10 日	全市	受 9914 号台风正面袭击	房屋倒塌 570 间,受损房屋 1 万多间,水利工程损毁 3180 处,道路被冲毁 592 处,桥梁、涵洞被冲垮 178 座
9	2000 年 8 月 24 日	鲤城区	第 10 号台风(碧利斯)	第 10 号台风(碧利斯)从晋江围头附近登陆,狂风暴雨袭击市区,始建于宋代的市级文物保护单位浮桥南桥头一桥墩坍塌
10	2002 年 4 月 6 日	市区	强风	大批树木和护栏被吹倒
11	2002 年 8 月 6 日	鲤城区	12 号台风(北冕)	受 12 号台风(北冕)暴风雨袭击,始建于宋代的市级文物保护单位浮桥南桥头北侧有三座桥墩被冲垮,致使旧浮桥仅剩中段孤立于河中
12	2003 年 8 月 4—6 日	鲤城区	9 号热带风暴(莫利克)	遭遇 9 号热带风暴(莫利克)袭击,受灾较严重,主要公路线受淹,交通受阻。农作物受淹 6000 多亩,禽畜及水产养殖场受淹 3 处,淹死畜禽 1.5 万只,损失养殖甲鱼 2 万只;山体塌方 5 处,共 100 m³;36 个社区出现内涝,约 700 座房屋不同程度进水受淹,房屋倒塌 9 处;造成经济损失 530 万元
13	2003 年 9 月 2 日	丰泽区	第 13 号强台风(杜鹃)	丰泽区 5 个乡镇 1800 人受灾,倒塌房屋 5 间,损失水产养殖 450 t,龙眼 310 t,经济损失 3320 万元
14	2004 年 9 月 14—15 日	泉州市区、丰泽城东、鲤城江南	第 6 号热带低压云团和弱冷空气	第 6 号热带低压云团和弱冷空气共同影响,泉州市区降水 144 mm,泉州市区、丰泽城东、鲤城江南等低洼地带内涝严重,内涝水深普遍在 1～2 m 之间,民房、企业、工厂、仓库进水受淹,部分民房倒塌,群众被积水围困。鲤城金浦出现山体滑坡,推倒 1 根高压电杆,未造成人员伤亡
15	2005 年 6 月 15—17 日,19—21 日	市区	暴雨	15—17 日泉州市有大到暴雨,局部短时有 8 级大风;19—21 日,全市天气阴有阵雨和雷阵雨

序号	发生时间	发生地点	起因	灾情
16	2005 年 8 月 7 日	泉州市	第 9 号台风"麦莎"	市区降雨 54.3 mm,市区部分街区出现积水
17	2005 年 8 月 13 日	市区	第 10 号强热带风暴"珊瑚"	第 10 号强热带风暴给泉州市造成了严重的洪涝灾害
18	2007 年 8 月 19 日	泉州市	第 9 号台风"圣帕"	共有 16.26 万人受灾,紧急转移沿海、山区、矿山、水库下游等危险区域人员 96274 人
19	2008 年 7 月 26—29 日	全市区	遭受"凤凰"台风袭击	受灾人口 1234 万人,房屋倒塌 407 间,总损失 3214 万元
20	2009 年 6 月 22 日	泉州市	第 3 号热带风暴"莲花"在晋江市东石镇近登陆,中心附近最大风力 9 级	遭遇台风损失千万元
21	2009 年 8 月 7—8 日	鲤城区	第 8 号台风"莫拉克"	第 8 号台风"莫拉克"影响鲤城区,累计过程降雨 20 多 mm,风力达 7 级

资料来源:根据泉州晚报、泉州水利信息网、泉州市地方志编纂委员会的相关资料整理

3.3.4 酸雨

(1)酸雨的特征

酸雨随季节变化而变化,主要特征有以下方面。

①春季阴雨连绵,受季节性气流影响两广地区致酸污染物易长途输运至福建省,加上春季大气层结稳定,极易在低空形成逆温,不利于局地污染物的水平和垂直扩散。春季沿海城市城郊两地降水 pH 均值基本低于 5.60,北部沿海城市郊区降水 pH 值略高于城区,中南部城市城区的降水 pH 均值多数高于郊区。酸雨出现率除了漳州城郊两地差异大,福建省其余城市的城郊两地酸雨出现率基本相同。洁净的海岛城市因缺少明显影响降水酸度的碱性污染物反而使酸雨污染加重。以上的这些论述说明:ⓐ春季系统性降水易使外来致酸污染物大量汇集到福建沿海上空,影响着各个城市的降水酸度,而部分城市城区与郊区降水酸度的明显差异可能与春季各个城区上空易出现逆温,造成局部地区污染物堆集有关;ⓑ由于其污染物化学属性的差异,使得不同城市城区的降水酸度产生变化。

②夏季因地面热力条件发生变化,局地对流活动加强,降水多数由台风和局地强对流天气引起。台风降水相对洁净,局地强对流既有利于大气污染物的水平扩散和垂直混合,同时也加大各个城市局地污染物对降水酸度的影响程度。

③秋季多数降水性质与夏季相似,以局地阵性降水为主。沿海中部多数城市的降水 pH 均值仍继续升高,各个城市酸雨出现率变化更显得复杂,其中福州、泉州和莆田 3 个城市的对比样本中未观测到酸雨。局地阵性降水的降水酸度主要受局地污染物酸碱性的影响,外来污染物的影响相对较小。

④冬季晴冷少雨,降水主要受北方冷空气南下影响,过程雨量不大。但降水前大气低层易出现逆温,不利于局地污染物扩散,加上降水时外来污染物的入侵,致使沿海各个城市降水酸度容易因局地污染物酸碱性不同而发生改变。

（2）泉州酸雨监测情况分析

以 2006 年为例，泉州酸雨监测结果见图 3-18。

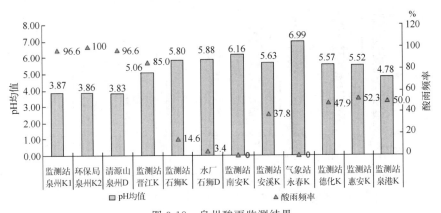

图 3-18　泉州酸雨监测结果

资料来源：《泉州市环境状况公报 2006 年度》，泉州市环境保护局，2007 年 5 月

2006 年，泉州市区三个降雨监测点位（市环境监测站、市环保局、清源山）的年均 pH 值分别为 3.87，3.86 和 3.83，pH 值同比上年分别下降 0.91，1.09 和 0.95，酸雨污染趋势加重。泉港监测站点位酸雨污染同比上年有上升的趋势，酸雨 pH 年均值小于 5.0，同比上年下降了 0.66。

对比 2006 年和 2007 年的数据（见图 3-19 和图 3-20）可以发现，2007 年，各县（市、区）均开展酸雨监测，全市酸雨频率为 46.2%，同比上年上升了 13.2 个百分点；降水 pH 值年均值为 4.99，同比上年上升了 0.50 个单位；降水 pH 最低值为 4.43，出现在泉州市区。泉州市区属于中酸雨区。

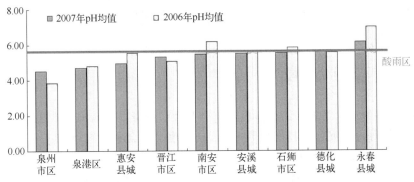

图 3-19　2007 年和 2006 年降雨 pH 值监测结果比较示意图（见彩图）

资料来源：《泉州市环境状况公报 2007 年度》，泉州市环境保护局，2008 年 6 月

2008 年全市降水 pH 值范围为 3.82～7.05，平均值为 5.00（全省平均值 4.91），如图 3-21 所示。全市酸雨频率平均为 40.2%，酸雨污染略有好转。泉州市区降水 pH 年均值为 4.62，酸雨频率为 93.1%，属于中酸雨区。

全市酸雨频率为 46.2%，降水 pH 值年均值为 4.99；降水 pH 最低值为 4.43，出现在泉州市区。

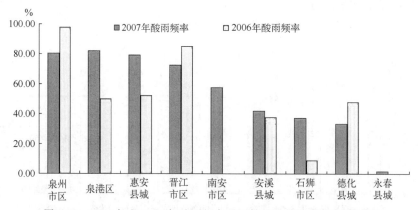

图 3-20 2007 年和 2006 年酸雨频率监测结果比较示意图(见彩图)
资料来源:《泉州市环境状况公报 2007 年度》,泉州市环境保护局,2008 年 6 月

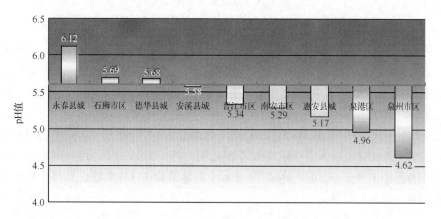

图 3-21 2008 年各县(市、区)降水 pH 值示意图
资料来源:《泉州市环境状况公报 2008 年度》,泉州市环境保护局,2009 年 6 月

3.4 泉州市工业灾害

近年来,一些城市人为灾害给我国城市安全与社会经济发展造成了严重影响,城市火灾和道路交通事故等人为灾害因其发生频率高,成为建设安全和谐城市的主要障碍。在交通事故方面,随着我国城市化水平的提高,城市道路交通安全形势已十分严峻。统计数据和研究资料表明,我国已经进入道路交通事故的高发期,道路交通事故持续上升,事故总量由1986 年的 29 万起上升到 2002 年的 77 万起,年均增长 6.3%。死亡人数由 1986 年的 5 万人上升到 2002 年的 10.9 万人,年均增长 5%。2000 年至 2002 年,平均每年发生一次死亡 10人以上的群死群伤特大道路交通事故 40 起左右。在火灾方面,《中国火灾统计年鉴》中的火灾统计数据表明,20 世纪 80 年代开始,我国城市火灾的比例逐年上升,城市火灾结构从过去易燃易爆品聚集的工厂、仓库等火灾指数较高的场所开始向居民楼、商场、饭店、舞厅等公共聚集场所蔓延,城市火灾约占全部特大火灾的 80%。在食品卫生方面,2001 年卫生部收到706 起食物中毒报告,中毒病例 22193 人,死亡 184 人,但专家估计实际中毒人数可能是统计

数量的 10 倍以上。每年由于安全生产事故引发的损失共计 2500 亿元。这些现象共同预示了高风险社会的来临。

城市工业灾害调查主要指调查易发生火灾、爆炸及泄漏的工业危险设施的位置、周围环境、周围人口密度、气象条件、常年主导风向、事故历史、事故范围、事故后果(主要指经济损失和人员伤亡)等;人群聚集场所调查主要调查人群聚集场所的事故历史和现状。事故历史包括事故发生的历史年代、事故类型原因、经济损失和人员伤亡情况等,现状调查包括人群聚集场所的建筑结构、建筑材料是否符合国家有关规定,人群聚集场所是否有灾害预防措施(如消防措施、突发事件的应急措施)等。城市生命线系统主要包括城市燃气系统、电力系统、交通运输系统、给排水系统、通信系统。城市生命线系统可以说是城市大动脉,对保证生命线系统的正常运行十分重要。即使在灾害发生的情况下,也需保证生命线的畅通,这对于降低灾害损失、减少人员伤亡具有十分重要的意义。生命线系统调查的主要内容有:生命线各设施的铺设、施工是否合乎有关规定、周围是否有违章建筑、灾害发生的情况下是否有应急措施等。

3.4.1　泉州市产业结构指标

到 2015 年,第三产业比重达到 44% 左右,第二产业降低到 52% 左右,第一产业比重降低到 4% 左右。

到 2020 年,第三产业比重达到 49% 左右,第二产业降低到 48% 左右,第一产业比重降低到 3% 左右。

到 2030 年,第三产业比重达到 52% 左右,第二产业降低到 46% 左右,第一产业比重保持在 2% 左右。

3.4.2　泉州市经济发展策略

转变经济发展方式,保持经济持续快速健康增长,推进产业结构优化升级,增强产业可持续发展能力。大力推进第三产业的发展,特别是加快生产性服务业的发展;实现第二产业结构升级,提高自主创新能力和产出效益;大力发展现代农业,保持第一产业的适度规模。

泉州市主导工业行业分析见表 3-10。

表 3-10　泉州市主导工业行业分析表

类　型	区位商大于 1 的行业	占地区工业总产值比重	区位商大于 2 的行业	占地区工业总产值比重
开采冶炼业	石油加工冶炼业	7.66%		
原料生产业	造纸及纸制品业	3.44%		
	化学纤维制造业	1.67%		
	纺织业	9.74%		
零件生产业	塑料制品业	4.08%	非金属矿物制品业	10.09%
消费品工业	食品制造业	3.64%	纺织服装鞋帽制造业	16.05%
	家具制造业	0.76%	皮革毛皮及其制品业	12.11%
	印刷和记录媒介复制	0.98%	工艺品及其他制造业	8.98%
	文教体育用品制造业	1.31%		

从表 3-10 可以看出,泉州在全国具有显著优势的行业为非金属矿物制品业(以陶瓷为主)、纺织服装鞋帽制造业、皮革毛皮及其制品业和工艺品及其他制造业(以石雕为主)。这四类行业产值占泉州全部工业产值的 47.23%。除此以外,纺织业和石油加工业冶炼业所占比重也较高,都接近总产值的 10%。从四类工业行业的比重来看,在表格列举的 13 类主要工业行业中,消费品工业占有 7 项,占全部工业总产值的 40% 以上。由此可见,以成品制造为主的消费品工业是泉州工业生产的主要行业类型。

从前面的分析可以看出,长江三角洲的浙江省和珠江三角洲(以东莞、佛山和中山为主)都具有和泉州类似的主导行业,即纺织服装鞋帽制造业、皮革毛皮及其制品业和非金属矿物制品业。可以从规模、企业集群及相关支持行业三个方面来研究这三个地区的产业竞争力发展阶段。其中,泉州市主导工业行业规模分析见表 3-11。

表 3-11　泉州市主导工业行业规模分析表

类　型	区位商大于 1 的行业	占全国 同类产值比重	区位商大于 2 的行业	占全国(福建省) 同类产值比重
开采冶炼业	石油加工冶炼业	1.41%		
原料生产业	造纸及纸制品业	1.55%		
	化学纤维制造业	1.31%		
	纺织业	1.44%		
零件生产业	塑料制品业	1.52%	非金属矿物制品业	2.03%(3.14%)
消费品工业	食品制造业	1.32%	纺织服装鞋帽制造业	5.34%(5.47%)
	家具制造业	1.21%	皮革毛皮及其制品业	6.07%(8.96%)
	印刷和记录媒介复制	1.09%	工艺品及其他制造业	7.84%(10.53%)
	文教体育用品制造业	1.55%		

表 3-11 标注出了泉州主导工业行业在全国同类产品产值中所占的比重,为了便于在同一尺度上的比较,还在区位商大于 2 的工业行业后标注了福建省的数据。可见,即使是泉州最核心的四类产业,也没有一类的产出比重达到全国同类的 10% 以上。泉州主导产业的规模还较小,对于全国同类产业的影响力还不够大。

3.4.3　交通事故

泉州市位于福建省东南沿海中部,是一座历史悠久的文化名城。改革开放以来,由于大量台资的涌入,泉州市经济总量已超过福州和厦门,跃居全省第一。伴随着经济的发展、生活水平的提高和城区面积的不断扩大,城市内部人与货物的流动面临着越来越严重的城市交通问题。

根据《中华人民共和国道路交通安全法》第一百一十九条第五项的规定,交通事故是指车辆在道路上因过错或者意外造成的人身伤亡或者财产损失的事件。近年来,随着社会经济的迅速发展,泉州市区的机动车保有量迅速增加,随之而来的就是交通事故的大幅度增加。根据泉州市交警支队的资料,2009 年全市共发生交通事故 3508 起,死亡 709 人,受伤4106 人,直接经济损失 981.72 万元。交通事故造成的破坏很严重(见图 3-22),会造成巨大人员伤亡、财产损失和对社会的恶劣影响,其已成为影响城市安全的最主要非自然因素之一。泉州市交通事故统计见表 3-12。

图 3-22 交通事故造成的破坏

资料来源：http://image.baidu.com

表 3-12 泉州市交通事故统计

序号	发生时间	发生地点	起因	灾情
1	1996 年 4 月	市区和 324 国道		发生事故 201 起，死亡 42 人，受伤 176 人，造成直接经济损失 124 万元
2	1999 年 1 月 6 日	324 国道洛江段		4 人死亡,14 人受伤
3	1999 年 9 月 28 日	324 国道肖厝段		3 人死亡,2 人重伤
4	2001 年 9 月 10 日	市区少林路与市殡仪馆交叉路口		一女子当场死亡,另一女子和摩托车驾驶员都受重伤
5	2002 年 2 月 13 日	省道 307 线丰州镇庙	面包车掉入江中	3 人死亡,2 人失踪
6	2002 年 4 月 30 日	大坪山隧道	六车追尾	三死三伤
7	2002 年 4 月 30 日	市区群盛路	轿车狂奔	一死七伤
8	2002 年 7 月 21 日	大坪山隧道	一货车两前轮脱离车体	一人死亡
9	2009 年 7 月 31 日	后渚大桥惠安一侧白沙转盘	转盘起到分流车辆的功能不明显	货车翻车,一村民房屋被毁
10	2009 年 8 月 22 日	海景花园往刺桐大桥方向约 100 m 处	原因还在进一步的调查之中	丰泽消防大队一中队接到指挥中心调动命令:海景花园往刺桐大桥方向约 100 m 处发生一起交通事故
11	2009 年 10 月 3 日	市火车站附近	客车与面包车相撞	伤 9 人
12	2009 年 10 月 9 日	鲤城区（市区江滨路乌墩路口）		市区江滨路乌墩路口一辆满载货物的大货车在倒车时,撞断一根 15 m 高 10 kV 的电线杆,导致江滨路北峰至沃尔玛路段的照明路灯及附近 2000 余户居民停电,次日凌晨恢复通电

续表

序号	发生时间	发生地点	起因	灾情
13	2009 年 11 月 14 日	省道 307 线潘山菜市场	货车与摩托车相撞	2 死 1 伤
14	2009 年 11 月 19 日	沿海大道惠安东园	皮卡开进海湾	
15	2009 年 11 月 25 日	开发区吉泰路	小车与电动车相撞	死 1 人

资料来源:根据泉州晚报(1985—2009)、泉州网、泉州市公安交警支队相关资料整理

（1）出行次数

泉州市区人均出行次数为 3.85 次/日,有出行者人均出行次数为 4.10 次/日,其中男性 4.2 次/日,女性 4.0 次/日,男性比女性略高 5 个百分点,与国内同等规模的其他城市相比,泉州市的人均出行次数明显偏高。

城市居民的人均出行次数与城市人口规模成反比,人口规模越大,人均出行次数就越低。从人均日出行次数来看,泉州市在人口规模上已经达到了中等规模城市的标准,但仍保持出行次数高、出行距离短等小城市的交通特征,这与泉州市的城市结构及用地布局有关。主城区 60% 以上的人口还都集中在面积不足 7km² 的古城区,人口高度密集。

泉州市不同年龄组的城市居民的人均出行次数呈现出随年龄增长先上升后下降的趋势。其中,31—40 岁年龄组的出行频率最高,人均出行次数达到了 4.37 次/日;其次为 16—20 岁年龄组及 26—30 岁年龄组,人均出行次数分别为 4.29 和 4.27 次/日。过了 40 岁以后,居民的出行次数随年龄增长持续下降,其中 60 岁以上年龄组的老年人口的出行次数达到了最低,人均仅 3.73 次/日。26—40 岁年龄段的青壮年出行次数高,是因为这一年龄段的人口就业率高,社交及娱乐活动比较频繁。青少年的出行次数高是因为中小学生就学出行非常规律,一天至少要有 4 次上下学出行。在青壮年人口中,21—25 岁是一个比较特殊的年龄组,这一年龄组的人口正处在择业阶段,就业率相对较低,而且其中还有相当大比例的大专院校学生,因此出行需求较弱,人均出行次数仅为 3.81 次/日,只略高于 60 岁以上年龄组。

泉州市不同职业的城市居民,个体劳动者日平均出行次数达到 4.94 次/日,公务员、企事业单位负责人和中小学生,日平均出行次数分别为 4.71,4.64 和 4.34 次/日。数据表明泉州市私营经济活跃。

（2）出行目的

泉州市居民工作出行占总出行的 23.45%,上学出行、购物出行和探亲访友出行,分别占总出行的 10.17%、5.48% 和 3.02%。与国内同等规模城市相比,泉州市居民的生活性出行比例偏高,达到了 19%。生活性出行的多寡是一个城市经济水平的反映,城市经济越发达,居民生活性出行所占的比例就越高。泉州市居民生活性出行的高比例,说明了城市经济及人均收入的高水平。

（3）出行方式

泉州市居民日常出行中,自行车出行比例高达 40.70%,摩托车出行比例为 35.65%。与私人交通方式相比,泉州市公共交通出行的比例较低,仅为 1.79%。值得注意的是,泉州

市居民乘坐人力三轮车出行的比例较高,达到了 0.87%。这是因为老城区街巷狭窄,除个别干道外,基本上不能通行机动车辆,人力三轮车在某种程度上承担了公共汽车及出租车的功能。摩托车已经取代了自行车成为泉州市上班出行的首选方式,而在大多数城市中占统治地位的自行车,正逐渐转变为学生上下学的交通工具。

（4）出行时间分布

泉州市居民出行在一日内有 4 个明显的高峰。其中早高峰最大,高峰小时系数为 0.17;其次是晚高峰,高峰小时系数为 0.14。泉州市居民出行时段非常集中,4 个高峰小时内的出行量就占了全天出行量的 56.83%。

（5）出行时耗分布

泉州市居民出行平均时耗为 15.8 min,出行时耗在 6～15 min 之间的出行,占全部出行的 54.97%,出行时耗在 30 min 以内的出行占全部出行的 95.94%。出行时耗 30 min 以内的出行更适合于自行车和摩托车等个体交通工具,而公共交通出行的平均时耗一般在 30 min 以上,因此出行时耗短是造成泉州市居民出行结构中自行车和摩托车出行比例高、而公共汽车出行比例低的一个主要原因。这同时也从一个侧面说明了泉州市建成区面积小、居民出行距离短,具有小城市的典型交通特征。

（6）泉州交通存在的主要问题

①路网分布供需反差大

泉州市人均道路用地面积 5.5 m²,与福建省其他地级市相比并不少,但在分布上却明显失衡。市区“六纵五横”的干道网主要分布在丰泽区、江南片区等城市新建区,而鲤城区（老城）仅有涂门街、新华街、中山路等少数几条干道,而且在等级、断面宽度等方面也远不如新区。与道路分布相反,鲤城区的居住人口却占到了全市的 70% 以上,是全市的行政、商业中心,集中了大量的就业岗位。这种供给与需求之间的不匹配导致了严重的交通矛盾,市区内目前交通最拥堵的路段基本都集中在老城区,如温岭路以西的涂门街及东街等路段。

②道路功能不清

泉州在宋、元两代曾是海上丝绸之路的起点,又是著名侨乡,经商的风气一直十分浓重,其特色建筑“骑楼”正是这种经商传统的一种体现,骑楼的连廊即是道路的步行道。几乎无路不商,交通主干道也是最繁华的商业街,造成商业人流与过往车流的相互干扰。加之购物人群及店铺员工在自行车道上随意停放摩托、自行车等交通工具,使非机动车不得不借机动车道行驶,不仅存在安全隐患,而且极大地降低了道路的通行能力。

③交通秩序混乱

随着居民收入的增加,泉州市近年来道路交通构成已发生了明显变化,自行车的流量有所下降,机动车特别是摩托车与小汽车的流量有了大幅度的增长。目前干道机动车流量当中,摩托车占 72%,小汽车占 18%。除上述 3 种交通方式外,泉州市的道路交通中还活跃着人力三轮车、公共汽车、中巴等多种交通方式。这些不同行驶特点的交通工具混杂在老城区狭窄的道路上,相互抢行,交通秩序混乱。特别是大量带侧斗的载客人力三轮车不仅占路面积大,而且在干道与胡同间随意穿行,对其他车流的干扰较大。

3.4.4　火灾爆炸

泉州市易燃易爆设施分布较多,其中大中型设施主要分布在城市外围,小型设施分散分布于市区各处。现有的多座油库均设置在城市外围且与城区有一定的安全距离。加油站分布于市区各处,很多安全状况较差。泉州市火灾爆炸事故统计见表 3-13。

表 3-13　泉州市火灾爆炸事故统计

序号	发生时间	发生地点	起因	灾情
1	1985.9.12	市区新华路	壳灰厂内生壳灰因漏进雨水,产生化学反应,温度急剧升高,再加上皆是易燃的杉木及竹	烧毁东海建筑厂壳灰厂门市部、农资公司小杂门市部的房屋及储货
2	1986.7.1	市区儿童妇女用品商店	未知	经济总损失达几十万
3	1992.2.26	市区东门的中外合资威龙制衣厂	存放物品易燃物	经济损失 140 余万
4	1994.6.9	全市	火灾	当年上半年发生火灾 80 起,死 13 人,伤 5 人,总损失 583 万多元
5	1994.12.30	市区九一路悦来酒店	三楼天棚吊灯电源线路接触不良,引燃装修的可燃天棚材料	总损失 198 万元
6	1995.1.6	市区红梅新村	面包店承租者使用电加热炉烤面包,作业完毕后,未切断电源,致使电加热炉烘烤木桌引起火灾	死 2 人重伤 1 人
7	1999.4.7	清源山	连日放晴,山中气候干燥	发生 3 起火灾
8	2000.6.10	市区宝洲路	金山服饰配件有限公司海绵车间两工人在切割海绵,海绵圆切机的砂轮与刀片摩擦,迸发出的火星引燃了海绵泡沫	6 人窒息死亡,伤 3 人,直接经济损失达 79.6 万
9	2001.11.16	市区后茂工业园		四家厂房被烧毁,经济损失 46 万元
10	2001.10.15	丰泽区城东镇工业区	工人烤东西时不慎引起	总经济损伤 5000 元
11	2002.5.27	丰泽区		火灾面积达 1200 m²
12	2002.12.30	市区田安路	一个女子向垃圾桶内倾倒香纸焚烧后的残渣,随后不久,垃圾便着火了	
13	2003 7.16	泉州市鲤城区浮桥道琦鞋业公司	不明	直接经济损失 450700 元
14	2004.11.5	泉州市丰泽区恒辉包袋厂	不明	直接经济损失 67 万元
15	2005.1.25	市区普明清洁楼对面	房屋内存放有大量的易燃材料	无人员伤亡
16	2007.6.26	市区宝洲街	纸质品仓库突然失火	
17	2007.8.20	丰泽新村(世贸酒店旁)		无人员伤亡
18	2009.3.30	市区后渚码头的厦门华特集团泉州沥青罐库区	初步判断由于导热油管泄漏所致	四名消防员、一名作业人员被烧伤

续表

序号	发生时间	发生地点	起因	灾情
19	2009.4.2	鲤城区金龙街道办事处玉霞社区内的乌石山	起火原因及过火面积不明	
20	2009.4.10	城区江南街道树兜社区闽辉机械厂	具体原因不明	几台机床被烧毁,30 多名工人安全逃离
21	2009.4.11	洛江万安街道粉壁山	可能是群众扫墓烧纸钱、燃放鞭炮所致	火灾过火面积不明
22	2009.4.26	丰泽区城东街道办事处摩配城	堆放太多易燃物失火	死 3 人
23	2009.9.4	鲤城区(紫帽山北侧"半山宫"附近)		紫帽山北侧"半山宫"附近发生山林火灾,于凌晨 2:30 左右扑灭,过火面积 2 亩多
24	2009.9.8	丰泽区北峰街道见龙亭小区对面一橡塑厂	堆放太多的易燃物失火	有大量的半成品、塑料、机台的车间突发大火
25	2009.11.4	九一街的名都大厦	大火可能是电路短路引起,火灾的具体原因还在进一步的调查当中	位于九一街的名都大厦 15 楼突发大火
26	2009.11.4	洛江区群胜泡沫厂	由于短路而发生火灾	洛江区群胜泡沫厂的配电房发生火灾
27	2009.11.26	泉秀街大华酒店旁边	事故原因不明	泉秀街大华酒店旁边一大楼宿舍冒烟
28	2009.11.26	中山公园附近的华莱士餐	事故原因不明	中山公园附近的华莱士餐厅发生火灾
29	2009.12.2	新华北路	起火原因不明	鲤城二中队接到报警电话称位于新华北路的一处民房着火
30	2009.12.5	泉州泉秀路"客家楼"	火灾的具体原因和财产损失情况不明	泉州泉秀路"客家楼"厨房烟囱着火
31	2009.12.6	洛江区河市镇白洋村	事故原因不明	洛江区河市镇白洋村一祖屋失火,一头黄牛被困
32	2009.10.23	泉州丰泽区华侨大学火烧桥附近的卡奴服装有限公司	起火原因不明	泉州丰泽区华侨大学火烧桥附近的卡奴服装有限公司生产车间发生火灾
33	2009.10.25	田安南路的霞淮社区丰盛假日城堡	起火原因不明	位于田安南路的霞淮社区丰盛假日城堡一居民楼突发大火
34	2009.11.1	鲤城区江南镇紫帽山	起火原因不明	鲤城区江南镇紫帽山发生火灾
35	2009.10.21	城东宝山附近的山林发	起火原因不明	丰泽一中队官兵接到指挥中心调度命令:位于城东宝山附近的山林发生火灾
36	2009.10.20	洛江区仰恩大学内	起火原因不明	洛江区仰恩大学内一草地发生火灾,燃烧面积近 500 m²

序号	发生时间	发生地点	起因	灾情
37	2009.10.8	中山南路水门巷口	起火原因不明	中队接到报警电话称在中山南路水门巷口有一处电表箱着火
38	2009.10.3	温陵南路释雅山公园旁	起火原因不明	温陵南路释雅山公园旁一垃圾堆着火
39	2009.10.3	江滨路往刺桐大桥100 m	起火原因不明	正当千家万户张罗着欢度中秋佳节之时,位于江滨路往刺桐大桥100 m的一处民房突发大火。
40	2009.10.3	千亿山庄旁高速公路附近	起火原因不明	千亿山庄旁高速公路附近一处草地发生火灾
41	2009.10.1	新华北路	起火原因不明	中队接到报警电话称在新华北路有一辆面包车着火
42	2009.9.29	九一路龙宫B栋	起火原因不明	位于九一路龙宫B栋一餐馆发生火灾
43	2009.9.28	宝洲路小商品市场对面	起火原因不明	位于宝洲路小商品市场对面泉太百货总汇店面着火
44	2009.9.25	东街医院门口	起火原因不明	位于东街医院门口一辆摩托车装载着新鲜的蔬菜在行驶过程中突然着火
45	2009.9.24	泉州丰泽区北峰工业区招丰社区	起火原因不明	泉州丰泽区北峰工业区招丰社区一厨房发生火灾
46	2009.9.23	泉州市丰泽区清源街道花博园旁	起火原因不明	泉州市丰泽区清源街道花博园旁边一草地起火
47	2009.9.22	潘山社区	起火原因不明	位于潘山社区一工艺厂旁一草坪发生火灾
48	2009.9.21	北峰招丰社区石坑村	起火原因不明	位于北峰招丰社区石坑村一电表突然着火
49	2009.9.12	东海后埔菜市场附近	起火原因不明	东海后埔菜市场附近的一处古厝突发火灾
50	2009.9.13	少林路泉州市体育运动学校门口	起火原因不明	少林路泉州市体育运动学校门口的草地突发火灾
51	2009.9.7	华大街道火烧桥下	起火原因不明	位于华大街道火烧桥下的通源轿车维修厂突发大火
52	2009.9.5	泉州市刺桐路旁	起火原因不明	位于泉州市刺桐路旁一居民房发生火灾,火势较大,有大量人员被困
53	2009.9.4	中山南路112号大厅	起火原因不明	中队警铃伴着起床哨响起,位于中山南路112号大厅着火
54	2009.9.1	北峰工业区拒洪村博东B-3号	起火原因不明	北峰工业区拒洪村博东B-3号店面发生火灾
55	2009.8.29	明湖社区居民4楼404的厨房	起火原因不明	位于明湖社区居民4楼404的厨房发生火灾,火势较大,蔓延迅速

序号	发生时间	发生地点	起因	灾情
56	2009.8.27	泉州市区温陵路经龙大厦	起火原因不明	泉州市区温陵路经龙大厦旁有一变压器着火
57	2009.8.12	鲤城区浮桥街道食杂城	起火原因不明	鲤城区浮桥街道食杂城一间食杂仓库突发火灾
58	2009.8.11	朋山隧道附近往洛江方向	起火原因不明	位于朋山隧道附近往洛江方向一货车发生火灾
59	2009.8.7	崇福路口红梅社区附近	煤气泄漏	丰泽二中队接到指挥中心报警称:崇福路口红梅社区附近一店面煤气泄漏发生火灾

资料来源:根据中国火灾统计年鉴(2004)、泉州市消防网、福建省消防网、泉州晚报(1985—2009)相关资料整理

3.4.5　危险化学品泄漏

随着社会经济建设的不断发展,危险化学品的生产、使用和存储变得越来越普遍。很多危险化学品具有易燃、易爆、有毒及氧化等危险特性,在生产、使用、储存、运输、经营以及废弃处置过程中,一旦发生事故,将造成重大人身伤亡和经济损失,给社会造成极其恶劣的影响。

通常,化学品事故是由于危险化学品在生产、排放、储存和运输的某个环节中失控而引起的泄漏并发生燃爆、中毒和腐蚀,一般影响工厂车间、仓库或车辆等局部小环境,造成厂区或周围少数人员的伤亡。倘若危险化学品大量泄漏形成毒气带,并向周围几公里、几十公里以外区域扩散,将会严重影响到城市环境和居民的生命和健康。如果这些毒气带遭遇火源,发生强烈爆炸着火,将直接造成人员的大量伤亡和建筑的严重破坏,事故就演变为城市化学灾害,如印度博帕尔的毒气泄漏事故就最为典型。从定量的角度看,能造成特大事故后果的城市化学事故就应称作城市化学灾害。

化学灾害事故的形成由多方面因素造成,并随着形势的变化而不断出现新的诱发因素,就目前而言,城市化学灾害的形成主要有以下几种诱发因素。

(1)城市扩张,包围化工生产企业

随着城市的发展,一些原来在城郊的化工厂渐渐被城市所吞没,成为城市体内的一个个"恶性肿瘤",一旦出现毒气泄漏或者发生爆炸,就极易引发化学灾害。而且,人口密度越大,建筑物越高、越密集,灾害的后果越严重。如1993年9月23日,山东青岛化工厂液氯计量槽处13阀门破裂,液氯泄出,该厂职工和周围群众400余人受到伤害,108人住院治疗,1人死亡。

(2)液化石油气、汽油等民用危险化学品的用量剧增

随着人民生活水平的提高,人们用上了液化石油气、液化天然气等清洁能源,这就不得不建设一个个庞大的储气站。这些庞大的储气站,若发生不可控的泄漏爆炸,就可能导致化学灾害。如1989年3月5日,西安煤气公司液化气站发生泄漏着火,引起储罐爆炸,死亡11人,33人受伤。同时,汽车拥有量的增加,使得加油站、加气站遍布城市,其中有一些规模相当大,其能量储存如果处理不当也足以引发城市灾害。

(3)危险化学品的大型化运输

公路规格的提高、大型运输车辆的生产,为危险化学品的大型化运输提供了可能。荷载数十吨汽油、液化气、甲醇等的危险化学品罐车日益增多,这些大型危险化学品运输车辆成为一个个流动的城市化学灾害源,而且由这些流动危险源引起的化学灾害比工厂事故引发的灾害更难控制。如1998年6月15日3时20分,一辆解放平头柴油大货车从山东海化集团溴素厂装运9 t液溴运往湖南长沙,在途经湖北咸宁市贺胜桥正街12号与14号地段时翻倒,液溴泄漏,形成10余 m高、约1000 m³的有毒烟雾。虽然2名司机及时叫醒附近的居民逃离,并去当地医院治疗,但还是造成26人中毒。

作为工业发达地区,泉州市区危化品的生产、使用和存储不论从数量还是分布的广度上来讲,都给城市安全带来较大的威胁,对危化品泄漏所带来的风险必须给予足够的重视。

泉州市易燃易爆设施分布图见图3-23,气体泄漏事故统计见表3-14。

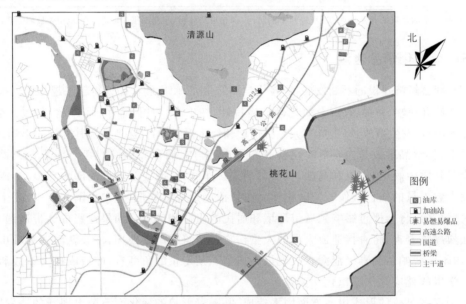

图3-23 泉州市易燃易爆设施分布图(见彩图)

表3-14 泉州市气体泄漏事故统计表

序号	发生时间	发生地点	起因	灾情
1	2009.4.15	丰泽区东海浔浦的伟生冷冻厂	生锈的阀门突然断裂	周围上百人被及时疏散
2	2009.8.3	洛江万安河昌食品有限公司	起火原因还在进一步的调查之中	洛江万安河昌食品有限公司冷库的制冷设备发生氨气泄漏
3	2009.8.14	泉州市丰泽区后渚港码头的泉州市液化气公司	由于液化气槽车在传送液化气时,充装装置的软管发生破裂导致泄漏	位于泉州市丰泽区后渚港码头的泉州市液化气公司内一辆储量20余吨的液化石油气槽车,在运送过程中,因输液软管破裂发生泄漏事故
4	2009.8.22	丰泽区北峰街道群石社区附近	原因还在进一步的调查之中	丰泽区北峰街道群石社区附近有甲醛泄漏在道路上,严重污染周边的空气,威胁道路周边居民的健康

序号	发生时间	发生地点	起因	灾情
5	2009.9.24	东海浔浦榕树下	原因还在进一步的调查之中	丰泽消防一中队接到指挥中心调度命令:位于东海浔浦榕树下一处海鲜食品加工厂发生氨气泄漏事故

资料来源:根据泉州市消防网、福建省消防网、泉州晚报(1985—2009)相关资料整理

3.5 泉州市生态环境灾害

3.5.1 概论

(1)城市生态系统的主要特点

①城市生态系统是以人为本的人工生态系统。

城市生态系统是人类文明的产物,人类是城市生态系统中的主导物种,不论是在数量上还是密度上。城市生态系统最大的特点就是以人为主体,据统计,全球城市的占地面积约为地球总面积的 0.3%,但其中却聚集了世界总人口的 40%。城市环境也以人工环境为主,辅以自然环境,生物在城市中种类单一数量较少。同时,城市生态系统的结构和功能也与自然生态系统有很大差异,人类成为营养结构的最大塔尖基数,并且能量流和信息流远大于物质流,传递也更多地依赖于价值链和投入产出链。人类是城市生态系统的主人,城市的服务功能主要是满足人类的需要;城市的环境主要根据人类居住规划而建设;城市的结构运转依赖于人类的活动并且以人类的需求为驱动。

②城市生态系统是一个开放性的不完整生态系统,具有不稳定性和危机传递性。

城市生态系统与自然生态系统最大的差异就是城市生态系统是不完整的。城市高负荷的生产运转需要大量外部环境输入物质能源,同时,由于城市植物微生物还原功能的局限,城市中的大部分垃圾废弃物是由垃圾处理厂等人工设施完成的,并且排放到外部环境进行处理。城市生态系统对于外部资源和物质具有强烈的依赖性,同时,城市生态系统对外部系统提供各种服务功能,并且城市文化和价值观也渗透和影响着外部系统。信息业、网络业的迅速发展,加剧了城市开放性的范围,城市成为人类发展不可替代的载体。这个载体吸收大量外部系统物质、资源、能量、人力和信息,经过城市化的加工,同时又向外部系统输出大量物质、资源、能量和信息。它是一个与外界系统进行大量输入输出的生态系统。城市这种开放性和依赖性使城市生态系统处于一种不稳定状态之中,具有很强的脆弱性和敏感性。一旦城市系统或外部系统受到压力侵袭,这种破坏能力将具有很强的传递性和很快的扩散性。

③城市生态系统是一个空间聚集性的多层次结构,是一个知识型的生态系统。

城市生态系统是一个多层次的复杂系统,它包括:生物(人)—自然(环境)系统;工业—经济系统;文化—社会系统。城市多层次的形式使城市系统具有高度的空间聚集性和活动的高效性,它在自然界中只是很小的一部分空间,却聚集了全世界大量的经济生产力、能源、物质和人口,它的能量和物质运转是所有生态系统中最高的。现如今,因为信息产业的飞速发展,城市生态系统向以知识和信息为主要核心的新知识社会转变,成了人类的文化、信息、科技中心。并且随着 internet 的全球开通,城市系统摆脱了时间空间的束缚,信息和知识文

化成为城市生态系统最大的无形资源。因而城市系统是一个知识型的生态系统。

④城市生态系统是一个复杂生态系统,其各子系统间是博弈关系。

城市生态系统的复杂性在于它不仅仅是一个自然实体,还具有社会属性和文化属性。城市生态系统是一个由许多相互关联制约的因素构成的复杂系统,子系统中任何一个小的变化都会引起城市系统整体性的变化,一旦这些小的生态系统变化积聚起来,就可能对大系统产生非常重要的影响作用。城市生态系统是一个处于运动和变化中的联系统一体,它在各种相互制约的关系中表现出极大的复杂性。城市生态系统的经济子系统、社会子系统和自然子系统是一种博弈关系,它们相互影响,并且这种相互作用是非线性的复杂关系。

(2)制约泉州市生态安全的因素

①环境生态安全方面

随着福建沿海城市化进程的不断发展和产业经济规模的不断扩大,城市人口密度逐年增大,生态环境保护方面制度的不完善和防治设施的不足,使得城市环境质量出现下降趋势,制约着城市的可持续发展和生态安全。

a.空气质量问题:福建沿海城市空气质量总体上良好,并趋向进一步改善。但浮尘和总悬浮颗粒物超标现象仍较普遍,酸雨频率居高不下,危害严重,并有加重的趋势。沿海城市泉州等城市均列入国家酸雨控制区。

b.水资源安全问题:洪涝灾害、水资源短缺、低效率使用正对福建沿海城市水资源安全造成威胁。每年福建东南部沿海地区,因为缺水造成的经济损失高达上亿元,仅因为城区自来水管的"跑、冒、滴、漏",每年就要造成1000多万吨的自来水流失。福建降雨在空间和时间上都分布不均,降雨相对较少的闽东南沿海地区,一旦遇到降雨不均或枯水年份,供水往往成问题。厦门等地区缺水的潜在危险就更大。目前厦门用水大部分是从漳州九龙江北溪引入的,2003年还启动了海水淡化工程。

c.固体废物和生活垃圾污染:近年来,随着福建沿海城市工业企业的不断增加,城市工业固体废弃物增加迅猛,但综合利用率不高;生活垃圾数量大幅增多,垃圾中可再生资源回收率低。固体废物和生活垃圾的大量堆存,对城市周边地区的土壤和地下水已构成严重威胁。

d.噪声污染:在福建沿海城市的噪声声源构成中,以社会生活噪声声源影响面积最大;在各类声源的环境效应中,交通噪声声源强度最大。虽然大多数城市已经加强了噪声监控,但噪声超标现象依然十分严重。

e.城市热岛效应问题:由于福建沿海城市地理位置的限制,适宜城市发展的土地资源比较有限,使得城市发展过程中,高楼林立,城市热岛效应明显,并有继续增强趋势。

②社会生态安全方面

a.经济方面

福建沿海城市的企业多为外向型,当地原材料、能源等供给不能满足日益增长的生产发展需要,只能依靠外部的输入来平衡;而产品多销往国内外其他地区,外部的消费需求起到关键作用,这就使得福建沿海城市经济发展存在不稳定性。一旦出现外部条件的恶化,如能源价格的上涨、国际经济危机等,就会给城市经济系统带来冲击,从而影响城市生态安全。

b.文化、知识结构的变化

随着改革开放的不断深入,外来文化的渗入越来越多,中国传统的城市文化格局被打破。新型文化的兴起(如企业文化、广告文化、知识产权等)、新老文化的交替组合没有稳定,将会影响到城市文化的结构。并且由于城市教育的发展改变了城市人口的知识结构,高学历人口所占的比重在逐步上升,从而提高了城市居民对城市生态的要求。

c.社会秩序的不稳定

社会问题的严重性越来越明显,应该说是与城市自身的生态问题分不开的。高密度的城市人口,拥挤的城市,不合理的城市管理,都使犯罪分子有机可乘。部分城市还存在人才竞争不公平、社会管理混乱等问题。严重的社会问题又反作用于城市生态,使城市生态越加恶劣。可以说,城市社会秩序问题已经成为城市生态问题的一部分。

d.食品的安全问题

饲料添加剂、农药、化肥对食品的污染,特别是转基因食品对人类健康未知的影响都极大地影响着食品安全乃至生态安全与经济安全。转基因食品是一种新的食品,是通过转基因技术生产开发的食品,但一些环保人士认为,转基因食品的推广将使某些野生动植物物种灭绝。化肥、农药、饲料添加剂等对我国农产品造成的污染更是有目共睹的,加之转基因食品的安全问题进一步加剧了人们对食品的恐慌,食品安全问题已经成为人们最为关注的问题之一。

③自然生态方面

a.森林生态系统

泉州市域内山地占主要部分,因此形成了以林地为主的自然生态系统,但是除了少量保留较好的原生和次生林(主要位于自然保护区和森林公园内)外,多数为特种用途林、经济林、用材林和薪炭林,沿海地区主要以海岸防护林为主。

b.海洋生态系统

泉州市海域面积广阔,海岸线蜿蜒曲折,长达 541 km,占全省海岸线的 12.7%,适宜建港的岸线共长 44.7 km,主要分布在湄洲湾南岸的肖厝、斗尾,泉州湾的崇武、后渚、秀涂、石湖、祥芝,深沪湾的深沪、梅林和围头湾的围头、东石、石井等岸段。

c.湿地生态系统

根据《湿地公约》规定,沿海水域,包括低潮时不超过 6 m 深的水域都属于湿地资源。泉州市政府 2001 年初成立"泉州市沿海湿地资源保护和建立管理领导小组",对建设"泉州湾河口湿地自然保护区"实施具体操作。保护区范围为泉州内湾,即从秀涂内侧至石湖内侧以内的 7951 hm² 海域(滩涂湿地占 99%)。保护区划定 2 个核心区,即洛阳红树林核心区(面积 102 hm²)、桃花山海滨水禽和白海豚核心区(总面积 114 hm²),核心区外设缓冲区、科学实验区或外围保护地带。泉州湾河口湿地自然保护区是我国亚热带河口滩涂湿地的典型代表,具有丰富的水生生物资源、鸟类资源和人文资源。据有关调查资料,本区域有浮游生物群落组成 220 种,底栖生物群落组成 523 种,潮间带生物 926 种,潮下带生物 133 种;植被类型有红树林 3 科 3 种。鸟类有 13 目 30 科 108 种,其中属于国家重点保护的种类有 9 种,属省重点保护的种类有 17 种,属《濒危野生动植物种国际公约》的种类有 6 种。

(3)泉州市生态环境特征

①地质构造

泉州市位于福建省东部火山断裂带中断,区内地层发育较齐全,岩浆活动频繁,地质构造复杂,变质作用强烈,全市地质基地主要是中生代火山岩和燕山侵入岩。其中,北东向长乐—南澳断裂带,经惠安、泉州、磁灶等地,宽 20～40 km;北西向为永安—晋江断裂带,包括洛阳江断裂、乌石山断裂,宽约 6 km。1604 年泉州海湾曾发生过 6 级地震,20 世纪以来,共发生 5 级以上地震 5 次。泉州是全国重点抗震、防灾城市,国家要求城市建设按地震烈度 7 度设防。因此,泉州城市总体规划中,城市发展方向应该尽可能地避开地震断裂带;确实不能避开的,应严格按照地基承载能力合理地安排地面开发的使用方向。

②地形地貌

泉州市总地势呈西北高东南低,地貌类型主要是花岗岩中低山,占全市土地总面积的 46.79%,主要分布在德化、永春、安溪的内陆山区和南安的蓬华、翔云、英都、眉山等 57 个乡镇;其次为丘陵、砖红壤性台地、河海冲积平原和沿海滩涂。低山、丘陵主要有小阳山、清源山、紫帽山、乌石山、桃花山等,海拔一般在 100～150 m 之间,其中,清源山主峰 498 m,紫帽山 517 m,是调节城市小气候的绿色肾脏;台地分布在上述山前地带,海拔一般在 10～30 m 左右;冲积平原分布在泉州平原、江南、浮桥、北峰、洛阳等地,地势较低,一般海拔为 5～10 m 之间,是城市工农业集中的地区,也是未来城市发展的主要区域;沿海有大片滩涂和湿地分布,泉州海岸带陆域包括 28 个乡镇,海岸以沿岸、泥沙岸为主,泉州湾、深沪湾还分别有湿地、红树林海岸,是人类活动集中区,也是生态敏感区。从工程地质看,高程 50 m 以上低山丘陵地区,地基承载力大,但坡度相应也大;砖红壤台地和冲积平原地区由黏土、砂质黏土和粉沙土组成,地基承载力往往在 $1～3$ t/m^2;海积平原和滩涂,多为淤泥质黏土,地基承载力较低。

③土壤

泉州市土壤包括 10 个土类,24 个亚类,60 个土属,55 个土种,其中,红壤是分布面积最广泛的土壤,广泛分布在山地、丘陵地区,占全市土壤总面积的 65%;水稻土是本市第二大类土壤,占土壤总面积的 12.1%,其他依次是砖红壤、黄壤、盐土。

土壤渗透性对维持本地水文平衡极为重要,在开发建设中应保护渗透性土壤,使之成为地下水回灌的场地,顺应水平衡过程。

④水系

水系在提高城市景观质量、提供城市水源、调节城市气温和湿度、维持正常的水循环等方面起着重要的作用,同时也是引起城市水灾、易被污染的生态因子。对水系合理的开发和保护能为水生生物提供栖息地,增加岸边生物多样性,并且为居民提供休闲、游憩的环境。

泉州市水资源主要依靠大气降水和过境河道,主要河流有晋江和洛阳江。晋江是泉州市第一大河,也是福建省四大河流之一,发源于戴云山东南麓,上游分东溪、西溪,两溪于南安市双溪口汇合,流经南安丰州镇、鲤城和丰泽区注入泉州湾,全长 302 km,流域面积 4834 km²,是泉州市及附近市县主要的供水水源,被誉为泉州的“母亲河”。洛阳江发源于洛江区罗溪镇,流经罗溪、马甲、河市、双阳、黄塘、洛阳等乡镇,注入泉州湾,全长 40 多 km,流域面积 230 km²。

⑤植被

植被作为生态系统的重要组成部分,是将自然引入城市的重要因素。它的存在与保护使城市居民对自然的感受力加强,并能提高生活质量,是保护城市内生物基因库的多样性和改善环境的重要场所。目前,泉州原生植被已被破坏殆尽,现在大多为次生植被,在防风固沙、涵养水源、维持生物多样性等方面发挥着重要作用,应该严加保护。

泉州市的植被可分为山地丘陵植被和平原农业植被。泉州地处南亚热带,森林包含有亚热带雨林、常绿阔叶林、次生植被、海岸植被 4 个类型。东南部分布着亚热带雨林,多由桃金娘科、樟科、番茄枝科、芸香科、五患子科、紫金牛科等组成;西北部分布有中亚热带阔叶林,多由山毛榉科、山茶科、蔷薇科、木犀科、禾本科、石楠科等组成。平原农业植被包含水稻、小麦、甘薯、大豆、花生、甘蔗等 12 种类型,果树包含龙眼、荔枝、柑橘、香蕉、花卉、牧草等。

泉州气候适宜林木等植被生长,但由于不注意生态环境的保护和经营管理、乱砍滥伐、开山采石、坡耕抛荒等现象导致原生植被遭受破坏,水土流失严重。

⑥自然保护区与风景名胜区

泉州市风景旅游资源丰富、知名度高、类型丰富、风景优美,具有良好的环境基础。目前,泉州拥有清源山国家级风景名胜区和泉州湾河口湿地省级自然保护区,同时还有桃花山、紫帽山等森林游览区以及一大批人文旅游景点,这是泉州发展旅游、展现泉州历史文化、体现泉州城市个性的宝贵财富。由于自然与文化生态敏感性极大,所以必须对这些景点加以保护。

⑦基本农田保护区

泉州城市发展不可避免地要占用大量农业用地,保护耕地就是保护我们的生命线,而且由于耕地后备资源有限,分布零散,开发难度大,所以保护良田是在开发建设中必须重视的问题。泉州市沿海滩涂面积有 377924 亩,主要分布在沿海地带,但由于生态敏感性较大,可围垦为耕地的并不多。但其中一部分围垦后可作为城市建设用地,这样既不占用耕地,又靠近港口,是城市发展用地的后备资源。

⑧景观价值

景观价值是指在一定地域内自然资源与人文资源种类多、丰富度大、组合比较好的区域。自然资源评价主要考虑地貌、水系、植被三方面,人文评价主要考虑视觉质量(悦目性)、文化价值、独特性。综合考虑自然资源评价与人文评价,在城市发展中,对丰富植被、河流,视觉条件好,有一定独特性的景观地段必须加以保护。

(4)泉州市生态环境保护目标

根据国家相关法律法规和泉州市地方政府"十二五"发展纲要,泉州市生态环境保护目标有以下方面。

①生态质量指标:规划期期末,全市环保投资占 GDP 的比重达到 3%;全市森林覆盖率保持在 58.7%;城市绿化覆盖率达到 45% 以上。

②水环境保护指标:晋江水系省控断面Ⅲ类水质达标率 100%,其他地表水环境功能区达标率达到 95%;集中式饮用水水源地水质达标率 100%;城市污水处理率达到 85%;工业废水达标排放率达到 100%。

③大气环境保护指标:市域环境空气质量达到国家二级标准;空气质量好于或等于Ⅱ级标准天数占全年天数的 90% 以上。

④固体废物综合整治指标:工业固体废弃物综合利用率达到 95%;危险废物安全处置率 100%;生活垃圾无害化处理率 99%。

⑤噪声保护指标:城市环境噪声和交通噪声达到《声环境质量标准》(GB 3096−2008)要求,城市区域环境噪声平均值不大于 60 dB(A),城市交通干线噪声平均值小于 70 dB(A);城市噪声达标区面积覆盖率大于 90%。

⑥海洋环境保护指标:加强近海水域环境污染综合治理工作,近岸海域功能区水质达标率达到 80% 以上。

3.5.2 噪声污染

从环保角度而论,凡是人们所不需要的,使人厌烦并对人类生活和生产有妨碍的声音统称为噪声。由于噪声属于听觉污染,所以它并不同于其他有毒有害物质引起的污染损害。首先,它没有污染物,噪声在空中传播并未给周围环境留下某种有害质。其次,噪声对环境的影响不积累,传播的距离也有限。再次,噪声声源分散,而且一旦声源停止发声,噪声即消失,不能集中治理。

在城市中,根据噪声的来源可将噪声分为四类:社会生活噪声、交通噪声、工业噪声和建筑施工噪声。近年来,随着整个社会对噪声污染问题的重视,泉州市的噪声污染控制工作取得了较大的进步。根据有关资料统计,泉州市区区域环境噪声和道路交通噪声均处于较好水平,但工业区(3 类区)、道路交通干线道路两侧(4 类区)功能区噪声未能稳定达标。全市城市区域环境噪声均可达到国家 2 类区(居住、商业、工业混杂区)标准,泉州市区、南安市区、永春县城和惠安县城的噪声环境质量等级达到较高水平。

值得注意到是,与其他噪声污染类型相比,交通噪声污染所造成的影响日益变得严重起来。产生以上问题的原因主要有以下两个方面:

(1)随着城区规模的扩大,穿越市区的国道 324 线、省道 306 线、省道 307 线所带来的过境交通量迅速增加,且其目前还未能实现通过外环线解决以上问题,因此,其所带来的城市交通污染问题更加突出。

(2)随着居民收入的增加和汽车价格的下降,泉州市区汽车拥有量逐年迅速增加。截至 2009 年年底,全市新增机动车 189562 辆,机动车保有量达到 1943505 辆,中心市区仅汽车就有 99973 辆,摩托车 45145 辆,机动车保有量共达 146367 辆,若加上挂车、拖拉机等机动车就突破 10 万辆了。虽然为了解决交通问题在中心城区采取了一系列的交通总量控制措施,如禁摩、禁电、大力推进公交建设等,但在可以预见的将来,中心市区的汽车保有量仍将保持迅速增加的趋势。

泉州市噪声污染比较严重,城市环境噪声和交通噪声分别达到或超过了《城市区域环境噪声标准》中的二类和四类标准。社会生活噪声和交通噪声是造成市区环境噪声污染的主要影响因素。

3.5.3 水体污染

泉州市水资源短缺且水环境污染的压力比较大,水环境的主要污染源是工业污水和生活污水。从水质上看,泉州市的地表水水质较好,主要河流的污染属有机污染,水库污染物主要为氨氮;饮用水的水质较好,基本达到饮用水标准。但由于受到城镇排污的影响,水土流失又很严重,因而水质呈下降的趋势。

泉州市沿海海域泉州湾、深沪湾及晋江东部海域为二类水质标准,其余为一级水质标准。主要污染物是油类和无机磷。相对来说,海湾内的污染物含量相对较高,有机污染物含量偏高,这与城镇生活污水、工业废水的排放以及农业肥磷的流失有关。

导致泉州市水环境污染主要有以下几个方面。

（1）河口生态系统、海洋资源受到污染威胁

泉州海岸线曲折蜿蜒，海洋水产和盐业资源丰富，晋江、洛阳江河口生态系统完整。但近年来对沿海滩涂、湿地围海筑堤、围垦养殖、围海修路等工程改造以及工业废水、生活污水向海域的直接排放等原因，潜在或者直接地威胁着整个湿地生态系统，影响到泉州沿海区域的生态平衡。

① 近岸海域生态问题

近年来，泉州工农业迅速发展，人口增加，城市发展向沿海近岸海域扩展，引发了一系列的生态问题。

② 泉州湾河口湿地的盲目开发问题

泉州湾河口湿地是中国重要湿地之一，是中国亚热带滩涂湿地的典型代表，目前已记录的 1000 多物种中，既有国家一级保护动物中华白海豚和中华鲟，也有国家二级保护动物鲸豚等 24 种。但近年来对泉州湾的过度盲目开发使其面临着许多威胁，主要有以下方面：

a.围海筑堤、围垦养殖、围海修路等经济开发活动不仅影响了泉州湾的纳潮量，而且减弱了水流，导致了泉州湾的淤积和污染物的聚积。

b.红树林大量受到破坏，使滩涂湿地大面积裸露，生物多样性大大削弱；由于鸟类失去了生存环境，鸟类资源不断流失，泉州湾国际候鸟迁徙站的作用逐年削弱。

c.外来物种的入侵和赤潮的隐患不断增加，所有的破坏和潜在的生态危害直接威胁着整个湿地生态系统，影响到泉州沿海区域的生态平衡。

③ 湄洲湾开发带来的生态问题

湄洲湾两岸是以石化为龙头的重工业基地建设和新兴的港口工业城市建设，是国家著名的国家级风景名胜区，分布着我国重要的山腰盐场和大面积的滩涂、浅海养殖区。近年来由于大量的工业废水排入海域、大型油轮及输油油轮的与日俱增、沿海滩涂的大量养殖等原因，在海岸带和滩涂区已看不到原生植被体系，人工种植的防风林也遭到砍伐，海水中营养物的含量在不断增加，湄洲湾面临着海水富营养化的潜在威胁。

④ 沿岸风沙、海岸侵蚀问题

泉州海域沿岸常有大风、台风及风暴潮，由于防护林面积小且被人为严重破坏，风沙灾害影响较为突出，尤其是风沙引起的流动沙丘危害性较大。由于风沙、水力作用，加上人为植被破坏，部分海岸侵蚀严重。

（2）矿山开采生态破坏问题

泉州市非金属矿产十分丰富，目前开采大多数为小规模的个体开采，缺乏统一的规划和全面的安排，私自开山采石的现象十分严重，致使山林和植被遭受严重的破坏，水土流失加剧；原始林木遭到砍伐，许多山林成为荒山秃岭，生物多样性遭到破坏；另外，许多采石场位于主干道和风景区附近，残破的山体对视觉冲击十分强烈。

（3）植被破坏与水土流失问题

泉州市属南、中亚热带林区，原本古树参天，原生自然植被繁茂，但近几十年来，由于人为破坏，水土保持和水源涵养能力较差，水土流失严重。

（4）城市扩张侵蚀基本农田问题

"八山一水一分田"，泉州市土地资源缺乏，人多地少的矛盾十分突出，耕地资源严重不足，耕地面积锐减。而且随着泉州中心城区南下东扩的发展计划，非农建设将占用大量的耕

地和林地,造成生态破坏。

(5)城市生态绿地缺乏系统性,生态调节功能差

目前泉州城市及城市外围地区,整体生态绿地建设缺乏规划和系统性,特色不鲜明,没有充分体现海滨山水城市的自然特点;各工业组团之间生态隔离绿地不协调,且存在着被破坏和侵占的现象;新开发地段建筑密度大,绿地空间预留不足,缺少绿化空间;缺少城市防护绿带,沿江、沿海、沿山的水源保护绿地及道路两侧绿化不健全。

(6)生物多样性的破坏问题

泉州市气候条件优越,地形地貌复杂,生态环境类型多样,动植物种类丰富,为泉州生物多样性的建设提供了良好的生态地理空间。但近年来,随着城市建设用地的不断扩张以及农业围垦,湿地面积不断减少,多种生物失去了生存环境;山地阔叶林被不断大量砍伐,面积不断减少;城市各类绿地种类、数量单一分散,难以为城市内部生物多样性的建立提供足够的生态环境。

3.5.4　大气污染

空气污染、水体污染、土壤污染等,对城市居民的空气安全、饮水安全、食品安全等生存环境和人体健康构成严重威胁,影响城市的可持续发展。

泉州市环境空气中的二氧化硫、氮氧化合物和总悬浮颗粒含量均符合国家环境空气平均值二级标准,属清洁水平,大气主要污染源是工业污染,空气环境中的主要污染物是总悬浮颗粒。由于这些污染物在市区比较集中,使得泉州市区内空气质量比郊区较差。

城市街道灰尘对生态系统的破坏是潜在的、隐蔽的、长期的,而城市街道灰尘中的颗粒物尤其是细颗粒物对人体的危害是直接的,有些甚至是致命的。城市灰尘中的细颗粒成分复杂,其主要化学成分可分为可溶性成分(大多数无机离子)、有机成分、微量元素、碳元素这四大类。其中的微量元素对于人类和环境具有较大的影响。在城市街道灰尘中富集较为明显的常见微量元素包括 Cd、Ni、Pb、Zn、Hg、As。

城市灰尘是城市环境污染的一个重要贡献者,也是各类环境污染物质的载体,对于城市环境灾害的发生具有传媒、导向、传递、引发等作用。但目前城市环境学研究对城市灰尘污染关注较少,有关城市灰尘污染物的来源、分布、迁移转化、污染效应及对人体的健康风险等方面的研究未能引起足够重视。城市灰尘是一种物质组成和来源复杂的环境介质,由于受到汽车交通运输、工业生产和城市建设等人类活动的影响,城市灰尘累积了大量的重金属,从而成为城市环境重金属污染的一个重要来源。

城市灰尘污染主要是指以“风”、“人流车流”、“卫生清洁”、“城市建筑”等为动力源所造成的污染。其中,“风”成为城市灰尘污染的重要动力源,它不仅使城市灰尘演变为城市大气颗粒污染物,而且偶尔伴随发生城市沙尘暴,使城市灰尘污染形成大面积、高强度、多位置的特点;“人流车流”成为城市灰尘污染的又一动力源,“人流车流”使城市交通枢纽区和繁华商业区发生城市灰尘污染,此类灰尘污染具有沿街道、沿交通线、沿人流分布的特点,即城市灰尘线型污染;城市环境卫生清洁中的扬尘和城市建筑中的尘土,属于发生于局部的突发性灰尘污染,形成了城市灰尘的点污染。因此,在外动力条件的作用下,城市灰尘形成了典型的“点、线、面”污染,具有持久性、偶然性、潜在性。

3.5.5 泉州环境污染现状

(1)水体污染

近些年来,泉州工农业生产发展迅速,对水的需求量逐年增多,同时经济、城市化程度和现有城市规模的空前发展也将导致生活用水量迅猛上升。至 2010 年,泉州年用水总量将达到 39 亿 m^3,比现有年均用水量 25 亿 m^3 增加 14 亿 m^3,从而可能形成缺水 8 亿 m^3 左右的局面。而且紧缺的水资源还在不断地被破坏,根据泉州市环保资料统计,2001 年全市污水排放量达 30564 万 t,其中工业废水排放量为 16493 万 t,生活污水排放量 14071 万 t。2007 年全市废污水排放量为 44942 万 t,其中工业废水排放量为 28619 万 t,比 2001 年增加 73.5%;生活污水排放量为 16323 万 t,比 2001 年增加 16%。2008 年全市废污水排放量为 42590 万 t,其中工业废水排放量为 26614 万 t,比 2007 年减少 7%;生活污水排放量为 15976 万 t,比 2007 年减少 2%。

泉州市水体污染主要是晋江水系水质的污染,据有关部门统计,晋江水系断面水质达标率仅为 40%,水质污染相当严重,主要污染物为石油类,其次为化学耗氧类。此外,市区沟、河的水体和近海海域也存在一定程度的污染。平原渠水质较好,八卦沟、环城河水质较差,泉州湾水质质量令人担忧,无机氮、无机磷污染较为严重。鲤城区两个自来水厂(西厂、北厂)在提水处受到居民生活垃圾影响,水源被严重污染,超过二级生活饮用水细菌总数标准的 22.8 倍。

造成晋江流域水资源污染的主要原因有三个方面:①上游过度开垦山林地对水涵养和水土保持的威胁。据专家测算,晋江流域每年流失土壤达 280 万 t,仅流入东溪山美水库的泥沙就达 33.2 万 t,泥沙淀积已严重威胁山美水库的安全。由于历史上的过度砍伐,加上矿区开发与工程建设,致使安溪、永春、德化上游三个县的水土流失严重,晋江上游河床逐年上升。②上游茶果园的农药化肥导致的水源污染,中上游小水电站拦河导致的脱水河段对生态的破坏。③各流域,特别是中下游流域企业的废水和生活的污水(泉州市环境污染隐患调查表见表 3-15 至表 3-18)。金鸡闸上游尚无污水、垃圾处理厂(场),多数生活污水、工业废水未经处理直接排入晋江水系,局部河流水质已出现超 V 类水质标准,山美水库已出现富营养化现象。以上原因导致晋江流域蓄水量逐年下降,水质结构逐步恶化。

表 3-15 泉州市环境污染隐患调查表——市直属单位

企业名称	行业类别	详细地址	隐患物品名称	最大贮存量(kg)	距敏感目标最小距离(m)	距水系干流最小距离(m)	环境污染应急预案 有	没有
泉州中桥味精厂	食品	东海法石工业区	盐酸	20000	200	300		√
			烧碱	12000				
			纯碱	100000				
			液氨	50000				
泉州大泉赖氨酸有限公司	饲料	东海法石工业区	液氨	25000	500	1000	√	
			盐酸	50000				
			重油	250000				

续表

企业名称	行业类别	详细地址	隐患物品名称	最大贮存量（kg）	距敏感目标最小距离（m）	距水系干流最小距离（m）	环境污染应急预案 有	没有
泉州电镀厂	电镀	法石村后厝工业区	氰化钠	无	100	100	√	
			盐酸	无				
			硫酸	无				
			硝酸	无				
			片碱	2000				
泉州南新漂染有限公司	漂染	泉秀路成洲路口	纯碱	178000	150	1500	√	
			烧碱	45000				
			过氧化氢	188000				
泉州三兴体育用品有限公司	鞋服	泉州市清蒙科技工业区	天那水		1000	1500		√
			含苯胶水					
泉州供水有限公司	自来水	泉州市西郊白水营	液氯	10000	200	800	√	
			Pu-239	1				
			90sr-90γ	1				
泉州闽中燃港丰石化有限公司	化工	泉州市后渚港区	苯乙烯	3000000	100	1500	√	
			二甘醇	3000000				
			二辛酯	2500000				
			甲苯	1500000				
			柴油	8000000				
			燃料油	3000000				

资料来源：http://www.qzepb.gov.cn 泉州市环保局网站

表 3-16 泉州市环境污染隐患调查表——丰泽区

企业名称	行业类别	详细地址	隐患物品名称	最大贮存量（kg）	距敏感目标最小距离（m）	距水系干流最小距离（m）	环境污染应急预案 有	没有
泉州市太平洋蓄电池有限公司	蓄电池	浔美工业区边						
泉州瑞森电源有限公司	蓄电池	北峰潘山曾坑工业区	硫酸	2000		800		没有
泉州市丰泽雅志电池设备有限公司	蓄电池	北峰普贤路中段（墩原工业区）	浓硫酸	1000		1500		没有

续表

企业名称	行业类别	详细地址	隐患物品名称	最大贮存量（kg）	距敏感目标最小距离（m）	距水系干流最小距离（m）	环境污染应急预案 有	没有
福建省通用树脂化工有限公司	树脂	华大街道南埔工业区	甲基苯	130000			有	
福建省泉州市华邦树脂有限公司	树脂	东海东滨工业区	苯乙烯	1000000	60		有	
泉州市合成通用树脂有限公司	树脂	东海滨城工业园滨南路EA27－28	苯乙烯	300000			有	
永丰树脂有限公司	树脂	东海北星	苯乙烯	300000			有	

资料来源：http://www.qzepb.gov.cn 泉州市环保局网站

表 3-17　泉州市环境污染隐患调查表——鲤城区

企业名称	行业类别	详细地址	隐患物品名称	最大贮存量（kg）	距敏感目标最小距离（m）	距水系干流最小距离（m）	环境污染应急预案 有	没有
泉州市鲤城恒祥电雕制版有限公司	电镀	浮桥街道社区	电镀液	6000	5000	3000	有	
泉州市天宇化纤织造有限公司	化纤	鲤城区南环路	锦纶	50000	1000	40000	有	
泉州市鲤城昌德化工有限公司	强力胶	浮桥街道后坑社区	氰基丙烯酸酯	500	50000	3000	有	
泉州市鲤城金岩焊接气体有限公司	电石	浮桥街道金浦社区	电石	500	3000	2000	有	

资料来源：http://www.qzepb.gov.cn 泉州市环保局网站

表 3-18　泉州市环境污染隐患调查表——洛江区

企业名称	行业类别	详细地址	隐患物品名称	最大贮存量(kg)	距敏感目标最小距离(m)	距水系干流最小距离(m)	环境污染应急预案 有	环境污染应急预案 没有
泉州洛江三星涂料树脂有限公司	C2652	洛江区万安杏宅工业区	苯乙烯	7000	100	1000		没有
			苯二甲酸酐	3000				
泉州诺亚现代树脂厂	C2662	洛江区塘西工业区	苯乙烯	200000	1000	5000		没有
			苯酐	100000				
			乙二醇	100000				
泉州市信和涂料有限公司	油漆	洛江区万安工业区万荣街信和商厦	醇酸树脂	3000	20	4000		没有
			醋酸丁酯	500				

资料来源：http://www.qzepb.gov.cn 泉州市环保局网站

（2）土壤污染

近年来，由于人口急剧增长，工业迅猛发展，固体废弃物不断向土壤表面堆放和倾倒，有害废水不断向土壤中渗透，大气中的有害气体及浮尘也不断随雨水降落在土壤中，导致了土壤污染。凡是妨碍土壤正常功能，降低作物产量和质量，还通过粮食、蔬菜、水果等间接影响人体健康的物质，都叫作土壤污染物。

土壤污染物的来源广、种类多，大致可分为无机污染物和有机污染物两大类。无机污染物主要包括酸，碱，重金属（铜、汞、铬、镉、镍、铅等）盐类，放射性元素铯、锶的化合物，含砷、硒、氟的化合物等。有机污染物主要包括有机农药、酚类、氰化物、石油、合成洗涤剂、3,4-苯并芘以及由城市污水、污泥及厩肥带来的有害微生物等。当土壤中含有害物质过多，超过土壤的自净能力时，就会引起土壤的组成、结构和功能发生变化，使得微生物活动受到抑制，有害物质或其分解产物在土壤中逐渐积累。这些有害物质会通过"土壤→植物→人体"，或通过"土壤→水→人体"间接被人体吸收，达到危害人体健康的程度。

造成泉州市土壤污染的污染源包括重污染行业（如化工、化肥、水泥、钢铁和蓄电池公司等）、工业企业遗留或遗弃场地、工业园，固体废物集中填埋、堆放、焚烧处理处置场地，采矿区，污水灌溉区，主要蔬菜基地和畜禽养殖场地，大型交通干线两侧以及社会关注的环境特点地区和其他怀疑污染区域。

对于泉州市土壤污染现状，尚无资料可寻。

（3）空气污染

随着现代工业和交通运输的发展，向大气中持续排放的物质数量越来越多，种类越来越复杂，引起大气成分发生急剧的变化。当大气正常成分之外的物质达到对人类健康、动植物生长以及气象气候产生危害的时候，便称之为形成了空气污染。

泉州存在一定程度的空气污染，包括污染企业排放的污染气体和汽车尾气等，其中空气污染严重的集中在泉港冶炼化工区域内。

(4)噪声污染

随着近代工业的发展,环境污染也随之产生,噪声污染就是环境污染的一种,已经成为对人类的一大危害。噪声污染与水污染、大气污染、固体废弃物污染被看成是世界范围内三个主要环境问题。物理上的噪声是声源做无规则振动时发出的声音,在环保的角度上看,凡是影响人们正常的学习、生活、休息等的一切声音,都称之为噪声。泉州存在一定程度的噪声污染,包括污染企业生产过程中产生的噪音、工程建设产生的噪音和汽车噪音等。

通过对 2003—2009 年泉州市区环境报告进行分析,得出结论:泉州市环境质量并没有得到根本改善,环境污染问题依然严重。

3.5.6 泉州市环境污染源

引起泉州市环境污染的污染源包括以下 9 项。

(1)重污染行业企业及周边地区

重污染行业企业是污染泉州市环境的主要因素。泉州市重污染行业企业及周边地区统计见表 3-19。

表 3-19 重污染行业企业及周边地区统计表

序号	调查企业(区域)名称	所在地(县、镇)	经度	纬度	点位数	行业类别
1	福建炼油化工有限公司	泉州市泉港区	118°54′50.17″	25°9′37.53″	14	石化
2	湄洲湾氯碱化工有限公司	泉州市泉港区	118°54′50″	25°09′37″	14	化工
3	福建省永春化肥厂	永春五里街	118°15′41.28″	25°20′9.42″	12	化工
4	石狮市华丰针织有限公司	石狮蚶江镇	118°41′32.1″	24°45′58.14″	12	纺织印染
5	福建凤竹纺织科技股份有限公司	晋江青阳	118°33′58.4″	24°47′50.8″	12	纺织印染
6	福建省永春美岭水泥厂	永春县都镇	117°45′45.36″	25°27′34.92″	9	水泥
7	福建三安钢铁有限公司	安溪湖头镇	118°01′45.4″	25°14′40.4″	19	冶金
8	泉州市大华蓄电池有限公司	泉州市洛江区	118°37′2.01″	25°01′21.23″	12	蓄电池
9	泉州市华侨蓄电池有限公司	丰泽区东海镇	118°38′44.48″	24°52′46″	12	蓄电池
10	泉州华瑞蓄电池有限公司	泉港区南埔镇	118°52′57″	25°10′57″	12	蓄电池
	合计				128	

资料来源:源自 http://www.qzepb.gov.cn 泉州市环保局网站

(2)工业企业遗留或遗弃场地

指已经遗弃或准备改作耕地、房地产的污染型的工业企业场地,工业企业遗留或遗弃场地见表 3-20。

表 3-20 工业企业遗留或遗弃场地点统计表

序号	调查企业(区域)名称	所在地(县、镇)	经度	纬度	点位数	园区类别
1	江南电镀厂	泉州市鲤城区	118°27′	24°50′	6	电镀
2	泉州闽华蓄电池有限公司	安溪县城厢镇	118°11′49″	25°03′5.21″	12	蓄电池
3	泉州市洛江大华彩印有限公司	泉州市洛江区	118°40′0.6″	24°56′33.9″	4	印刷
	合计				22	

资料来源:源自 http://www.qzepb.gov.cn 泉州市环保局网站

（3）工业（园）区及周边地区

按国家级、省级及市级工业园区的优先选择顺序，建成时间较长的化工、电子、生物制药等是污染较重的工业（园）区。见表3-21。

表 3-21　工业（园）区及周边地区统计表

序号	调查企业（区域）名称	所在地（县、镇）	经度	纬度	点位数	园区类别
1	丰泽东海电镀集控区	丰泽东海	118°38′07.3″	24°52′27.5″	11	市级工业区
2	可慕制革集控区	晋江安海	118°30′00.5″	24°43′54.7″	11	市级工业区
3	东海垵工业区	晋江深沪	118°40′22.7″	24°36′07.5″	14	省级开发区
4	南安仑苍电镀集控区	南安市仑苍镇	118°32′24.8″	24°48′36.7″	11	市级工业区
5	大堡漂染、电镀集控区	石狮祥芝镇大堡	118°46′19.26″	24°45′21.9″	14	市级工业区
6	锦尚集控区	石狮锦尚镇	118°43′49.74″	24°46′0.36″	14	市级工业区
	合计				75	

资料来源：源自 http://www.qzepb.gov.cn 泉州市环保局网站

（4）固体废物集中填埋、堆放、焚烧处理处置场地及其周边地区

重点指使用时间在5年以上（包括已经废弃）的填埋、堆放、焚烧处理处置场地，固体废物处置场地见表3-22。

表 3-22　固体废物处置场地及其周边地区统计表

序号	调查企业（区域）名称	所在地（县、镇）	经度	纬度	点位数	行业类别
1	晋江市垃圾填埋场	晋江青阳赖厝	118°32′24″	24°48′36″	11	垃圾填埋场
2	泉州室仔前生活垃圾处理场	泉州市	118°37′40.61″	24°57′56.08″	11	垃圾填埋场
	合计				22	

资料来源：源自 http://www.qzepb.gov.cn 泉州市环保局网站

（5）采矿区及周边地区

重点为铅锌矿、铁矿、煤矿等对土壤污染较严重的采矿区，主要集中在泉州市周围县市，对市区影响不大。矿山及其周边地区统计表见表3-23。

表 3-23　矿山及其周边地区统计表

序号	调查企业（区域）名称	所在地（县、镇）	经度	纬度	点位数	行业类别
1	福建省安溪县潘田铁矿有限公司（中矿区）	安溪县感德镇	117°47′53″	25°18′18.3″	8	铁矿
2	福建省天湖山实业能源有限公司	永春县下洋镇	117°59′57.24″	25°29′41.46″	8	煤矿
3	福建省阳山铁矿	德化县美湖乡	118°02′	24°32′	8	铁矿
	合计				24	

资料来源：源自 http://www.qzepb.gov.cn 泉州市环保局网站

（6）污水灌溉区

泉州市虽然有些地区长期用被污染的河水灌溉农田，但没有大面积的污灌区。

（7）主要蔬菜基地和畜禽养殖场地

泉州市主要蔬菜基地和畜禽养殖场地，见表3-24。

表 3-24　主要蔬菜基地和畜禽养殖场地

序号	调查企业(区域)名称	所在地(县、镇)	经度	纬度	点位数	行业类别
1	泉州市华丰果畜开发有限公司	泉州市洛江区	118°37′22″	25°05′13″	8	养猪场
2	惠安县惠丰农牧有限公司	惠安辋川镇梧山村	118°49′39″	25°06′57″	8	养猪场
3	鲤城浮桥蔬菜基地	鲤城区浮桥镇	118°29′	24°50′	16	蔬菜基地
4	惠安中绿(福建)农业综合开发有限公司蔬菜基地	辋川镇走马埭	118°49′03.5″	25°05′40.2″	10	蔬菜基地
	合计				42	

资料来源:源自 http://www.qzepb.gov.cn 泉州市环保局网站

(8)大型交通干线两侧

324 国道和省道三郊线泉州市路段,150 m 范围内是环境污染的重点区域。

(9)社会关注的环境热点地区和其他疑似污染区域

指晋江磁灶、内坑一带陶瓷窑污染区,德化等小金矿汞污染区,其他各设区市社会关注的地区,见表 3-25;其他疑似污染区域指重点工业污染源企业,清单见表 3-26。主要集中在周围县市,对市区影响不大。

表 3-25　社会关注的环境热点地区

序号	调查企业(区域)名称	所在地(县、镇)	经度	纬度	点位数	行业类别
1	晋江磁灶、内坑陶瓷区	晋江县	118°28′09.9″	24°51′10.9″	24	建陶
2	德化小金矿汞污染区	德化县葛坑	118°12′	25°56′	8	冶金
3	南安石井石板材淴江工业园区	南安市石井镇	118°21′36.7″	24°36′2.7″	7	石材
	合计				39	

资料来源:源自 http://www.qzepb.gov.cn 泉州市环保局网站

表 3-26　2001—2005 年泉州市重点工业污染源清单

序号	企业名称	隶属	监测污染物名称或指数				
1	泉州大泉赖氨酸有限公司	市直	COD_{Cr}	氨氮	烟尘	二氧化硫	NO_x
2	泉州中侨(集团)股份有限公司味精厂	市直	COD_{Cr}	氨氮	SS	二氧化硫	NO_x
3	泉州南新漂染有限公司	市直	COD_{Cr}	氨氮	SS	二氧化硫	NO_x
4	福建泉州清源啤酒朝日有限公司	市直	COD_{Cr}	氨氮	SS	二氧化硫	NO_x
5	福建省泉州市华侨蓄电池厂	市直	铅				
6	福建泉州大华蓄电池有限公司	市直	铅				
7	泉州豆制品厂	市直	COD_{Cr}	氨氮			
8	泉州五福纺织有限公司	市直	COD_{Cr}	氨氮	二氧化硫	烟尘	
9	泉州水质净化中心	市直	COD_{Cr}	氨氮	BOD_5	pH	SS

序号	企业名称	隶属	监测污染物名称或指数				
10	泉州市室仔前垃圾填埋场	市直	COD_{Cr}	氨氮	BOD_5	pH	SS
11	泉州市清蒙污水处理厂	市直	COD_{Cr}	氨氮	BOD_5	pH	SS
12	福建泉州大盛塑胶制品有限公司	鲤城	COD_{Cr}				
13	泉州市鲤城实佳线路板有限公司	鲤城	六价铬				
14	泉州天宇化纤织造实业有限公司	鲤城	烟尘				
15	泉州市联益纺织印染有限公司	丰泽	COD_{Cr}	氨氮	烟尘	二氧化硫	
16	泉州富成针织染整有限公司	丰泽	COD_{Cr}	氨氮	烟尘	二氧化硫	
17	泉州海天染整有限公司	丰泽	COD_{Cr}	氨氮	烟尘	二氧化硫	
18	泉州联益织造有限公司	丰泽	COD_{Cr}	氨氮	烟尘	二氧化硫	
19	泉州市信益纺织印染有限公司	丰泽	COD_{Cr}	氨氮	烟尘	二氧化硫	
20	泉州市丰泽东海电镀厂	丰泽	六价铬	氰化物			
21	光大(福建)食品有限公司	洛江	COD_{Cr}	烟尘	二氧化硫		
22	泉州市泉港区中心工业区开发建设有限公司	泉港	COD_{Cr}	氨氮	烟尘	二氧化硫	
23	泉港皮革集控区	泉港	COD_{Cr}	氨氮	烟尘	二氧化硫	
24	福建湄洲湾氯碱工业有限公司	泉港	COD_{Cr}	烟尘	二氧化硫		
25	泉港区西青畜牧有限公司	泉港	COD_{Cr}	氨氮			
26	晋江安海可慕制革治污有限公司	晋江	COD_{Cr}	六价铬	二氧化硫		
27	福建凤竹纺织科技股份有限公司	晋江	COD_{Cr}	烟尘	二氧化硫		
28	晋江安海丙厝集洁制革污水处理设施有限公司	晋江	COD_{Cr}				
29	福建晋江富盛织造漂染有限公司	晋江	COD_{Cr}	烟尘	二氧化硫		
30	晋江市维盛织造漂染有限公司	晋江	COD_{Cr}	烟尘	二氧化硫		
31	福建省晋江市建大印染有限公司	晋江	COD_{Cr}	烟尘	二氧化硫		
32	晋江市隆盛针织印染有限公司	晋江	COD_{Cr}	烟尘	二氧化硫		
33	信诚染织(福建)有限公司	晋江	烟尘	二氧化硫			
34	晋江市龙兴隆染织实业有限公司	晋江	烟尘	二氧化硫			
35	福建省晋江优兰发纸业有限公司	晋江	COD_{Cr}	二氧化硫			
36	福建省联丰盛漂染植绒有限公司	晋江	烟尘	二氧化硫			
37	晋江万兴隆染织实业有限公司	晋江	烟尘	二氧化硫			
38	福建省晓星纺织印染有限公司	晋江	烟尘	二氧化硫			
39	泉州市六源印染织造有限公司	晋江	烟尘	二氧化硫			
40	福建浔兴拉链科技股份有限公司	晋江	烟尘	二氧化硫			
41	福建省晋江磁灶锦田再生造纸厂	晋江	COD_{Cr}				
42	晋江国泰皮革有限公司	晋江	COD_{Cr}				
43	晋江市天源漂染印花有限公司	晋江	COD_{Cr}	烟尘	二氧化硫		
44	福建晋江陈埭印染厂	晋江	COD_{Cr}				
45	晋江富联化工有限公司	晋江	COD_{Cr}				

续表

序号	企业名称	隶属	监测污染物名称或指数
46	晋江兴业皮革有限公司	晋江	COD_{Cr}
47	晋江三德织染有限公司	晋江	COD_{Cr}
48	晋江华懋电镀集控区开发管理有限公司	晋江	六价铬　氰化物
49	福建晋江市富兴伞业有限公司	晋江	六价铬　氰化物
50	晋江市振龙五金制品有限公司	晋江	六价铬　氰化物
51	晋江市龙湖石龟五金厂	晋江	六价铬　氰化物
52	福建省晋江安海金山印染织造有限公司	晋江	烟尘　二氧化硫
53	晋江市三荣印花织造有限公司	晋江	烟尘　二氧化硫
54	泉州市良兴染织植绒有限公司	晋江	烟尘　二氧化硫
55	晋江连捷纺织印染实业有限公司	晋江	烟尘　二氧化硫
56	晋江富联漂染印花工业有限公司	晋江	烟尘　二氧化硫
57	联邦印染(泉州)有限公司	晋江	烟尘　二氧化硫
58	福建省晋江市印染织造有限公司	晋江	烟尘　二氧化硫
59	晋江市龙湖恒盛再生纸厂	晋江	烟尘　二氧化硫
60	晋江市金泉环保有限公司	晋江	COD_{Cr}
61	石狮市华宝漂染织造有限公司	石狮	烟尘　二氧化硫
62	石狮市祥鸿织造漂染有限公司	石狮	烟尘　二氧化硫
63	石狮市冠宏染整印花有限公司	石狮	烟尘　二氧化硫
64	石狮市亿祥染整有限公司	石狮	烟尘　二氧化硫
65	石狮市金德盛漂染织造有限公司	石狮	烟尘　二氧化硫
66	石狮市鸿泰织造漂染有限公司	石狮	烟尘　二氧化硫
67	石狮市万得福织造有限公司	石狮	烟尘　二氧化硫
68	石狮市德胜纺织漂染有限公司	石狮	烟尘　二氧化硫
69	石狮联诚植绒有限公司	石狮	烟尘　二氧化硫
70	大信(石狮)印染有限公司	石狮	烟尘　二氧化硫
71	石狮市贝瑞特服装洗染有限公司	石狮	烟尘　二氧化硫
72	协盛(石狮市)染织实业有限公司	石狮	烟尘　二氧化硫
73	石狮市港溢染整织造有限公司	石狮	烟尘　二氧化硫
74	石狮市生利染整有限公司	石狮	烟尘　二氧化硫
75	石狮市锦祥漂染有限公司	石狮	烟尘　二氧化硫
76	石狮市冠运印染有限公司	石狮	烟尘　二氧化硫
77	石狮市祥华漂染厂	石狮	烟尘　二氧化硫
78	石狮市金宏盛织造漂染有限公司	石狮	烟尘　二氧化硫
79	石狮市新华针织织漂染有限公司	石狮	烟尘　二氧化硫
80	石狮市新狮印染公司	石狮	烟尘　二氧化硫
81	石狮市鼎盛漂染织造有限公司	石狮	烟尘　二氧化硫

序号	企业名称	隶属	监测污染物名称或指数			
82	石狮市凌峰漂染织造有限公司	石狮	烟尘	二氧化硫		
83	石狮市华润织造印染有限公司	石狮	烟尘	二氧化硫		
84	石狮市宝益织造印染有限公司	石狮	烟尘	二氧化硫		
85	石狮市盈动漂洗有限公司	石狮	烟尘	二氧化硫		
86	石狮市盖奇制衣有限公司	石狮	烟尘	二氧化硫		
87	石狮市祥益洗染有限公司	石狮	烟尘	二氧化硫		
88	石狮市泉兴丝绸化纤印染有限公司	石狮	烟尘	二氧化硫		
89	福建省石狮市亿源裕制衣有限公司水洗车间	石狮	烟尘	二氧化硫		
90	石狮市恒质服装烫洗有限公司	石狮	烟尘	二氧化硫		
91	石狮市集智纺织印染有限公司	石狮	烟尘	二氧化硫		
92	石狮市健健纺织漂染有限公司	石狮	烟尘	二氧化硫		
93	石狮市润峰服装织染有限公司	石狮	烟尘	二氧化硫		
94	石狮市永丰印染有限公司	石狮	烟尘	二氧化硫		
95	石狮市凯源漂洗有限公司	石狮	烟尘	二氧化硫		
96	石狮市龙兴隆染织实业有限公司	石狮	烟尘	二氧化硫		
97	石狮市利恒织造印染有限公司	石狮	烟尘	二氧化硫		
98	石狮市飞轮制线联营厂	石狮	烟尘	二氧化硫		
99	石狮市华亿染整织造有限公司	石狮	烟尘	二氧化硫		
100	石狮市开发企业服装有限公司	石狮	烟尘	二氧化硫		
101	石狮市华丰针织有限公司	石狮	COD_{Cr}	氨氮	烟尘	二氧化硫
102	石狮市华联针织有限公司	石狮	COD_{Cr}	氨氮	烟尘	二氧化硫
103	石狮市建明染织厂有限公司	石狮	COD_{Cr}	氨氮	粉尘	烟尘
104	福建省石狮市永宁港边新特赢服装厂	石狮	COD_{Cr}	氨氮		
105	石狮市鸿达纺织品整理有限公司	石狮	COD_{Cr}	氨氮		
106	福建省石狮市中科海藻制品发展有限公司	石狮	氨氮			
107	福建省石狮市闽南琼胶有限公司	石狮	氨氮			
108	石狮市永宁镇雄盛海藻制品厂	石狮	氨氮			
109	福建省石狮市下宅福君食品厂	石狮	氨氮			
110	石狮市益丰食品有限公司	石狮	氨氮			
111	石狮市广益食品有限公司	石狮	氨氮			
112	石狮市光华污水处理有限公司	石狮	六价铬	COD_{Cr}		
113	石狮市南华环境工程开发有限公司	石狮	COD_{Cr}	氨氮		
114	石狮市绿源环境工程有限公司	石狮	COD_{Cr}	氨氮		
115	石狮市海天环境工程有限公司	石狮	COD_{Cr}	氨氮		
116	福建省石狮热电有限责任公司	石狮	烟尘	二氧化硫		
117	石狮市华星织造有限公司	石狮	烟尘	二氧化硫		

续表

序号	企业名称	隶属	监测污染物名称或指数
118	南安市仑仓集控区	南安	六价铬　COD_{Cr}
119	南安市云华皮业有限公司	南安	COD_{Cr}　氨氮
120	泉州新同发纸塑有限公司	南安	COD_{Cr}　氨氮　烟尘　二氧化硫
121	南安金格纸业有限公司	南安	COD_{Cr}　氨氮　二氧化硫
122	南安市顺达纸业有限公司	南安	COD_{Cr}　氨氮
123	福建省南安市益峰纸业有限公司	南安	COD_{Cr}　氨氮　二氧化硫
124	泉州市庆昌皮业有限公司	南安	COD_{Cr}　氨氮
125	南荣制衣有限公司	南安	COD_{Cr}　氨氮
126	福建省南安市永信纸业有限公司	南安	COD_{Cr}　氨氮
127	泉州市香江纸业有限公司	南安	COD_{Cr}　氨氮
128	南安市益发造纸有限公司	南安	COD_{Cr}　氨氮
129	水头锦兴造纸厂	南安	COD_{Cr}　氨氮
130	泉州贵格纸业有限公司	南安	COD_{Cr}　氨氮
131	南安市协进建材有限公司	南安	烟尘
132	南安市豪联陶瓷有限公司	南安	烟尘
133	南安市陶瓷原料中心	南安	烟尘
134	泉州联新纸业有限公司	南安	二氧化硫
135	南安联发纸业有限公司	南安	二氧化硫
136	福建泉州市屿光制衣有限公司	惠安	COD_{Cr}　氨氮
137	惠安坚石水泥制品有限公司	惠安	烟尘
138	泉州金百利包装用品有限公司	惠安	烟尘
139	惠安煜龙鞋业有限公司	惠安	二氧化硫
140	惠安县南江针织时装有限公司	惠安	二氧化硫
141	泉州市金麦啤酒原料有限公司	惠安	二氧化硫
142	集安锰铁（安溪）有限公司	安溪	COD_{Cr}　烟尘　二氧化硫
143	福建三安钢铁有限公司	安溪	COD_{Cr}　烟尘　二氧化硫
144	安溪荣新选矿厂	安溪	COD_{Cr}
145	安溪闽华电池有限公司	安溪	铅
146	安溪龙山水泥有限公司	安溪	粉尘　烟尘　二氧化硫
147	安溪县新安水泥有限公司	安溪	粉尘　烟尘　二氧化硫
148	安溪县岩都水泥厂	安溪	粉尘　烟尘　二氧化硫
149	安溪县第二水泥厂	安溪	粉尘　烟尘　二氧化硫
150	安溪县新德水泥有限公司	安溪	粉尘　烟尘　二氧化硫
151	安溪青龙山水泥有限公司	安溪	粉尘　烟尘　二氧化硫
152	安溪县水泥厂	安溪	粉尘　烟尘　二氧化硫
153	安溪县华建水泥厂	安溪	二氧化硫

序号	企业名称	隶属	监测污染物名称或指数		
154	安溪县三安水泥有限公司	安溪	二氧化硫		
155	安溪县珍地和盛水泥厂	安溪	二氧化硫		
156	福建省永春化肥厂	永春	COD_{Cr}	氨氮	烟尘
157	泉州市永春联盛纸品有限公司	永春	COD_{Cr}	烟尘	二氧化硫
158	福建省永春美岭火电厂	永春	COD_{Cr}	烟尘	二氧化硫
159	福建省泉州伟立集团有限公司	永春	COD_{Cr}	烟尘	二氧化硫
160	福建省永春宏益纸业有限公司	永春	COD_{Cr}		
161	永春县双恒火力发电有限公司	永春	COD_{Cr}	烟尘	二氧化硫
162	福建省永春美岭水泥厂	永春	粉尘	烟尘	二氧化硫
163	永春县下洋镇上姚水泥厂	永春	粉尘	烟尘	二氧化硫
164	福建省泉州双恒集团有限公司	永春	粉尘	烟尘	二氧化硫
165	福建永春宏发水泥制造有限公司	永春	粉尘	烟尘	二氧化硫
166	福建省德化煤矿	德化	COD_{Cr}		
167	福建省阳山铁矿	德化	COD_{Cr}	粉尘	
168	德化县德义热电有限公司	德化	COD_{Cr}	烟尘	二氧化硫
169	福建省双旗山金矿	德化	粉尘		
170	福建省德化云燕水泥有限公司	德化	粉尘	烟尘	二氧化硫
171	福建省德化必德陶瓷有限公司	德化	烟尘	二氧化硫	
172	福建省冠福现代家用股份有限公司	德化	二氧化硫		

注:COD_{Cr}指重铬酸盐指数,采用重铬酸钾作为氧化剂测定出的化学耗氧量。BOD_5是用微生物代谢作用所消耗的溶解氧量来间接表示水体被有机物污染程度的一个重要指标。SS指污水中的悬浮物浓度。

资料来源:源自 http://www.qzepb.gov.cn 泉州市环保局网站

3.6 本章小结

本章通过各种途径收集到对泉州市造成人员伤亡、较大经济损失以及对社会产生较大影响的灾害数据。以灾例为样本,对泉州的灾情状况进行了统计分析。灾害类型可以分为四大类,包括地质灾害、气象灾害、工业灾害、生态环境灾害。这些灾害又可细分为地震、海啸、崩塌、滑坡、泥石流、地面沉降、干旱、暴雨、台风、交通事故、火灾爆炸、危化品泄漏、生态环境灾害等灾害。根据实际发生情况,又可细分出若干亚灾种。具体到泉州市的统计数据,主要涵盖建筑工程灾害、危化品泄漏、公共设施类灾害、生态环境污染、火灾爆炸、地质灾害、交通事故、气象灾害和其他灾害。

由泉州市灾害发生频率图(见图 3-24)可知,泉州市发生频率最高的灾害类型是交通事故,占到发生灾害总数的 36%,其次是建筑工程灾害 22%、公共设施类灾害 16%、火灾爆炸 14%,再加上危化品泄漏的 2%,这些人为技术事故灾害的发生频次共占所有灾害发生频次的 90%。自然灾害发生频次最高的是气象灾害 6%,地质灾害发生频次占总数的 2%。生态环境灾害的发生频次不到 1%。

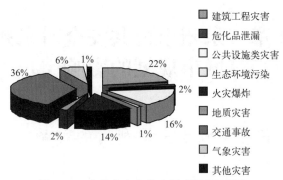

图 3-24　泉州市灾害发生频率图(见彩图)

由各灾种因灾死亡人数占总因灾死亡人数百分比(见图 3-25)可知,建筑工程灾害造成人员死亡人数占到所有因灾死亡人数的 41%,而发生频次最高的交通事故造成人员死亡的数量仅次于建筑工程灾害,达到 36%。公共设施类灾害和火灾爆炸造成的人员死亡数占总因灾死亡人数的 12% 和 5%。气象灾害造成的人员死亡数占总因灾死亡人数的 3%。生态环境灾害未造成人员死亡。

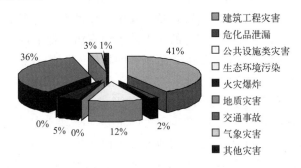

图 3-25　各灾种因灾死亡人数占总因灾死亡人数百分比(见彩图)

由各灾种因灾受伤人数占总因灾受伤人数百分比(见图 3-26)可知,交通事故造成的人员受伤人数占总的因灾受伤人数的一半以上,建筑工程灾害紧随其后达 14%,其他事故(主要表现为食物中毒事件)造成的受伤人数占 5%,公共设施类灾害、火灾爆炸和危化品泄漏造成的人员受伤分别占 10%、5% 和 3%。因气象灾害受伤人数占总的因灾受伤人数的 6%。其余灾害受伤人数占总因灾受伤人数的比重不到 1%。

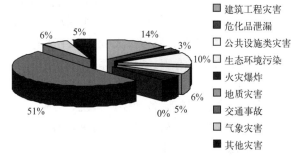

图 3-26　各灾种因灾受伤人数占总因灾受伤人数百分比(见彩图)

第4章 泉州市公共安全对泉州市城市规划的影响

4.1 城市公共安全与城市土地利用的关系

4.1.1 公共安全对城市规划影响的研究意义

城市规划对于城市防灾减灾工作来讲,具有非常重要的作用。在城市规划中,必须对城市防灾减灾进行统筹规划、综合考虑,全面反映城市所面临的各种灾害事件的预防和处理情况,尤其是在城市产业发展、功能布局、人口密度、公共卫生、公共空间、社区安全等方面的规划上,要体现出防灾减灾的原则、要求和措施。

(1)合理确定城市规模和城市空间结构,规避自然灾害。

我国是全球灾害严重的国家之一,灾害频繁发生。在世界大城市中,我国一些城市是发生地质灾害较严重的地区。例如,我国有的城市处于地震构造带中,城市中有的建筑甚至建在地震活动断层上,或离断层较近,很容易受地震的影响;此外,我国还是洪涝灾害多发地区,有140多个大中城市位于江河洪水水位之下,隐患严重,沿海城市的水患来自于暴雨和风暴潮的影响。这些都是自然条件造成的,灾害的形成也是不可避免的。合理地选择城市建设用地和控制城市规模是防御灾害、减少灾害的重要手段,是城市规划时要重点解决的问题之一。在选择城市建设用地时,要做好用地评价工作,综合考虑地形、地质、气象以及危险源场所的防震、抗震、防风等安全措施,使居住用地、公共设施用地、工业用地等主要功能区尽量避开灾害源和生态敏感地带,在实现城市总体布局的合理化同时,把人口和生态环境容量看成限定城市规模的依据,以防止城市规模无限扩大。不能向土地资源的过度开发要效益,空间的拓展并不等于空间的良性发展。城市社会经济的可持续发展,资源环境条件是基础,应充分考虑城市的生态支撑能力,保证城市空间健康、合理的生长,创造可以有机生成的城市空间。

(2)合理规划布局,避免产生人为的易灾区。

城市布局一定要考虑城市安全的因素,例如对危险品库位置的布局绝不可以掉以轻心,布局不当就是事故隐患,这些都是有着沉痛教训的。例如深圳一危险品库由于其选址位置不当,酿成了大祸。对城市安全威胁最大的城市重大危险源主要有:

①化工企业和一些相关企业的有毒有害、易燃易爆物质的储备、生产和运输装备;

②以燃气储备、输送管道和各类燃具为主的公共设施;

③以油库油储罐和加油站为主的燃料储备和供应系统;

④由工业和商业场所的易燃易爆粉尘和气体构成的爆炸源,如生产石油气、煤气等易燃易爆气体或其他有毒有害危险化学品的企业。

这类重大危险源企业过去被建在市郊,但随着城市的建设发展,城区范围的不断扩大,原来建在市郊的这些企业现在已身处市区,有的甚至处在离人口密集区或主要城区较近的地方,它们就像埋在城里的"定时炸弹"一样,一旦发生事故后果将不堪设想。

（3）创造更多的开阔空间和疏散避难场地。

规划中要明确地增加城市防灾用地,创造更多的开阔空间以缓解人的心理压力,配置必要的疏散避难场地,研究城市生命线工程,政府机构、教育机构、医疗机构等人群高度聚集、流动性大的公共场所的保障问题。城市绿化、公园道路广场的建设和布局以及地下空间的开发利用,都应考虑灾害发生时人群疏散、临时避灾、紧急救援的需要。要在整合各类设施的基础上,将它们的空间区位分布和服务范围所涵盖的区域综合于城市功能分布之中,确定避难场地和路线的有效服务范围。

4.1.2　建设项目布局选址的必要性

土地是一种特殊资源,是人类赖以生存和发展的不可替代的物质基础。在我国,一方面土地资源十分稀缺,另一方面却存在着十分严重的滥用、乱用的现象,即浪费、超强度使用和不合理、低效益使用。城市是以人为主体,以空间和环境利用为基础,以聚集经济效益为特点,以人类、社会进步为目的的一个集约人口、集约经济、集约科学文化的空间地域,而城市的发展也在很大程度上依赖于土地资源的合理利用。城市人口的增加和工业化、城镇化水平的提高,导致了非农建设用地需求增大;相应的,耕地面积逐渐减少,人地矛盾日益突出。但是,若不对土地资源加以合理地规划、优化配置,盲目增加建设用地需求量,就会增加城市的危险性系数。

城市防灾规划是城市总体规划的有机组成部分。我国一直比较注重城市灾害防范,特别是 1995 年国家建设部加强了在城市综合防灾减灾战略宏观决策层面上的研究,并相应出台了五类城市防灾规范。城市防灾规划在城市规划建设中发挥了一定的作用,但在实际规划工作中城市防灾规划往往没有在战略高度和宏观整体上得到足够的重视,主要是因为:

（1）人们普遍认为防灾规划是非生产性规划,不能带来直接的经济效益;

（2）认为城市灾害是小概率事件,存在侥幸麻痹心理;

（3）认为与影响城市总体规划的诸多因素比较,如城市空间、结构、经济和社会等等,城市防灾只是一个从属层面的次要因素,不会影响城市的大格局。

由于这些思想观念和系统程序上的缺陷和失误,不仅使防灾规划变得被动,更加大了投入和实施难度,致使在当前的城市中存在着大量的灾害隐患。

4.1.3　城市公共安全与土地利用的关系

城市布局与城市公共安全之间的关系是相辅相成,相互影响的。

城市是以土地为载体的,那么城市规划也必然与土地利用总体规划相联系、相依托,但由于我国管理体制的原因,土地利用总体规划和城市规划是分开的,由土地行政主管部门和建设行政主管部门分别管理。虽然《土地管理法》规定城市总体规划应当与土地利用总体规划相衔接,在法律上解决了二者的矛盾,但在实际操作中,城市规划控制的城市用地规模大于土地利用总体规划确定的城市用地规模,城市规划的权威性比土地利用总体规划高,这往往使人们在实施城市规划的过程中修改了土地利用总体规划。

随着城市的不断膨胀和工业规模的不断扩大,城市土地利用类型覆盖发生了巨大的变化。土地利用类型的变化一定程度上影响了城市公共安全;反过来,城市公共安全也在一定程度上制约着土地利用的类型。

(1)土地利用对城市公共安全的影响

①土地利用方式对城市公共安全的影响

以上海市为例,上海北滨长江,东临东海,南依杭州湾,西与江苏和浙江两省接壤,是长江流域出海的门户、太湖流域的尾闾。特殊的地理位置使水灾成为该市的主要灾种之一。经历了快速城市化的上海,存在着土地利用结构的巨变,从水灾风险管理的角度看,现有的土地利用方式、强度与格局具有不合理性,而城市化带来的经济增长和不合理的土地利用方式与强度大大增加了上海在水灾响应上的脆弱性,这体现在城市化对上海市区地面沉降的影响上。

地面沉降是地质灾害的一种。上海市的地面高程一般在 4 m 左右,部分地区在 3 m 以下,沉降使得上海全市的河湖最高水位高于或接近地面的机会大为增加。上海早期的地面沉降是由于过量开采地下水引起的,在实行回灌后,地面高程有一定回升,1965—1971 年以年均 3 mm 的速度回升。但是,随着城市化建设速度的加快,工程建设逐渐成为上海近年来新的地面沉降诱发因素。有关研究发现,建筑规模及其增长速度直接导致了工程性地面沉降的同步增长,建筑密度越大,建筑容积率越高,地面沉降越显著。

②土地利用变化对城市公共安全的影响

以上海市为例,土地利用变化导致了地表产流量的变化,同时还引发了地面沉降的变化,从而造成了建设用地的标高损失,特别是防洪工程的标高损失,进而相对增加了地表水位。有关研究人员发现,1965 年以前,上海市水位变化的主导因子是地面沉降,而 1965 年以后,地面沉降强度减弱,主导因子转为土地利用变化。

以深圳市的洪涝灾害为例,土地利用状况是影响暴雨洪水过程的一个重要因素。在城市化水平不断提高的前提下,出现了以城镇用地大面积增加、生态用地和农业用地大面积减少为主要特点的土地利用变化。1980 年到 2000 年深圳地区洪涝灾害的统计结果表明,深圳地区城市洪涝灾害日益严重。深圳地区年降雨数据的变化说明降雨不是其洪涝灾害日趋严重的主要原因,以城镇用地的大量增加和生态用地、农业用地的大面积减少为主要特征的城市快速景观化过程是城市洪涝灾害日益严重的主要原因,它导致了城市化流域径流系数的增大,进而使最大洪峰流量到来的时间提早,汇流时间变短,最大洪峰流量和洪量加大,城市洪涝灾害已经成为深圳地区生态环境方面的主要问题之一。

(2)城市公共安全对城市土地利用的影响

城市公共安全问题一方面是由自然变异(作用)造成的;另一方面是由不合理、不适当的人类活动引发或加重的。有研究表明,大多数自然灾害是自然因素与人类活动共同作用的结果。而人类的作用主要体现在对土地的利用方式上。

①城市公共安全的存在对土地利用条件的约束

土地是城市环境,特别是城市地质地理环境的主要依托,也是城市规划和发展的载体。因此,科学合理地利用土地资源是城市可持续发展的基础。

以深圳市为例,深圳市属于土地资源不丰富的城市,土地资源占全市面积的 20.1%,且其中一半以上属于不可建设用地。但是,随着城市的发展,土地开发和利用的需求依然较大,整个城市在土地开发利用需求方面和土地资源存量供给与资源保护方面存在着较大的矛盾。从深圳市的实际情况分析,目前解决其矛盾的主要方法一是城市建设和土地资源的使用向高台地地区发展,通过人工改造,将不适宜的土地资源变为可利用的土地资源;二是土地使用向海滨带发展为主,以围海造田为主,进行海岸带土地开发。但是,从深圳市自然环境和自然灾害的分布与形成条件来看,山区、丘陵地带、海滨地带是该区自然灾害的主要分布地区,也是动力地质条件复杂、地质环境较为脆弱的地区,土地开发必然会受到自然灾害的威胁和制约。

威胁主要有:ⓐ山地—丘陵—高台地地区是山地灾害(崩塌、滑坡、泥石流等)高发地区,今后的土地开发会增加自然灾害的发生频率,带来经济建设的损失,增加土地资源开发的成本费用;ⓑ滨海地区是地面沉降、海岸侵蚀、淤积等缓发性自然灾害的重点危害区,是特殊岩土类的重点分布地区,也是风暴潮的高发区,潜在自然灾害的损失巨大;ⓒ人类的土地开发活动,必将影响被开发地区的自然环境,使潜在自然灾害的影响范围和损失强度逐步扩大。

②城市公共安全事故发生后对土地利用方式的限制

以印度洋海啸为例,2004 年 12 月 26 日,由于欧亚板块的碰撞,40 a 以来最大的地震灾害发生在印度洋。地震诱发的海啸影响到印度尼西亚 Nangroc Aceh Darussalam 省的许多城市,包括省会城市班达阿齐。在这个地区共有超过 12 万人死亡,100 万人无家可归。基于遥感的数据表明,有 12 万亩的土地受到了损失。在班达阿齐市,鱼塘、住宅用地和保护区的变化是这一地区最显著的土地利用/覆盖变化,受灾后这些用地类型的面积相应地变化了 61.5%、57.8%、77.6%。目前,印度尼西亚中央政府正在制定一个新的海岸带土地利用规划。为了选择并采取最佳的土地利用方式,海啸灾害后的海岸带规划需要包括一些重要的基本要素:海啸灾害造成的土地利用/覆盖变化(包括物理破坏)的检测数据,特别是农业用地和居住区用地的变化。

可见,城市公共安全与城市土地利用的方式、强度、布局是相关、相互联系并相互制约的,通过考虑防灾减灾的良好的土地利用结构、土地利用格局,能够降低灾难发生时的损失,同时也能促进城市快速、健康的发展。

4.1.4　城市各组成要素对公共安全的要求

城市是所有自然与人为灾害的巨大承载体,城市灾害几乎包含着灾害类型的全部,城市越现代化,其致灾易损性就越大,城市就越是显得异常脆弱。建设部 1997 年公布的《城市建筑综合防灾技术政策纲要》认为:地震、火灾、风灾、洪水、地质破坏为现代城市主要灾害源。

面对各种城市灾害,以城市减灾规划为核心的城市综合减灾对策是减缓各种灾害对城市的威胁、最大限度地减低灾害发生时所造成的生命及财产损失的关键。虽然城市的减灾规划作为独立的规划存在,但由于城市减灾和城市规划之间存在着密切的关联,城市减灾规划应与城市规划密切配合,其主要内容也应体现在城市规划中。

我国现行的《中华人民共和国城乡规划法》第二十四条第八款就明确规定,编制城市规划应当符合城市防火、防爆、抗震、防洪、防泥石流和治安、交通管理、人民防空建设等要求,因此可以说,城市减灾的思想和主要规划内容,尤其是与城市布局、设施建设相关的内容是城市规划的有机组成部分。

随着我国经济的快速发展,城市化发展速度空前,大型工业城市更是人口密度大,功能复杂。由于城市规模扩大过程中缺乏安全规划,导致城市伤亡事故风险不断加大。一旦发生事故,则会由于土地使用与厂房布局不合理,人口集中,建筑物密集以及疏散困难等原因,造成人员的群死群伤和巨大的财产损失。

在城市总体规划中涉及的各个方面,如城市布局、工业与仓储、对外交通、市区路网、生活居住区和旧城区改造、公共建筑及城市绿化等,都与综合防灾减灾密切相关。特别是市区各专业规划中,在市区道路交通、城市给水、供电、供煤气、邮电与通信等方面,都必须满足综合防灾的规划建设条件。各项专业规划应体现出城市综合防灾规划的科学合理性。

在城市总体布局中,应建立适于避灾、抗灾、救灾和防灾的城市单元结构布局。实现较优的系统防灾环境城市总体布局是城市的社会、经济、自然条件,以及工程技术与建筑艺术的综合反映,是城市总体规划的重要工作内容,是一项为城市长远合理发展奠定基础的全局性工作,也是用来指导城市建设的百年大计。城市总体布局应在城市性质和规模确定的情况下,在城市用地选择的基础上,对城市各组成要素进行统一安排,合理布局。布局需满足以下两个条件:

(1)城市建设用地应避开自然易灾地段,例如易产生崩塌或滑坡的山坡的坡角、易发生洪水或泥石流的山谷的谷口、易发生地震液化的饱和砂层地区以及易发生震陷的古河道或填土区等,不能避开的则必须采取特殊防护措施。

(2)通过合理的规划避免产生人为的易灾区,例如在规划中使易燃易爆物仓库区远离人员和建筑物密集区;使易释放有毒有害烟尘或气体的单位选址于下风向等。

(1)居住区布局

居住区住宅组之间要有适当的分隔,一般可采用绿地分隔、用公共建筑分隔、用道路分隔和利用自然地形分隔等方式。要结合城市规划,合理布置居住区和各项市政工程设施,居住区的道路应分级布置,要能保证消防车驶进区内。单元级的道路路面宽应不小于4~6 m;居住区级道路,车行宽度为9 m,尽头式道路长不宜大于200 m,在尽头处应设回车场。在居住区内必须设置室外消火栓,提供消防安全条件。

(2)工业布局

应满足运输、水源、动力、劳动力、环境和工程地质等条件,以及综合考虑风向、地形、周围环境等多方面的影响因素,同时根据工业生产危险程度和卫生类别,货运量及用地规模等,合理地进行布局,以保障其安全。按照经济、安全、卫生等方面的要求,应将石油化工、化学肥料、钢铁、水泥、石灰等污染较大的工业企业以及生产易燃易爆品的企业远离城市布置。将协作密切、占地多、货运量大、火灾危险性大、有一定污染的工业企业,按其不同性质组成工业区,尽量布置在城市的边缘,远离居住区。对易燃易爆和能散发可燃性气体、蒸汽或粉尘的工厂,要布置在当地常年主导风向的下风侧,并且是人烟稀少的安全地带。工业区与居民区之间要设置一定的安全距离地带。布置工业区应注意靠近水源并能满足消防用水量的需要,注意交通便捷。

(3)仓储布局

应根据仓库的类型、用途、危险性、城市的性质和规模,结合工业、对外交通、生活居住等的布局,综合考虑确定。危险性大的仓库应布置在单独的地段,与周围建(构)筑物要有一定的安全距离。石油库宜布置在城市郊区的独立地段,并应布置在港口码头、船舶所、水电站、水利工程、船厂以及桥梁的下游,如果必须布置在上游时,距离则要增大。危险化学品库应布置在城市远郊的独立地段,但要注意应与使用单位所在位置方向一致,避免运输时穿越城市。燃料及易燃材料仓库(煤炭、木材堆场)应满足防火要求,布置在独立地段,在气候干燥、风速较大的城市,还必须布置在大风季节城市主导风向的下风向或侧风向。仓库应靠近水源,并能满足消防用水量的需要。

(4)城市园林绿地系统

城市园林绿地系统是城市的呼吸系统,同时具有综合防灾减灾的重要功能,城市园林绿地在灾害发生时将发挥以下功能:防止火灾发生和延缓火势蔓延;减轻或防止因爆炸而产生的损害;成为临时避难场所、最终避难场所、避难通道、急救场所和临时生活场所;作为恢复家园和城市复兴的据点。

(5)城市道路系统

城市道路系统规划必须考虑救灾疏散的要求,城市道路系统规划应结合道路的功能和红线宽度,确定其在灾害发生时的地位和作用。防灾疏散干道和支干道是城市抢险救灾和人员疏散的主要通道。

①防灾疏散干道的过街设施宜采取地下过街通道的形式。过街天桥与地下过街通道相比,在地震或空袭过程中更易于毁坏、塌落,阻断疏散道路系统,从而延误救灾工作及时开展。

②城市防灾疏散干道和支干道的宽度应考虑到两侧建筑物受灾倒塌后,路面部分受阻,局部仍可保证消防车通行的要求。城市防灾安全通道的宽度为 15 m,7 m 两级,这是根据灾害发生时的人流车位等因素来确定的:疏散干道基本宽度应考虑消防车通行 4 m 宽,双向机动车 7 m 宽,人行 2 m 宽,机动宽度 2 m,疏散支干道基本为消防车和人行的宽度之和。

(6)城市生命线工程

城市生命线工程规划建设必须具有抗灾能力,城市给水管网规划应能保证消防水源及设施的需求,城市排水管网规划应能满足防洪排涝的要求。城市供电管网规划、城市燃气供应规划、城市供热管网规划应具有抗灾能力,尽量避免引发次生灾害。城市通信系统规划应满足防灾救灾的需要。城市通信方面应体现系统化、科学化、现代化的特点,从而实现报警快,接警迅速,调度指挥准确,通信畅通,适应现代城市防灾救灾的需要。城市现代消防通信,应由有线通信、无线通信、图像传输和计算机处理等系统组成。其系统功能主要应体现在指挥调度中心的接警、调度、指挥、联络、分析、遥控等方面。

4.2　地质灾害对泉州市城市规划的影响

4.2.1　地震灾害对泉州市的影响

地震是一种自然现象,而地震灾害是地震作用于人类社会而形成的社会事件。由于地震灾害有其突发性、连锁性的特点,因此,地震造成的灾害后果往往十分严重和广泛。

我国地震学家在研究历史和近年来世界范围内的地震情况后发现:经济损失巨大和伤亡严重的地震灾害损失大小主要是由当地建筑物的质量和地质条件所决定,而并非完全由地震震级的大小来决定。迄今,地震引起的人员伤亡有 80％是由于建筑物本身的质量和土质土层条件导致的建筑物倒塌或毁坏引起的。在这方面,发展中国家有大量生活、生态环境较劣的地区,如坡边地带、断层带、火山地区、城乡接合部,使地震造成的人员伤亡大大增加。

泉州市位于华南地震区内地震活动水平最强的东南沿海地震带,根据自公元 963 年至2001 年的不完全统计,发生里氏震级大于 4.75 级地震共 36 次;最大震级为 1604 年的泉州海外 7.5 级,震中烈度为 9 度,泉州地区影响烈度为 8 度。强震主要集中在泉州至汕头间约400 km 范围内,大震多发生在海域。

根据专家预测,未来一段时期泉州地区的地震形势不容乐观。国内外历次地震表明,破坏性地震造成的人员伤亡和经济损失,主要是由于建筑、工程设施的破坏以及伴随的次生灾害造成的。据世界上 130 次伤亡巨大的地震灾害统计数据,95％以上的伤亡是由于不抗震的建(构)筑物倒塌引起的。泉州是一个飞速发展建设的城市,过去我国的城市规划建设中,逐步地加强了建筑物抗震性能、保护居民生活安全的措施。建筑物之间的通风采光、消防安全通道、生活小区中的绿化及娱乐设施建设等,都有一套相应规定。但是随着城市现代化建设进程步伐的加快,城市的整体防震减灾功能大大落后于城市现代化建设发展。

单体建筑物越来越高,在强烈破坏性地震发生后,建筑物倒塌所占的地面面积扩大,其压埋厚度也同样加大。这对避难的市民构成了极大的威胁,给震后的快速抢险救援造成极大困难。

单体建筑物的容积加大,水、气、电等居民生活赖以生存设施的点和面相应增大,这种潜在地震次生灾害源,其危害更大于地震直接破坏。

建筑物间的活动空间相对减少,大都市的建设受土地价格的约束,建筑物的活动空间越来越小,泉州的人口密度也越来越高,社区避险能力大大降低。

随着泉州城市建设的发展,道路交通越来越立体化,一旦发生严重破坏性地震,交通设施的倒塌有可能在一定时期内中断城市与外界的联系,一些生活必需的物资短期内供应将非常紧张。

生命线及公共设施抗震能力脆弱;泉州市存在着庞大的煤气、天然气管网、供电系统;泉州市有众多的名胜古建筑,还有高新技术发展后,形成的诸如通信、计算机网络系统等现代设施系统等,除极少数工程外,以上这些设施系统几乎没有进行过地震安全评价工作。

如果要简略地描述泉州地区抗震能力,"脆弱"两字并不是过低的评估,另外,现在虽然对防震减灾工作已有了显著的重视,但要迅速提高泉州市的整体抗震能力还需要社会各界在政府的领导下,齐心协力,共同努力。

4.2.1.1　泉州市地震地质分区

依据泉州市城市抗震防灾规划,全市共划分一级地震工程地质分区 4 个、二级地震工程地质分区 10 个,见表 4-1。总体上看,规划区内场地条件较好,一般为Ⅰ、Ⅱ类,液化、震陷和崩塌等场地面积不大。同时,由于泉州地区设防烈度为 7 度,已有的地震危险性评价结果也表明泉州附近基本不具备发生大于 6 级地震的可能性,所以产生地面断裂的可能性不大。

4.2.1.2　泉州市地震工程地质分区

根据泉州市场地地形地貌、工程地质条件和岩土特性,进行场地地震工程地质分区。根据《泉州市规划区抗震防灾规划》研究,将泉州市划分为 4 个一级地震工程地质分区,见表 4-2。

表 4-1　泉州市规划区地震工程分区一览表

一级分区 名称	代码	二级分区 名称	代码	海拔高度 (m)	地貌地质 特征	岩土工程 特征	场地抗震 性能评价
低山丘陵区	Ⅰ	基岩区	Ⅰ1	50～1000	地形坡度 15～30 度,岩性主要为侵入岩类(燕山花岗岩等),火山岩类和变质混合岩类等,基岩多有出露,风化程度较弱,强风化到微风化不等,残积层厚度小于 5 m	地下水埋深较深,主要为裂隙水,岩石力学强度较高,断裂发育地段岩石较破碎	场地类别主要为Ⅰ类场地,抗震性能良好,在陡坡地段有潜在的地震崩塌、滑坡的危险性
波状台地区	Ⅱ	基岩区	Ⅱ1	20～50	相对高度较小,多为花岗岩残丘,面积较小,基岩出露,风化不等	地下水主要为裂隙水,埋藏较深,残积层一般在 5 m 左右	主要为Ⅰ类场地,局部中硬Ⅱ类,抗震性能良好
		残积区	Ⅱ2		地形平缓,波状起伏,坡度一般为 5～10 度,残积层厚度一般在 10 m 以上,基岩以强风化为主	以孔隙水为主,地下水埋深较浅,土质密实,强度较大	主要为中硬Ⅱ类～Ⅰ类,场地抗震性能良好,属于抗震有利地段
冲洪积平原区	Ⅲ	冲洪积阶地区	Ⅲ1	10～20	主要为河流Ⅰ级、Ⅰ级阶地,阶面平坦,表层主要为晚更新世、全新世冲洪积物	上部为粉质土,下部为砂类土,局部夹淤泥,地下水位较浅	地形平坦,主要为Ⅱ类场地,抗震性能较好
		河漫滩区	Ⅲ2	2～5	地形平坦,为现代河床洪泛区	表层主要为松散粉、细砂,局部夹黏性土和淤泥,地下水位较浅	地势较低洼,强震作用下可能产生砂土液化,主要为中软Ⅱ类场地,抗震性能较差
		洪积区	Ⅲ3	10～30	多分布于山前沟口地带,坡度为 5～10 度	主要为冲洪积粉质黏土和含砾黏性土,均匀性和稳定性较差	一般为Ⅱ类场地,抗震性能较好

一级分区		二级分区		海拔高度	地貌地质	岩土工程	场地抗震
名称	代码	名称	代码	（m）	特征	特征	性能评价
滨海积平原区	Ⅳ	海相积阶地区	Ⅳ1	5～10	处于潮间带，滩面平缓，水系发育	主要为滨海淤泥和淤泥质土，土质松软，地下水位较浅	中软Ⅱ类～软弱Ⅲ类场地，有震陷潜在的危险性
		泥质漫滩区	Ⅳ2	小于5	处于潮间带，滩面平缓，水系发育	主要为全新世淤泥和淤泥质土，夹粉细砂，土质松软，地下水较浅	中软Ⅱ类～软弱Ⅲ类场地，有震陷潜在的危险性
		砂质漫滩区	Ⅳ3	小于5	处于潮间带，滩面平缓，坡度为3～5度	岩性主要为全新世海相沉积砂土，土质松软，地下水较浅	中软Ⅱ类场地，有砂土液化的潜在危险性
		人工围垦区	Ⅳ4	小于5	处于高潮位线以下，多为农田、盐田河滩涂养殖区，地势低洼	表层为全新世淤泥和粉砂，土质松软，地下水位较浅	中软Ⅱ类～软弱Ⅲ类场地，有震陷和砂土液化的潜在危险性

资料来源：《泉州市规划区抗震防灾规划》

表4-2 泉州市地震工程地质分区

分区	代号	海拔高度(m)	地形地貌与地质特征	岩土工程特征	场地抗震性能评价
基岩区	Ⅰ	＞50	地形坡度15°～25°，坡残积厚度一般小于5 m，大部分地区基岩出露，以强风化花岗岩为主，主要分布在低山丘陵区和波状台地的剥蚀残丘地带	基岩裂隙水埋藏较深，岩体呈块状和层状，岩石力学强度高，断裂通过和交汇处岩石挤压破碎	场地类别主要为Ⅰ类场地，局部中硬Ⅱ类场地，抗震性能良好，在陡坡陡坎地段场地稳定性较差，是潜在的地震崩塌、滑坡地段
坡残积区	Ⅱ	20～50	主要分布在红土台地和低山丘陵的山麓地带，地形坡度较平缓，一般为5°～15°，坡残积层厚度一般在5 m以上	主要为坡残积层所覆盖，厚度起伏较大，以中压缩性土为主，承载力较高	场地类别以中硬Ⅱ类为主，场地较平缓，稳定性和抗震性能良好
冲洪积区	Ⅲ	10～30	坡度在3°～10°左右，山间沟口冲洪积扇坡度较大，河流阶地平缓，覆盖层厚度一般在10～25 m左右，表层主要为晚更新统、全新统的冲洪积物	岩性和厚度变化都比较大，以冲洪积黏性土和砂类土为主，局部可能夹淤泥，地下水位较浅，以孔隙潜水为主，水量较小	Ⅱ类场地为主，土性变化范围较大，中软土、中硬土都有，抗震性能一般较好，在饱和砂土发育地段，有潜在的地震砂土液化的危险性
海积平原区	Ⅳ	＜10	地形平坦，坡度1°～2°，向海边缓倾，覆盖层厚度在10～30 m左右，地表水网发育	主要为滨海积淤泥和淤泥质黏性土，土质松软，地下水位浅	以中软土Ⅱ类和Ⅲ类场地为主，场地稳定性与抗震性能较差，为液化和震陷的多发地段

资料来源：《泉州市规划区抗震防灾规划》

4.2.1.3　工程抗震土地利用分区

依据抗震规范,通过对钻孔资料、地貌、工程地质、场地分类、砂土液化和软土震陷等因素进行综合评价分析,将规划区场地划分为抗震有利、较有利、不利和危险地段,各类土地利用地段的特性见表 4-3。

表 4-3　规划区各土体利用地段的特征

地段类别	地形地貌特征	岩土工程特征	地震场地破坏可能性
有利地段Ⅰ	场地开阔,地形比较起伏(坡度 15～30 度)	覆盖层较薄,以丘陵山地地貌为主,但一般难于进行大规模开发建设。土质建议,场地稳定性良好	无软土分布,地震崩塌滑坡可能性较小
有利地段Ⅱ	地貌形态以红土台地为主,局部为低缓的剥蚀残丘,场地开阔平坦,局部略有起伏,场地坡度一般小于 10 度	场地覆盖层为基岩风化壳或坡残积层,以红土台地地貌为主,场地整体性和稳定性好,以中等压缩性土为主,承载力较高	无软土分布,无不良地质灾害
较有利地段	山前沟口的冲洪积扇、山间盆地和部分冲洪积Ⅰ级阶地	表层为冲洪积粉土、黏土、砂土,下部残积层厚度较大,场地整体性和稳定性好	强震时不液化或轻微液化,不产生震陷
不利地段	主要为海相沉积平原区和路相海相交互沉积平原,场地平坦	饱和砂土和淤泥发育,场地稳定性较差	软土震陷多发地段,可能发生中等程度以上的液化
危险地段	地形急剧变化的陡坎高坡(坡度大于 30 度)等地段	断层发育、交汇部位,岩石构造挤压破碎、节理裂隙发育,场地稳定性差	强震崩塌滑坡的多发地段

资料来源:《泉州市规划区抗震防灾规划》

有利地段主要分布在红土台地、低山丘陵和冲红平原,约占规划区中面积的 70%。对建筑抗震不利的地段仅占规划区的一小部分,主要分布在泉州滨海积平原、晋江和洛阳江下游以及其相连的低洼地段。该区全土层系统饱含了松散的粉细沙、滨海土及淤泥等软弱土发育,强震下砂土液化或软土震陷的可能性较大,对建筑抗震是不利的,在该区进行建设时应采取相应的地基基础处理措施。

至于建筑抗震危险的地段,仅在低山丘陵区有零星分布。在今后规划建设时,应避开危险地段,确保地震安全。

4.2.1.4　地震对泉州市建筑物的影响

(1)建筑物分类

根据城市建筑物在防灾过程中所起作用的不同,将城市建筑物分为三类:第 1 类建筑物是指地震时或地震后其使用功能不能中断或存放大量危险品以及极易发生次生灾害的建筑;第 2 类建筑物是指在地震后其使用功能必须在短期内恢复,对震后救灾起关键作用的建筑或具有特殊功能的重要历史保护建筑,以及在强烈地震作用下可能造成严重后果的人口密集的公共场所;除第 1 类和第 2 类建筑物以外的均归为第 3 类,可据此按类别对建筑群体进行易损性分析。

（2）分析内容

考虑到城市建筑物的重要性，以及财力、物力等因素，不同类别的建筑物其易损性研究方法并不一样。第1类建筑物数量少，重要性程度最高，研究方法应采用理论分析和现场脉动测试相结合的方法进行，并分析此类建筑引发次生灾害的可能性。第2类建筑物可采用以单体工程分析为主，多层次综合评定的方法。第3类建筑分布最广，数量最多，一般采用较为成熟的半经验半理论分析方法或经验预测方法。

目前国内已有的易损性分析大多侧重于城市现有建筑物的震害预测、人员伤亡以及经济损失的研究，而对城市建筑物易损性分析结果的评价及其在城市规划中应用的研究还不够。因此，城市抗震防灾规划中建筑物易损性研究还应包括以下三方面内容：

①根据城市建筑物易损性分析结果指出城市抗震能力薄弱的环节和区域。

②针对城市第1类和第2类建筑物抗震能力评价的结果给出建筑物加固的策略；根据城市第3类建筑易损性评价的结果给出城市规划研究中区域改造的对策。

③根据城市建筑物易损性分析的结果估计城市抗震防灾资源的需求量和合理配置。

（3）易损性分析结果评价

通过对各类建筑物的易损性分析，可以预测城市重要建筑物和城市中各部分区域的震害情况，从而找出薄弱环节，为城市的抗震加固和改造提供依据。

应按照《建筑抗震设计规范》（GB 50011—2010）中的三水准设防要求来判断单体重要建筑物薄弱环节。应注意的是，某些重要建筑物是按设防烈度提高一度的标准进行抗震设防的，因此此类建筑物若在中震（7.5度）下预测出现中等破坏以上（含中等破坏）的震害结果，则应列入抗震加固的范围。

判断城市中各类地区薄弱环节的标准为：

①严重薄弱部分，该类地区的房屋在设防烈度低一度（即小震）的作用下就出现了局部或全部毁坏；

②较严重薄弱部分，该类地区的房屋在设防烈度下出现局部或全部毁坏；

③一般薄弱部分，该类地区的房屋在设防烈度高一度（即大震）的作用下出现局部或全部毁坏。

泉州地处福建东南沿海，是闽南三角地区经济开放区的重要组成部分。同时，泉州市地处我国东南沿海地震带上，地震地质环境很复杂。与之一水之隔的台湾，地震发生的频度和强度都很高，并且台湾的强震也经常影响到泉州市。这一区域的地震活动近期有增强的趋势，似乎已经进入了地震活跃期。

另一方面，泉州市的抗震防灾能力又很薄弱。古城区的建筑多数已经超过了正常使用年限，既无抗震措施也无抗震能力，一旦地震来袭，后果不堪设想。因此，进行城市建筑物震害预测，为震前抗震设防和抗震对策提供依据，为震后救灾指挥和救灾措施，减小地震损失，起着举足轻重的作用。

泉州市规划区内各类房屋的总建筑面积约为 5345.2 万 m^2。进行抽样的房屋总面积为 1046.67 万 m^2。其房屋构成的比例见图 4-1。

①泉州市房屋震害数据库

泉州市房屋数据包括一般建筑物总数据、9 个样本子数据和城市人口经济数据。总数

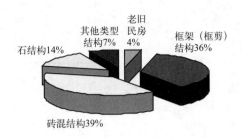

图 4-1　泉州市房屋构成比例(按面积)(见彩图)

资料来源:郭小东,苏经宇,马东辉,李刚,"城市建筑物快速震害预测系统",

《自然灾害学报》,2006(6),第 128 页

据库包含了现场调查的近两万余栋建筑的基本信息,9 个子数据库除表 4-4 中提到的 8 种结构类型子数据外,还增加了一个其他类型子数据库,当总数据库中需要预测的建筑物未搜索到相应结构类型的子数据库时,将此建筑物纳入其他类型子数据库,作为单独预测的样本进行处理。

②泉州市一般建筑物震害预测结果

采用上文提到的系统进行分析,得到泉州市在中震烈度和大震烈度下建筑物的震害结果见表 4-4。

表 4-4　泉州市规划区中心区各类房屋震害矩阵

结构类型	各类房屋面积/万 m²	中震(设防烈度)					大震(较设防烈度高 1 度)				
		基本完好	轻微破坏	中等破坏	严重破坏	毁坏	基本完好	轻微破坏	中等破坏	严重破坏	毁坏
单层砼柱厂房	50.82	50.43	18.04	27.41	3.65	0.48	0.00	24.25	30.22	25.35	20.18
单层砖柱厂房	28.89	5.87	17.06	51.56	21.59	3.93	0.00	0.50	9.89	29.57	60.03
多层砖混结构	2118.1	7.68	21.57	42.91	25.57	2.27	0.00	2.53	33.73	46.41	17.34
多层石结构	771.16	3.23	17.51	33.17	43.23	2.86	0.00	0.37	14.42	53.31	31.90
框架结构	1854.7	66.97	26.59	4.95	0.11	0.00	14.65	46.63	29.69	4.93	0.24
框剪结构	55.95	96.64	2.43	0.93	0.00	0.00	56.93	37.85	3.86	1.36	0.00
老旧民房	188.84	6.49	29.73	28.11	31.78	3.89	0.00	8.70	24.36	40.90	26.04
木结构	276.7	25.62	62.94	11.43	0.00	0.00	25.62	37.86	29.38	7.14	0.00
合计	5345.17	29.83	24.90	25.64	17.68	1.47	7.00	20.13	28.51	30.02	12.99

资料来源:郭小东,苏经宇,马东辉,李刚,"城市建筑物快速震害预测系统",《自然灾害学报》,2006(6),第 128 页

③结果评价

通过对震害结果按结构类型进行统计,得到泉州市各类结构在小、中、大震下的平均震害指数,见图 4-2。

从图表中所列各类建筑结构的震害比例可以看出:

a. 该城市建筑物的平均抗震能力整体上可以达到抗震设防三水准的要求。

b. 总的看来,在设防烈度下,规划区内将有超过 44%的建筑受到中等及以上破坏,严重破坏及以上占 19%左右,特别是多层砖、石房屋在设防烈度下有 70%为中等及以上破坏。

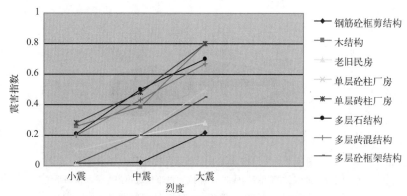

图 4-2　泉州市各类结构的震害指数分布（见彩图）

资料来源：郭小东，苏经宇，马东辉，李刚，"城市建筑物快速震害预测系统"，

《自然灾害学报》，2006(6)，第 128 页

可见，抗震加固的工作量还是很大的。

c. 抗震能力由强至弱的顺序依次为框剪结构、木结构、框架结构、单层砼柱厂房、多层砖混结构、多层石结构、单层砖柱厂房、老旧民房；可见泉州市的高危结构类型为老旧民房、单层砖柱厂房和多层石结构房屋。

d. 木结构同时表现出低烈度下的易损坏性和高烈度下的抗倒性两种性能。这与木结构的材料特性和较大的抗变形能力性能是分不开的。

（4）泉州市各区域的震害结果分布

通过对震害结果按区域进行统计分析，可以得到泉州市各区域的震害分布预测结果，如图 4-3 所示。

图 4-3　罕遇地震下泉州市规划区的震害分布预测结果

资料来源：郭小东，苏经宇，马东辉，李刚，"城市建筑物快速震害预测系统"，

《自然灾害学报》，2006(6)，第 128 页

通过震害分布预测结果图 4-3 可以看出：

①泉州市古城区房屋的抗震能力比较薄弱。这是由于古城区的房屋大多以砖木结构或石结构为主要结构，这类结构抗震性能较差，且年代久远，并未经过加固处理，所以预测的结

果显示震害情况比较严重。

②广大村镇地区和城乡接合部地区房屋的抗震能力比较薄弱。这部分地区有大量的石混结构建筑,且存在没有按照抗震设计规范设计和施工的情况,因此抗震能力也较差。

③城市建成中心区的震害较轻(图中古城区的右下部分)。这部分区域主要的结构为框架结构和框剪结构,抗震能力较强。

4.2.1.5　地震对泉州市地质环境的影响

研究区内,晋江和洛江下游两岸松散饱和砂土发育,强震下可产生中等程度砂土液化,局部严重液化。滨海、河口及平原低洼地段地下淤泥质黏土发育,应考虑强震震陷影响。

本节在采用抗震规范对软土震陷进行评估的基础上,还对软土震陷量进行了评价,结果表明:震陷量的大小与软土层厚度、埋深和地下水位密切相关。当地下水位相同时,软土层厚度越厚,埋深越浅,软土震陷量越大;当软土层厚度和深埋相同时,地下水位越浅,软土震陷量越大。震陷量在 0.10～0.15 m 的地段分布较零星,面积较小;而震陷量在 0.05～0.10 m 的地段主要分布在泉州平原、晋江与洛阳江两侧的滨海积平原等区域。

研究区内,局部地区存在发生强震崩塌滑坡的自然环境,在 1604 年 7.5 级海域大地震时,部分地区曾发生过崩塌滑坡,但不存在大范围强震崩塌滑坡的地震环境和场地背景。切割形成的沟谷陡坎、红色砂质黏性土和黏质砂土遇水浸泡易开裂、坍塌,形成俗称的“崩岗”现象;又如晋江、洛阳江下游,岸边饱和砂土和淤泥发育,强震下可能产生液化和震陷引起局部岸边滑移;另外海滨平原区的江堤、路堤等软基人工边坡,也可能因强震砂基液化造成局部边坡坍塌滑移。采石场造成的基岩陡坎、废石料堆积坡等,在强震下也可能发生局部崩塌、滚石现象。上述边坡失稳都可能造成一定危害,但规模较小,影响范围不大。在进行工程建设时,应注意局部沟坍塌及人工边坡强震失稳的危害,避免对自然边坡造成破坏,保持天然状态下的边坡稳定性,对不稳定的自然和人工边坡要加强治理和防范,以减小地震中边坡不稳造成的损失。

4.2.1.6　泉州市地震灾害危害性在空间上的不均匀

泉州市作为一座大城市,在漫长的发展过程中,由于其逐步扩张和功能分配重组,会形成内部各局部区域的各项特征不一致。这些不一致的城市特征的存在范围是非常广泛的,与地震危险性相关的主要有以下方面。

(1)不同的建筑物和基础设施质量、规模

泉州市存在着新兴区和老旧区,它们的建筑年代、质量、设防标准都存在着巨大差异;各项基础设施同样有着密度、质量等方面的差异。

(2)经济类型和规模的差别

泉州市内不同区域经济类型的结构是不同的。一般来说,市中心常集中着商业、金融等部门,而制造业、加工业等常位于城市边缘。目前的地震间接经济损失研究结果表明:经济类型和各行业的规模等性质等对各种经济活动在地震灾害中的易损性和长期的震后恢复等都有不同的影响。

(3)承担不同的城市功能

一般城市都是按居住区、工业加工区、商贸区、文体娱乐区等功能来分块的,不同的局部区域承担着不同的城市功能,而地震灾害对不同城市功能的影响效果和影响程度都存在着差异。

(4)不同的人文因素

人口密集程度不但反映着承灾人口的规模,而且,它也决定着次生灾害危险性的大小,如震后火灾、危险物的逸散等都与此有关。而一个城市内的人口密度常常有着很大的不平衡,同时,各区域人口在群体上的年龄结构、性别组成、社会地位以及受教育程度等都决定了他们在地震灾害中的应对能力和求生能力。

除了以上这些社会经济因素以外,更重要的是,一个城市内部还存在着许多天然的、地质环境方面的不同特征,它们常常是地震灾害空间分布不均匀的直接原因。例如,不同的地基状况会导致城市内地震动特征的差异以及液化、震陷程度的不同;不同的地形地貌等能导致局部区域内的滑坡和洪水等次生灾害;对于特大城市而言,发生于城市边缘的地震会使各区域的震中距差别较大,使地震动的衰减效果不一致,导致不同的地震动水平等等。

一个局部区域的地震灾害危害性正是由上述这些分布不均匀的各种因素相互作用而形成的。城市一旦遭受地震的袭击,由于这些不一致的城市特征间的相互作用,将会使地震灾害在整个城市内的分布呈现不同的轻重程度。而且,可能会因为某些局部区域的薄弱环节导致全市乃至更大范围的灾害。

4.2.1.7 基于场地抗震性能评价的泉州用地适宜性评价

综合考虑泉州市的区域地质构造、地形地貌、工程地质等情况,以场地抗震性能评价为主要依据,对规划区内土地进行适用性评价(图4-4),按建设用地的适宜性划分为以下三类。

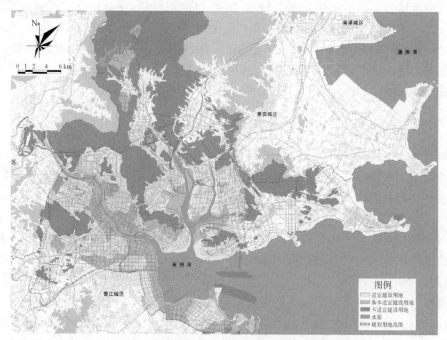

图4-4 泉州市中心城区建设用地评价图

注:由于已有工程地质资料所涉及的范围不能覆盖中心城区规划用地范围的全部。因此,所有已纳入规划用地范围内但没有工程地质资料的地区在进行建设之前必须进行相应的工程地质勘测。

资料来源:《泉州市城市总体规划(2008—2030)》

（1）一类用地

一类用地为适宜建设用地。

该类用地主要以红土台地为主，局部为低缓的剥蚀残丘，以及山前沟口的冲洪积扇、山间盆地和部分冲洪积Ⅰ级阶地等。

该类用地场地开阔平坦，局部略有起伏，坡度一般小于10°。场地整体性和稳定性好，承载力较高，强震时不液化或轻微液化，不产生震陷，无不良地质灾害。该类用地适宜建设各种结构类型的建筑物和构筑物，是城市建设优先选用的土地。

（2）二类用地

二类用地为基本适宜建设用地。

该类用地主要为海积平原区以及陆海相交互沉积平原，主要分布在泉州滨海积平原、晋江和洛阳江下游及其相连的低洼地段。

该类用地场地平坦，饱和砂土和淤泥土发育，场地稳定性差，为软土震陷多发地段，可能发生中等程度以上的液化。尽管存在场地类别较差不理想等不利条件，但一般覆盖层不深（30 m 左右），通常不会增加工程建设的困难，在采取相应的地基基础处理措施后，可作为规划建设用地。

在该类场地进行工程建设时，应考虑场地的地震工程特征，选择适宜的结构类型，并应根据液化、震陷、不均匀沉降、断裂等不良地质灾害情况，采取加强措施保证结构的抗震能力。

（3）三类用地

三类用地为不适宜建设用地。

该类用地主要以丘陵山地地貌为主，地形比较起伏，坡度在15°以上，一般难以进行大规模的开发建设。部分地形急剧变化的陡坎高坡（坡度大于30°）地段，场地稳定性差，发生地震时有引发崩塌滑坡等地质灾害的危险性，不宜作为城市建设用地。

该类用地不适宜进行工程建设，可辟为绿化用地，适宜作为生态林地使用。

4.2.2　海啸灾害对泉州城市规划的影响

泉州市地处我国东南沿海地震带，是全国地震重点防御监测区之一，是国家规定必须按7度抗震设防的城市，具有发生中强以上破坏性地震的地质构造背景，历史上曾多次发生中强以上破坏性地震。近几年来闽台地区地震活动频繁，尤其是 1999 年 9 月 21 日的台湾 7.6级大地震及一系列强余震后，福建省沿海地区的地震形势必须重视。根据几年来福建省年度地震趋势会商意见，目前这一地区仍存在发生中强以上地震的可能，防震减灾工作任务繁重。

通过使用先进的地震、海啸预警系统，提前发出警报，人员和车辆在海啸到达之前转移到安全地带，自然是最有效的方法。但是，即便这样，也难免遭受重大财产损失；而且目前许多易遭受海啸灾害的地区并没有享受到海啸预警的服务。无论如何，沿海地带，通常都是地价高昂的黄金地段，全部弃置不建永久性建筑是不现实的。在海啸侵害地域，可以通过适当的工程方法有效地降低海啸灾害造成的损失。

（1）合理规划

在规划上考虑区域强地震背景（发生海啸灾害的频度、海啸强度）、距海岸线的远近、地势高低等因素,建造永久性居住区时注意避开容易遭受海啸灾害的区域。

(2)削减水头

沿海岸线的低平地带,确定一定宽度的范围用来绿化。种植高密度的椰树、蒲葵、槟榔、红树林等树木,并且实现乔、灌交错,可以有效地消减、阻挡海浪的涌入。斯里兰卡 Hambantota 市兽医站前沿海岸线 100 m 左右的范围内,就是由于上述树木的阻挡,才免遭海啸灾害。

(3)合理分流

在规划上考虑给海浪留出若干通道(舍弃一部分,才能保留一部分),分流以后,可以有效降低水头。

(4)合理设计

建筑设计方面,主要考虑以下因素。

①在近海区域,仅在海拔较高且有适宜的逃生通道之处建造房屋。

②在房屋结构方面,主体结构、附属构件以及相互连接构件要有足够的强度,用来抵御海浪引起的水平推力(定量描述尚需研究)。

③靠近海边的房屋尽量建 3 层以上,底层不能住人。楼梯要比正常的宽,便于逃生。

④底层迎水墙不宜承重,否则迎水墙易受冲击倒塌,导致屋顶塌落。

⑤结构设计上,除正常考虑其他荷载外,还应考虑:

a. 浮力:结构部分或全部浸没在液体中所受到的力;

b. 浪涌力:以水平方向传递、垂直作用在墙上的力,通常与浪高的平方成正比;

c. 拖曳力:浪涌绕过结构以后产生的推向大海方向的力;

d. 冲击力:水体夹带的漂浮物(木头、船体等)冲击结构产生的冲击力;

e. 静水压力:海浪袭击结构以后,墙体内外水位高差产生的静水压力。

4.2.3 滑坡、崩塌、地面沉降

由于地形地质条件较为复杂,断裂构造发育,降水时空分布不均匀和人类不合理的工程活动等原因,泉州是发生地质灾害较多、较严重的城市之一。具有灾害频发、灾种多、群发性强的特点,并存在着大量的灾害隐患。

(1)泉州市滑坡、崩塌、地面沉降的发展变化

地质灾害致灾因素的发展变化决定了地质灾害在发生程度、致灾特点和发展趋势上的变化。根据泉州市地质灾害史及近几十年地质灾害活动趋势的调查来看,形成崩塌、滑坡、泥石流、地裂缝等地质灾害的自然背景因素,如岩性构造、地形地貌、气候降雨等是地质灾害孕育与发展的相对稳定因素,其本身的形成与变化是极为缓慢的,由其决定的地质灾害分布空间上的变化也是很小的,因此泉州市地质灾害空间分布的大格局不会有根本性的变化。但是在人类活动的影响下,一些原本相对稳定的自然条件发生了改变。例如,目前山区大力发展旅游业,许多沟坡修建了旅游设施;另外,在开矿筑路、修路架桥等活动中,大量边坡被开挖,造成稳定岩体发生变化,从而引发崩塌、滑坡、泥石流等突发性地质灾害。

(2)泉州市滑坡、崩塌、地面沉降的发展趋势与危害

泉州市突发性地质灾害主要是崩塌、滑坡、泥石流、采空区塌陷。近二十年来,通过地质

灾害危险区内危险村庄的搬迁和其他预防治理手段,地质灾害危害程度已大为降低。但是由于自然条件和人类的活动,部分地区地质灾害趋势仍未减缓。

①矿区地质灾害危害日显严重

矿山开采过程中产生的大量废渣沿山坡或沟谷堆积,往往成为泥石流灾害发生的重要物源。泉州市采煤区就存在着较为严重的泥石流隐患,几十年来,开采堆积下来的大量煤矸石堆堵在沟床,形成了不稳定岩土。

②旅游区地质灾害隐患日益增大

通过调查发现,现已开辟并形成一定消费群体的旅游沟谷中约 80% 发育有泥石流和崩塌。除此之外,在山区其他正在或将要进行旅游建设的崩塌、滑坡、泥石流发育地区,由于人们不了解历史灾害,又无防灾意识,旅游开发普遍存在着盲目建设的现象。未来若干年内不排除发生严重泥石流灾害的可能,地质灾害危害日趋严重,灾害隐患巨大。

③道路沿线、工程建设地段地质灾害日趋增多

随着泉州市道路交通建设和其他水利、电力、矿山的发展,山区道路日益发达,大型工程建设不断出现。进行这些道路工程建设时,填沟削坡改变了原有的工程地质条件,公路沿线崩塌等地质灾害时有发生,因此,山区道路沿线和工程建设地段突发性崩塌灾害也日趋增多。

泉州市地质灾害的发生既有地域分布特点,又有时间周期规律;既有自然地质作用,又受人为影响。根据泉州市地质灾害发展趋势分析,若在原有地质灾害发育区采取有效的避让与治理措施,在人类强烈活动并可能形成地质灾害的地区采取控制与预防措施,并在突发性地质灾害易发的汛期实施监测预警和预报,危害程度就可大为降低。

(3)泉州市滑坡、崩塌、地面沉降的目标与群体

自 20 世纪 80 年代以来,地质灾害已愈来愈得到人们的重视,政府有关部门也对泥石流和塌陷重灾区的危险住户进行了多次搬迁,加之有效的防灾避险宣传,山区地质灾害致人死亡的事件已越来越少。

虽然地质灾害造成的人员伤亡在减少,但其造成的经济损失却并未降低,影响范围也未缩小,危害生命的群体已变化,地质灾害危害目标与群体也已发生一定变化。除灾害发育区部分当地住户外,旅游区的游客、过路客、外来务工人员及工程施工人员常成为地质灾害的主要危害对象。道路、建筑物及其他各类工程设施是地质灾害破坏的重要目标。

4.3 气象灾害对泉州市城市规划的影响

4.3.1 旱灾

(1)资料来源

所用的资料(1961—2001 年)主要来源于泉州市气象局和泉州市国土资源局。

(2)资料选取标准

根据日雨量≤2.0 mm 的连旱日数(天)和解除雨量两个条件拟定了福建的干旱标准,如表 4-5 所示。

表 4-5　福建省干旱统计标准

时间	标准	小旱	旱	大旱	特旱
2 月 11 日至梅雨止	≤2.0 mm 的连旱日数(天) 解除雨量(6 d 总量)	16～30	31～45 ≥50 mm	46～60	≥61
梅雨止至 10 月 10 日	≤2.0 mm 的连旱日数(天) 解除雨量(3 d 总量)	16～25 ≥20 mm	26～35	36～45 ≥30 mm	≥46
10 月 11 日至翌年 2 月 10 日	≤2.0 mm 的连旱日数(天) 解除雨量(6 d 总量)	31～50 ≥10 mm	51～70	71～90 ≥145 mm	≥91

资料来源:杨娟,李强,海香,徐刚,"泉州海岸带干旱灾害时空分布特征分析",《水土保持研究》,2008(4),第 212 页

结合各文献中海岸带的相关定义及泉州的实际情况,把泉州海岸带的范围界定为除德化、永春、安溪以外的所有区域。但在分析时也对这 3 个区域进行了分析,目的是为了更好地体现泉州海岸带干旱灾害的时空分布规律。

(3)时间分布特征

①年内分布特征

根据每次旱灾统计的开始时间和结束时间(以崇武站为代表测站),并结合如下方法得出干旱的实际持续天数。

a.春旱:旱前期少雨干旱加 7 d;旱前期多雨干旱减 7 d。

b.夏旱:旱前期少雨干旱加 5 d;特旱中期订正减 10 d;大旱中期订正减 10 d;中旱中期订正减 10 d;小旱中期订正减 10 d。

c.秋冬旱:旱前期少雨干旱加 10 d;特旱中期订正减 20 d;大旱中期订正减 20 d;中旱中期订正减 20 d;小旱中期订正减 20 d。

从据此得出的干旱实际持续天数各月分布百分比(见图 4-5)可以看出,泉州海岸带的干旱在各月分布较为均匀,但干旱还是主要集中在下半年,其中 12 月干旱持续天数最长。

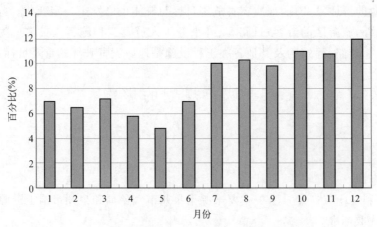

图 4-5　泉州海岸带干旱持续天数各月分布百分比

资料来源:杨娟,李强,海香,徐刚,"泉州海岸带干旱灾害时空分布特征分析",

《水土保持研究》,2008(4),第 212 页

②年际分布特征

根据崇武站历年实测干旱持续天数和干旱发生次数生成泉州海岸带干旱年际变化趋势图(见图 4-6)。由图 4-6 可以看出泉州海岸带干旱灾害的年持续天数和发生次数有波动变化,大致具有 3.5a 的周期,波动变化的同时具有缓慢减少的趋势。

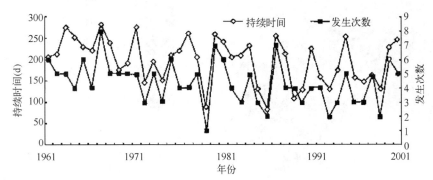

图 4-6　泉州海岸带干旱年际变化趋势

资料来源:杨娟,李强,海香,徐刚,"泉州海岸带干旱灾害时空分布特征分析",

《水土保持研究》,2008(4)

(4)空间分布特征

根据泉州崇武、晋江、鲤城、南安、安溪、永春、德化各站点的干旱资料(见图4-7),通过各监测点数据的修正,得出泉州海岸带年均干旱天数及灾害区划图(见图 4-8)。泉州市地形地貌特征是东南部惠安、崇武、晋江临海,西北部安溪、永春、德化地处东北—西南走向的戴云山脉。由东南往西北海拔逐渐升高。这种地形分布,导致各地的春旱出现概率、等级不同。如图 4-8 所示,年均干旱天数整体上由沿海向内陆减少,海岸带内 80% 以上的区域处于重旱区,干旱程度较泉州其他区域要高,是旱灾重点防护区域。

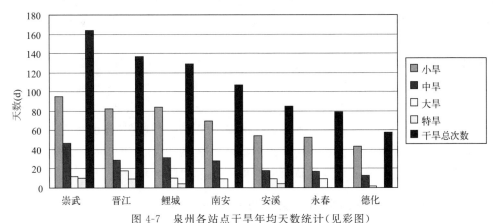

图 4-7　泉州各站点干旱年均天数统计(见彩图)

资料来源:杨娟,李强,海香,徐刚,"泉州海岸带干旱灾害时空分布特征分析",

《水土保持研究》,2008(4)

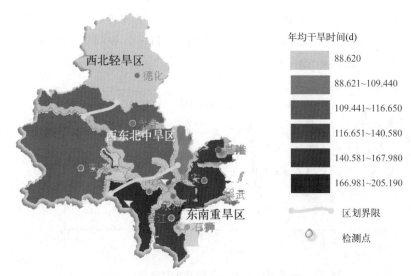

年均干旱时间(d)

88.620

88.621~109.440

109.441~116.650

116.651~140.580

140.581~167.980

166.981~205.190

区划界限

检测点

图 4-8　泉州海岸带年均干旱天数及灾害区划(见彩图)

4.3.2　暴雨

我国历史上的洪涝灾害几乎都是由暴雨引起的,如 1954 年 7 月长江流域的大洪涝、1963 年 8 月河北的洪水、1975 年 8 月河南大洪灾、1998 年我国全流域特大洪涝灾害等。

暴雨,尤其是大范围持续性暴雨和集中的特大暴雨,不仅影响工农业生产,还可能危害人民的生命,造成严重的经济损失。

暴雨的危害主要有两种:一是渍涝危害。由于暴雨急而大、排水不畅,易引起积水成涝,土壤孔隙被水充满,造成陆生植物根系缺氧,根系生理活动受到抑制,使作物受害而减产。二是洪涝灾害。由暴雨引起的洪涝淹没作物,使作物新陈代谢难以正常进行而发生各种伤害。特大暴雨引起的山洪暴发、河流泛滥,不仅危害农作物、果树、林业和渔业,而且还会冲毁农舍和工农业设施,甚至造成人畜伤亡,导致严重的经济损失。

泉州地处我国东南沿海,暴雨天气非常普遍,暴雨危害的防护措施主要有:①地势低洼的居民住宅区,可因地制宜采取"小包围"措施,如砌围墙、大门口放置挡水板、配置小型抽水泵等。②不要将垃圾、杂物等丢入下水道,以防堵塞,造成暴雨时积水成灾。③底层居民家中的电器插座、开关等应移装在离地 1 m 以上的安全区域。一旦室外积水漫进屋内,应及时切断电源,防止触电伤人。④在积水中行走要注意观察,防止跌入窨井或坑、洞中。⑤河道是城市中重要的排水通道,不要随意倾倒垃圾及废弃物,以防淤塞。

4.3.2.1　暴雨灾害风险评价的内容及评价指标体系

暴雨灾害风险度是指暴雨对社会经济系统产生的威胁、危害的程度。包括潜在威胁(灾害发生的可能性)和直接灾害。暴雨灾害是由自然因素和社会因素综合作用而成的复合性较强的现象,其危害程度因自然、社会性质的变化而异,灾害影响与空间分布多种多样。

暴雨灾害的风险评价应主要考虑以下几个方面的内容:暴雨灾害的潜在危险性(H);暴

雨灾害的状态(S);暴雨灾害的变迁(C);区域社会经济发展水平($SEDL$);区域抗灾能力(RC)。暴雨灾害风险度($HRRD$)可简单地表示为:

$$HRRD = H + S + C + SEDL + RC \qquad (4\text{-}1)$$

暴雨灾害风险度评价内容及评价指标体系,如图 4-9 所示。

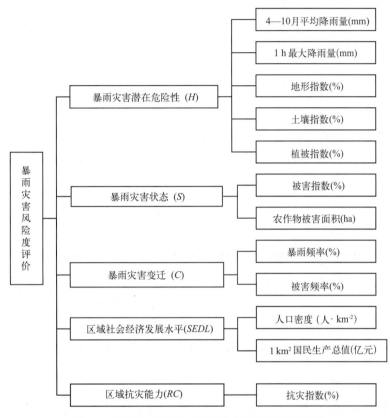

图 4-9　暴雨灾害风险度评价内容及评价指标体系

4.3.2.2　暴雨灾害风险因子的灰色关联度分析及评价指标的定量化

（1）暴雨灾害风险因子的灰色关联度分析

明确暴雨灾害风险度的 12 个因子与暴雨灾害之间的关系,非常有利于暴雨灾害风险评价与抗灾计划的制定。构成暴雨灾害风险度的 12 个因素中,被害频率和被害指数可以看成只表示暴雨灾害发生的可能性及被害程度的主要指标。因此,以被害指数 Q_6、被害频率 Q_9 作为参考序列,4—10 月降雨量 Q_1、1 h 最大降雨量 Q_2、地形指数 Q_3、土壤指数 Q_4、植被指数 Q_5、农作物被害面积 Q_7、暴雨频率 Q_8、人口密度 Q_{10}、1 km² 国民生产总值 Q_{11}、抗灾指数 Q_{12} 作为比较序列。参考序列与比较序列间的灰色关联度分别用 $R_{(6,1)}$,$R_{(6,2)}$,$R_{(6,3)}$,$R_{(6,4)}$,$R_{(6,5)}$、$R_{(6,7)}$、$R_{(6,8)}$、$R_{(6,10)}$、$R_{(6,11)}$、$R_{(6,12)}$,$R_{(9,1)}$,$R_{(9,2)}$,$R_{(9,3)}$,$R_{(9,4)}$,$R_{(9,5)}$,$R_{(9,7)}$,$R_{(9,8)}$,$R_{(9,10)}$,$R_{(9,11)}$,$R_{(9,12)}$ 来表示。利用上述原始数据平均后得到的平均化数列,分别计算出参考序列和比较序列的关联度,然后计算各关联度的平均值,得到各暴雨灾害风险指标的平均关联度,如表 4-6 所示。

表 4-6 暴雨灾害风险度因子的平均关联度分析结果

第一参考数列 Q_6 之间的关联度	关联度阈值 0.2 的检验结果	第二参考数列 Q_9 之间的关联度	关联度阈值 0.2 的检验结果	平均关联度
$R_{(6,1)}=0.2976$	密切	$R_{(9,1)}=0.6578$	密切	$R_1=0.4777$
$R_{(6,2)}=0.2976$	密切	$R_{(9,2)}=0.6372$	密切	$R_2=0.4676$
$R_{(6,3)}=0.3076$	密切	$R_{(9,3)}=0.4750$	密切	$R_3=0.3909$
$R_{(6,4)}=0.3088$	密切	$R_{(9,4)}=0.6395$	密切	$R_4=0.4742$
$R_{(6,5)}=0.2941$	密切	$R_{(9,5)}=0.5974$	密切	$R_5=0.4458$
$R_{(6,7)}=0.3917$	密切	$R_{(9,7)}=0.2076$	密切	$R_7=0.2997$
$R_{(6,8)}=0.2990$	密切	$R_{(9,8)}=0.6535$	密切	$R_8=0.4763$
$R_{(6,10)}=0.2900$	密切	$R_{(9,10)}=0.3695$	密切	$R_{10}=0.3298$
$R_{(6,11)}=0.2404$	密切	$R_{(9,11)}=0.3135$	密切	$R_{11}=0.2770$
$R_{(6,12)}=0.2148$	密切	$R_{(9,12)}=0.3635$	密切	$R_{12}=0.2892$

（2）暴雨灾害风险评价指标的定量化

根据表 4-6 所示的暴雨灾害风险度因子的灰色关联度分析结果，考虑各评价指标原始数据的最大值与最小值，采用表 4-7 所示的 5 级评价法或 4 级评价法，对各个评价指标进行分级，然后按照它们与暴雨灾害风险的关系采用打分法对各个评价指标进行定量化处理。

（3）暴雨灾害风险度评价模型

以暴雨灾害风险度的概念及评价内容（$HRRD = H + S + C + SEDL + RC$）为基础，采用加权综合评价法，建立暴雨灾害风险度的评价模型，如下式所示：

$$HRRDI_i = \sum_{j=1}^{n} Q_{ij} W_j \tag{4-2}$$

式中，$HRRDI_i$ 为暴雨灾害风险指数，其值越大，表示暴雨灾害风险越高；

Q_{ij} 是第 i 个评价项目的第 j 个指标的量化值；

W_j 是第 j 个指标的权重值；

i 为评价项目；

n 是所选取评价指标的总数。

暴雨灾害风险度的计算步骤如下：

①将各评价指标定量化；

②计算各指标的权重；

③计算研究区域的暴雨灾害风险度指数。

暴雨灾害风险度评价因子的层次结构与各权重值见图 4-10。

表 4-7　暴雨灾害风险度评价的定量化标准及其量化值

评价指标	量化标准	等级	量化得分	评价指标	量化标准	等级	量化得分
4—10 月平均降雨量(mm)	250	1	5	暴雨频率(%)	210	1	5
	230～249	2	4		180～209	2	4
	210～229	3	3		150～179	3	3
	190～209	4	2		120～149	4	2
	189	5	1		119	5	1
1 h 最大降雨量(mm)	35	1	4	被害指数(%)	3.0	1	4
	33～34	2	3		2.0～2.9	2	3
	31～32	3	2		1.0～1.9	3	2
	30	4	1		0.9	4	1
地形指数(%)	60	1	5	被害频率(%)	200	1	5
	45～59	2	4		180～199	2	4
	30～44	3	3		160～179	3	3
	15～29	4	2		140～159	4	2
	14	5	1		139	5	1
土壤指数(%)	80	1	4	抗灾指数(%)	49.9	1	4
	75～79	2	3		29.9～49.8	2	3
	70～74	3	2		9.9～29.8	3	2
	69	4	1		9.8	4	1
植被指数(%)	50	1	5	人口密度(人·km^{-2})	800	1	5
	51～60	2	4		600～799	2	4
	61～70	3	3		400～599	3	3
	71～80	4	2		200～399	4	2
	81	5	1		199	5	1
农作物被害面积(ha)	200	1	5	1 km^2 的国民生产总值(亿元)	10.5	1	5
	150～199	2	4		7.5～10.4	2	4
	100～149	3	3		4.5～7.4	3	3
	50～99	4	2		1.5～4.4	4	2
	49	5	1		1.4	5	1

(4)暴雨灾害风险评价与风险区域划分

为了评价暴雨灾害的风险程度,首先根据研究区域暴雨灾害的实际状态和以往参考文献,并考虑暴雨灾害风险度指数的最大值和最小值,将泉州市暴雨灾害风险度划分为 4 级,见表 4-8。

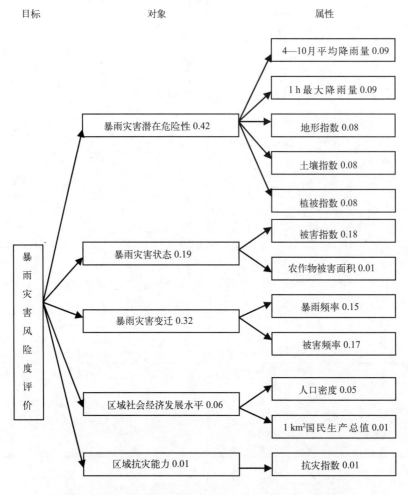

图 4-10 暴雨灾害风险度评价因子的层次结构与各权重值

表 4-8 泉州市暴雨灾害风险度的评价标准

风险度指数	≥3.50	2.80~3.50	2.10~2.80	<2.10
等级	重度风险	中度风险	轻度风险	微度风险

利用暴雨灾害风险度指数值以及暴雨灾害风险度的评价标准,得到的泉州市暴雨灾害风险度评价及区域划分结果如表 4-9 所示。

表 4-9 泉州市暴雨灾害风险度评价和风险区域划分

风险度类型	风险区域范围
重度风险	安溪、永春、德化
中度风险	晋江
轻度风险	泉州市城区、南安、惠安、崇武、泉港
微度风险	石狮

4.3.3 台风

台风是一种发展强烈的热带气旋,最大风速可达 32.7 m/s 以上。在全球的热带气旋生成区中,西北太平洋的生成频率最高,其所生成的台风强度也是最强的。中国位于西北太平洋沿岸,沿海地区经常遭受台风的袭击,这对沿海地区的经济社会发展造成了严重影响(见图 4-11 至图 4-13)。从图中可见,台风过后的大桥(图 4-11 的左侧)几乎全毁;2008 年 12 月 20 日卫星拍下台南县大内乡曾文溪流域照片(见图 4-12 左图),对比莫拉克台风过后的地貌(见图 4-12 右图),可看出主河道明显变宽,鱼塘、农田完全被淹没;高雄县六龟乡新发村新开部落遭泥石流侵袭,大片房舍遭掩埋(见图 4-13)。因此针对沿海地区,特别是沿海城市,进行台风灾害的风险评价是尤为必要的。

图 4-11 高雄县旗尾大桥

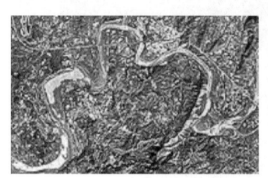

图 4-12 台南县大内乡曾文溪流域照片(左图)和莫拉克台风过后的地貌(右图)

图 4-13 高雄县六龟乡新发村新开部落

(1)台风的危害路径

台风移动的方向和速度取决于作用于台风的动力。动力分内力和外力两种。内力是台风范围内因南北纬度差距所造成的地转偏向力差异引起的向北和向西的合力,台风范围愈大,风速愈强,内力愈大。外力是台风外围环境流场对台风涡旋的作用力,即北半球副热带高压南侧基本气流东风带的引导力。内力主要在台风初生成时起作用,外力则是操纵台风移动的主导作用力,因而台风基本上自东向西移动。由于副高的形状、位置、强度变化以及其他因素的影响,导致台风移动路径并非规律一致而是多种多样。

以2009年对泉州市影响最大的莫拉克台风为例进行说明。

2009年8月7日23时45分,莫拉克台风首先在台湾省花莲登陆。莫拉克台风致台湾省461人死亡192人失踪。农林渔牧损失累计新台币(下同)145亿8978万元,损害前四名县市依次为屏东县42亿余元、台南县23亿余元、高雄县21亿余元、嘉义县18亿余元。见图4-14。

图4-14　2009年0908号台风——莫拉克路径图(见彩图)

注:图中黑色曲线显示了台风的路径及其移动路径中各处的强度。

资料来源:http://www.nmc.gov.cn/

(2)莫拉克台风对泉州市的影响

①风的影响:8月8日7时左右,泉港区斗尾、湄洲岛实测风力11级,惠安县东侨、山霞10级,崇武9级、石狮市沿海9级。

②海浪的影响:8月7日9时崇武沿海实测最大增水128 cm,9日1时最大高潮位779 cm,9日17时最大浪高4.2 m。

③降水的影响:8月6日8时至9日21时,泉州市降雨量在200 mm以上的有2个站点,其中德化葛坑220 mm、大铭201 mm;雨量在100~200 mm有15个站点;雨量在50~100 mm的有47个站点。

(3)台风灾害危险性评价研究方法

台风灾害危险性评价采用的方法是利用GIS(地理信息技术软件)提供的叠合分析工具,对风速和降水等因子的权重分布、历史灾情统计结果进行频率组合评判,按一定叠合数值划分每个栅格的危险度,即得到泉州市台风灾害危险性评价等级。

①综合灾度的计算

为了能简便地反映泉州市台风区域分布的差异性,利用56 a台风灾害的统计数据,以县

市行政区为单位评估其综合灾度,具体的计算方法如下:

$$综合灾度 = (A + B + C + D + E)/5 \tag{4-3}$$

式中,A 为各地区平均受灾面积/全省平均总受灾面积;

  B 为各县平均倒塌房屋数/全省平均总倒塌房屋数;

  C 为各县平均死亡人数/全省平均总死亡人口;

  D 为各县平均受灾人口/全省平均总受灾人口;

  E 为各县平均直接经济损失/全省平均总直接经济损失。

根据泉州市提供的各市县台风灾害的灾情资料,统计数据按以上公式进行计算。将综合灾度划分为 4 个等级,按照一定区间分别赋值 1,2,3,4 以作为台风灾害的综合灾度(见表 4-10),并作为一个因子数值图层,参与危险性评价综合分析,得到赋值后的台风灾度分布图(见图 4-15)。

表 4-10   综合灾害等级的划分标准(见彩图)

综合灾害等级	范围	栅格单元赋值
轻(1)	<0.05	1
低(2)	0.05~0.08	2
中(3)	0.08~0.1	3
高(4)	>0.1	4

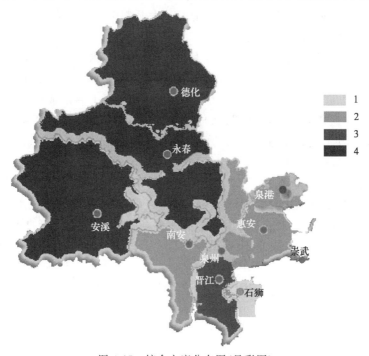

图 4-15   综合灾度分布图(见彩图)

②根据台风灾害过程中的风和降水对危险程度进行等级划分

为了定量反映风速和降水对危险程度的影响,将 56 a 台风灾害过程中的平均最大风速和日最大降水量分别划分为四个等级,其分布按数值 1,2,3,4 赋给各单元,赋值范围见表 4-11、表 4-12。

表 4-11　平均风速危险程度等级的划分标准

综合灾害等级	范围(m/s)	栅格单元赋值
轻(1)	<25	1
低(2)	25～28	2
中(3)	28～31	3
高(4)	>31	4

表 4-12　平均降水危险程度等级的划分标准

综合灾害等级	范围(mm)	栅格单元赋值
轻(1)	<83	1
低(2)	83～86	2
中(3)	86～89	3
高(4)	>89	4

4.3.4　酸雨

酸雨是指 pH 值小于 5.6 的雨水、冻雨、雪、雹、露等大气降水。大量的环境监测资料表明,由于大气层中的酸性物质增加,地球大部分地区上空的云水正在变酸,如不加控制,酸雨区的面积将继续扩大,给人类带来的危害也将与日俱增。泉州市属于遭受酸雨危害较为严重的地区,根据福建省环境保护厅所公布的环境检测报告,泉州市区的酸雨频率>90%,属于酸雨重灾区。泉州市区的酸雨危害主要有以下特点。

(1)酸雨类型主要是硫酸型

根据泉州市区降水中各离子组分的平均浓度值分析,泉州市区降水中主要阳离子为 Ca^{2+} 和 NH_4^+,阴离子则以 SO_4^{2-} 为主,说明泉州市区酸雨类型主要是硫酸型。但降水中各离子组分的浓度总体水平不高,这与泉州市区的空气质量常年良好有关。

(2)年内酸雨分布差异较为明显

从时间分布上看,泉州市区降水的 pH 月均值 2 月最低,低于重酸雨的标准(pH=4.5),11 月最高(pH=6.42),高于酸雨的标准(pH=5.6);可见泉州市区酸雨年内变化显著。泉州市区降水的酸度、酸雨频率、降雨量三者大致呈正相关,即下大雨或暴雨时,pH 值降低现象更明显。因为在这种天气形势下,易造成强烈的局部对流,使城市低层的酸性污染物上升,闪电作用也激发了氮氧化物的氧化,加强雨水的酸度。

(3)市区分布地域差异小

泉州市属亚热带海洋性气候,年平均主导风向为东北东方向,年平均风速为3.1 m/s;次主导风向为东北,年平均风速为 3.4 m/s,静风频率为 15.3%。根据从泉州市区的三个酸雨监测点(清源山、环保局、监测站)所收集的数据来看,三个监测点的 pH 年均值、酸雨频率同步发展,说明泉州市区酸雨是整个地区的,空间分布上没有明显的梯度变化,地域差异小。

4.4　工业灾害对泉州市城市规划的影响

4.4.1　泉州市重大危险源

泉州市危险化学品生产经营单位涉及的危险化学品种类包括爆炸品、压缩气体、液化气体、易燃液体、易燃固体、自燃物品、遇湿易燃物品、氧化剂、有机过氧化物、有毒品及腐蚀品等。泉州市中心城区易燃易爆品风险图见图 4-16。

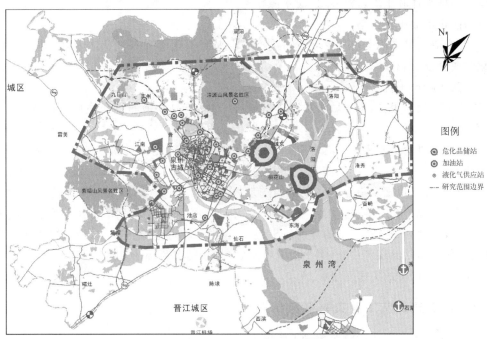

图 4-16　泉州中心城区易燃易爆品风险值图(见彩图)

4.4.2　工业灾害对泉州市环境的影响

工业生产过程中排出大量废水、废气、废渣,并产生巨大噪声,使空气、水、土壤受到污染,造成环境质量的恶化。废气污染以化工和金属制品工业最为严重;废水污染以化工、纤维与钢铁工业影响最大;废渣以高炉为最多,每吨产品排出炉渣 300~400 kg,体积则为铁的3 倍。

为减少和避免工业对泉州市的污染,在泉州市布置工业用地时应注意以下方面。

(1)减少有害气体对城市的污染

散发有害气体的工业不宜过分集中在一个地段。工业生产中散发出各种有害气体,会给人类和各种植物带来危害。在城市中布置工业时,应了解各种工业排出废气的成分与数量,对集中与分散布置给环境带来的污染状况进行分析和研究。应特别注意,不要把废气间能相互作用产生新的污染的工厂布置在一起。

工业区在泉州市的布置要综合考虑风向、风速、季节、地形等多方面的影响因素。空气流通不良会使污染无法扩散而加重污染,在群山环绕的盆地、谷地,四周被高大建筑包围的空间及静风频率高的地区,不宜布置排放有害废气的工业。

在静风频率高的地区建设城市时,规模不宜过大,布局亦应适当分散,应将排除大量废气的工业区布置在空气流通的高地。

工业区与居住区之间应按要求隔开一定距离,即设置卫生防护带,带内遍植乔木。

(2)防止废水污染

水在流动中有自净作用,当排入水体的污染物数量过大,超过自净能力时,则引起水质恶化。工业生产过程中会产生大量含有各种有害物质的废水,这些废水若不加控制,任意排放,就会污染水体和土壤,进一步造成水源缺乏。

(3)防止工业废渣污染

工业废渣主要来源于燃料和冶金工业,其次来源于化学和石油化工工业,他们的数量大,化学成分复杂,有的具有毒性。

(4)防止噪声干扰

工业生产噪声很大,形成城市局部地区噪声干扰,特别是散布在居住区内的工厂,干扰更为严重。

工业灾害风险主要来源于有毒有害、易燃易爆的物质和能量及其工业设备、设施、场所。如加油站,加气站,危险化学品储存、经营装置,危险化学品生产企业等。城镇工业化、城市化过程中,要合理地确定工业危险设施的选址以及危险单位(源)周围的土地使用规划。否则,一旦发生事故,会产生严重的后果与影响。例如,深圳清水河危险化学品爆炸火灾事故就暴露出城市规划中忽视安全要求的后果:易燃、易爆、剧毒危险化学品仓库,牲畜和食物仓库以及液化石油气储罐等设施,集中设置在一处,与居民点和交通道路的距离不符合安全规定,因而造成了严重的灾害后果。

4.4.3 目前泉州市工业灾害形势特点

(1)泉州市重大工业危险源数量不断增大

随着泉州市石油和化工行业的迅速发展,大容量、高能量、高风险的化学品储存装置的日益增多,重大危险源的数量不断增加,事故隐患越来越多,事故也更加具有灾害性、突发性和社会性。目前城市高层建筑,油、气、水、电等生命线工程和大型关键设施、设备等重大危险源也逐渐增多,一旦发生灾害和事故,将引起连锁反应,造成重大损失。

(2)泉州市重大工业事故隐患识别困难

现代化的技术制造着现代化的隐患,在高新技术集成的同时,事故隐患也变得复杂化,包括系统在设计、制造、布置、安装等过程中存在的固有隐患,系统运行期间可靠性降低而产生的渐生隐患和由于外界环境的不断变动引起的随机隐患。事故隐患在发展之初的孕育阶段,存在的方式一般均为隐匿的、潜在的,并随着产品生产的每个过程随机变化,逐步向显现发展,这些都增加了泉州市重大工业事故隐患识别的难度。

(3)泉州市重大工业灾害多样化

标准《企业职工伤亡事故分类》GB 6441—86 中,将事故类别划分为 20 类。泉州市重大工业灾害中,除火灾外,起重伤害和房屋坍塌事故时有发生,因设备老化或操作不当等造成的机械伤害或触电事故也层出不穷,违规操作压力容器、火药和锅炉等也很容易发生爆炸事故,一些易燃易爆、有毒有害的化学物质泄漏,常引起燃烧、爆炸、中毒和窒息等事故。

(4)泉州市的安全科技落后状态在客观上对灾害具有放大作用

事故的发生往往出乎人们的预料,常在意想不到的时间、地点发生,如一些化学突发事故,在几分钟或十几分钟内就可能扩散几百至几千米远,危害范围达数平方千米,造成事故持续时间长、受害范围广,急救困难,影响市民正常生活,引起社会秩序混乱。

安全科技落后是造成泉州市安全形势严峻的根本原因之一。多年来,安全技术在促进事故预防、保护从业人员健康等方面发挥了重要作用。但在安全科技方面总体投入不够,安全技术基础薄弱,在安全风险定量评估,重大事故监测、预警、控制和救援,重大技术装备建设等方面存在一系列重大关键技术问题尚未解决。再则,由于安全科技水平较低,很难有效减少事故隐患、预防和控制重特大事故发生,也难以从根本上改善泉州市工业灾害的严峻局面。

4.4.4　泉州市交通事故

泉州市中心城区(鲤城、丰泽、洛江)现阶段人员主要出行方式有摩托车、自行车、步行等,结构比例见表 4-13。

摩托车在中心城区真正流行始于 20 世纪 80 年代后期。2000 年机动车辆保有量中摩托车比例高达 80%。2000 年开始对摩托车进行严格限制。摩托车数量保持了稳定,但数量还是惊人的,截至 2006 年底摩托车保有量约 9 万辆。在摩托车发展过程中,产生了一个特殊的行业——“摩的”(载客摩托车),因其经济实惠、方便快捷而被市民所接受。现在泉州用来运营的摩托车将近 3 万辆。随着摩托车受限制,近来中心城区悄然兴起助动车的使用。摩托车和助动车具有经济、灵活、方便、迅速等特点,能提供“门到门”的便捷服务,停放机动且占空间小,由于中心城区公交不发达,摩托车和助动车已成为中心城区的主要交通工具。随着其发展,将带来很多严重问题:交通危害(随意争取路权)、环境污染(噪音、废气)、交通事故和安全。

表 4-13　出行结构比例

出行方式	比例(%)	出行方式	比例(%)
步行	32.9	摩托车	24.8
自行车	30.7	单位客车	1.2
公交车	4.7	私家车	4.9
出租车	0.8		

资料来源:谢志猛,“对泉州中心城区未来交通发展模式的思考”,《城市公用事业》,2009(3),第 38 页

在中心城区发展最快的机动车是私家车,年均增长速度达到 36.9%,最高甚至达到 57%(2003—2004 年)。截至 2006 年年底,私家车保有量达到 5 万辆。截至 2006 年年底,泉州市公交发展有限公司拥有公交运营车辆 620 台,折合 602 标台,当年完成客运量 7744 万人次。公共交通出行比例仅有 4.7%,车辆主要以中小型客车为主,大型客车仅占 17%。公交车运营速度在 20 km/h 左右。公共交通存在“先天性缺陷”:出行比例低(仅有 4.7%,低于常州、石堰、无锡等城市的平均水平)、投资力度不够、服务水平不高(运营时间短、换乘率高、准点率低、部分公交线路不合理等)、车辆舒适度差、安全性差(偷盗行为等)、公交场站设施不足、公交换乘不完善等。

(1)泉州市发展规模与结构布局对居民出行特征的影响

泉州市现建成区面积 26 km²,当量半径仅 2.8 km,居民出行特征仍带有明显的小城市的特点,如出行次数高、出行距离短、个体交通工具占主导地位等。根据《泉州市总体规划》,泉州市将以建成百万人口的大城市为发展目标,城市用地面积将从目前的 26 km² 扩展到 89 km²,即城市规模扩大近 2.5 倍,当量半径也将从 2.8 km 增长到 5.3 km。根据国内经验,随着城市规模的扩大,城市居民的出行将出现距离增加、次数减少的趋势。而出行距离的增加,将迫使居民的出行方式由非机动化向机动化转化,具体到泉州市来说,就是由自行

车、人力三轮车向公共汽车、摩托车、小汽车转化。

　　与此同时,泉州市由于受"三山两江"(紫帽山—乌石山、清源山、桃花山、晋江、洛阳江)大地形的影响,未来只能采用单中心组团式的用地模式。在这种用地模式下,居民的出行特征肯定与传统的单中心同心圆用地模式的大城市有所不同。单中心组团式的用地模式将会导致泉州市的居民出行特征服从"近多远少"的原则,即:多数出行为小于 5 km 的组团内部出行,采用的主要交通方式将会是自行车和摩托车;少数出行为大于 5 km 的组团之间的出行,采用的主要交通方式将会是公共交通和小汽车。

　　(2)历史名城保护对居民出行特征的制约

　　泉州市是我国著名的历史文化名城,其古城的面积达 7 km² 左右,居住人口 17 万人,如何协调历史名城保护与交通发展这一对矛盾关系,是泉州市持续发展过程中无法回避的问题。根据《泉州市历史名城保护规划》,要求保护古城区的现有路网格局和道路尺度,保护重要的古建文物和有特色的居民积聚区。这就决定了古城区的道路系统不能采取推倒重建的方法,而只能在现有路网的基础上采取局部改造与管理相结合的办法,针对原有路网体系的不合理之处,适当拓宽关键性道路,调整道路功能,更多地通过交通需求管理手段及交通组织措施,使古城区的交通做到有序顺畅,并酌情控制该区域的交通需求总量。未来古城地区的居民出行特征,特别是居民出行方式不会发生根本性变化,短距离出行依然会借助于自行车、摩托车等占地少、方便灵活的个体交通工具,而中长距离出行由于私人小汽车、出租车受道路条件所限,在古城区难有发挥余地,可以预料将会向运输效率高的公共交通方式转化。

4.4.5　液化石油气产生的火灾、爆炸

　　液化石油气(LPG)作为一种运输和使用方便的清洁能源,十分广泛地应用于工业生产和人民生活中。但是,液化石油气是十大危险化学品之一,具有易燃易爆的特性,在其生产、贮运和使用过程中极易引起爆炸火灾事故,尤其在液化石油气站的贮罐区,贮罐集中且贮量大,一旦发生爆炸火灾,其产生的爆炸冲击波及爆炸火球热辐射破坏伤害作用极大,并且危害范围大,极易导致次生灾害。随着《安全生产法》及有关危险化学品管理条例的颁布与实施,政府对人民生命、财产构成重大危险的危险源更加重视,以法制手段加强重大危险源的控制与治理。因此,通过对液化石油气站重大危险源的安全评价,制定安全防范措施及应急救援预案,具有重大现实意义。

　　泉州市某液化石油气站储罐区共有 5 个 50 m³ 的 LPG 卧式圆筒罐(容积 5×50 m³),存储 LPG 量共为 100 t,存储压力为 0.4 MPa。液化石油气的物理化学特性如表 4-14 所示。

表 4-14　液化石油气物理化学特性

主要成分	液态比重	沸点(℃)	闪点(℃)	爆炸下限(%)	爆炸上限(%)	临界压力(MPa)	临界温度(℃)	燃烧热(MJ/kg)
丙烯、丙烷、丁烯、丁烷	0.51	<0	<−60	1.5	9.5	3.80	120.8	46.5

　　根据安全工程学的一般原理,危险性定义为事故频率和事故后果严重程度的乘积,即危险性评价一方面取决于事故的易发性,另一方面取决于事故后果的严重性。关于该站重大危险源的评价模型具有如图 4-17 所示的层次结构。

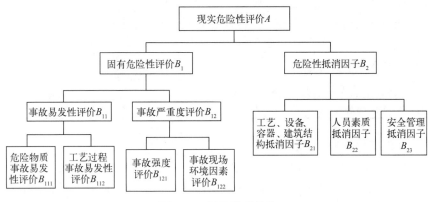

图 4-17　评价模型结构

4.4.5.1　评价的数学模型

重大危险源的评价分为固有危险性评价与现实危险性评价,后者在前者的基础上考虑各种危险性的抵消因子。固有危险性评价分为事故易发性评价和事故严重度评价。事故易发性取决于危险物质事故易发性与工艺过程事故易发性的耦合。

评价的数学模型如下:

$$A = \left\{ \sum_{i=1}^{n} \sum_{j=1}^{m} (B_{111})_i W_{ij} (B_{112})_j \right\} B_{12} \prod_{k=1}^{3} (1 - B_{2k}) \tag{4-4}$$

式中,$(B_{111})_i$——第 i 种物质危险性的评价值;

$(B_{112})_j$——第 j 种工艺危险性的评价值;

W_{ij}——第 j 种工艺与第 i 种物质危险性的相关系数;

B_{12}——事故严重度评价值;

B_{21}——工艺、设备、容器、建筑结构抵消因子;

B_{22}——人员素质抵消因子;

B_{23}——安全管理抵消因子;

n——危险物质数量;

m——工艺过程数量。

4.4.5.2　贮罐区的事故易发性 B_{11} 评价

罐区事故易发性 B_{11} 包含危险物质事故易发性 B_{111} 和工艺过程事故易发性 B_{112} 两方面及其耦合。

(1)危险物质事故易发性 B_{111}(见表 4-15)

表 4-15　危险物质事故易发性 B_{111}

项目	性质	分级	得分
	最大安全缝隙	0.9~1.14	5
	爆炸极限	1.5%~9.5%	11
爆炸气体特性	最小点燃电流	0.88 A	10
	最小点燃能量	0.35 U	14
	引燃温度	408~450 ℃	8

项目	性质	分级	得分
总分		$G=48$	
易发性系数 a_i		1.0	
危险系数 $C_{ij}=a_iG$		$1.0\times48=48$	
化学活泼系数 K		0.12	
液化石油气的危险物质事故易发性		$B_{111}=C_{ij}(1+K)=53.76\approx54$	

（2）工艺过程事故易发性 B_{112}

工艺过程事故易发性与过程中的反应形式、物料处理过程、操作方式、工作环境和工艺过程等因素有关。从 21 种工艺影响因素中找出罐区工艺过程实际存在的危险，这些因素在表 4-17 中有特殊体现，它们构成了工艺过程事故易发生性。

表 4-17　工艺过程事故易发性 B_{112}

影响因素	内容与参数	B_{112}	相关系数 W_{ij}
B_{112-10} 高压	0.1~0.8 MPa	30×1.3	$W_{ij=10}=0.7$
B_{112-11} 燃烧	发生故障位置处于燃烧范围内	40	$W_{ij=11}=0.9$
B_{112-12} 腐蚀	速率 0.5~1.0 mm/a	20	$W_{ij=12}=0.7$
B_{112-13} 泄漏	设备泄漏	20	$W_{ij=13}=0.7$
B_{112-21} 静电	液体流动	30	$W_{ij=21}=0.9$

（3）事故易发性 B_{11}

$$B_{11}=\sum_{i=1}^{n}\sum_{j=1}^{m}(B_{111})_iW_{ij}(B_{112})_j \tag{4-5}$$

解得　　$B_{11}=54\times(30\times1.3\times0.7+40\times0.9+20\times0.7+20\times0.7+30\times0.9)$
　　　　$=6388.2$

4.4.5.3　罐区的伤害模型及伤害/破坏半径

LPG 罐区最大的火灾爆炸危险是 LPG 的燃烧爆炸，其伤害模型有两种：蒸气云爆炸（VCE）模型，属于爆炸型；沸腾液体扩展蒸气爆炸（BLEVE）模型，属于火灾型。

（1）LPG 蒸气云爆炸（VCE）

①TNT 当量计算：

$$W_{TNT}=1.8aW_fQ_f/Q_{TNT}=E/Q_{TNT} \tag{4-6}$$

式中，1.8——地面爆炸系数；

　　a——蒸气云当量系数，取 0.04；

　　W_f——LPG 最大贮存重量，100 t；

　　Q_f——LPG 的爆热，取 46.5 MJ/kg；

　　Q_{TNT}——TNT 的爆热，取 4.52 MJ/kg；

　　E——爆源总能量，J。

解得　　　$W_{TNT}=1.8\times0.04\times100\times10^3\times46.5/4.52=74\ 070.8$ kg

②死亡半径 R_1：

$$R_1=13.6\times(W_{TNT}/1000)\times0.37=57.1\ \text{m}$$

③重伤半径 R_2 由下列方程式求解：

$$\Delta P_s = 0.137Z^{-3} + 0.119Z^{-2} + 0.269Z^{-1} - 0.019 \quad (4\text{-}7)$$

$$Z = R_2(P_0/E)^{1/3} = 0.00671R_2$$

$$\Delta P_s = 44\,000/P_0 = 0.4344$$

解得 $R_2 = 163.2$ m

④轻伤半径 R_3 由下列方程式求解：

$$\Delta P_s = 0.137Z^{-3} + 0.119Z^{-2} + 0.269Z^{-1} - 0.019 \quad (4\text{-}8)$$

$$Z = R_3(P_0/E)^{1/3} = 0.00671R_3$$

$$\Delta P_s = 17000/P_0 \approx 0.1678$$

解得 $R_3 = 292.4$ m

⑤财产损失半径。

对于爆炸性破坏，财产损失半径 $R_财$：

$$R_财 = K_{11}W_{TNT}^{1/3}/[1 + (3175/W_{TNT})^2]^{1/6} \quad (4\text{-}9)$$

式中，K_{11}——二级破坏系数，$K_{11} = 4.6$。

计算得 $R_财 = 193.2$ m

结果列于图 4-18 中。

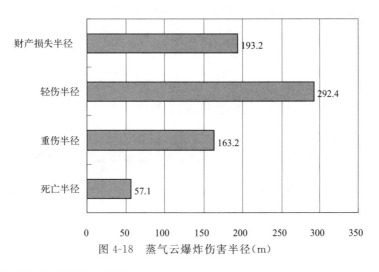

图 4-18　蒸气云爆炸伤害半径(m)

(2)LPG 沸腾液体扩展蒸气爆炸(BLEVE)

LPG 有 5 个储罐，取 $W = 0.9 \times 100 \times 10^3 = 9 \times 10^4$(kg)

按如下公式进行计算：

火球半径 $R = 2.9W^{1/3} = 129.9$(m)

火球持续时间 $t = 0.45W^{1/3} = 20.2$(s)

当伤害概率 $Pr = 5$ 时，伤害百分数：

$$D = \int_{-\infty}^{Pr-5} \exp(-u^2/2)\mathrm{d}u = 50\%$$

死亡、一度、二度烧伤及烧毁财物，都以 $D = 50\%$ 定义。

①死亡、重伤、轻伤、财产损失热通量（W/m²）

a.死亡热通量 q_1：

$$Pr = -37.23 + 2.56 \ln(tq_1^{4/3})$$
$$q_1 = 24872.4$$

b.重伤热通量 q_2：

$$Pr = -43.14 + 3.0188 \ln(tq_2^{4/3})$$
$$q_2 = 16470.6$$

c.轻伤热通量 q_3：

$$Pr = -39.83 + 3.0186 \ln(tq_2^{4/3})$$
$$q_3 = 7215.1$$

d.财产损失热通量 q_4：

$$q_4 = 6730t^{-4/5} + 25400 = 26051.2$$

②死亡、重伤、轻伤及财产损失半径

热辐射通量公式：

$$q_{(r)} = q_0 R^2 r (1 - 0.058 \ln r) / (R^2 + r^2)^{3/2} \tag{4-10}$$

式中，R——火球半径，$R = 129.9$ m；

q_0——火球表面的辐射通量，球形罐取 200000 W/m²；

r——目标到火球中心的水平距离，m。

通过求解所得结果如图 4-19 所示。

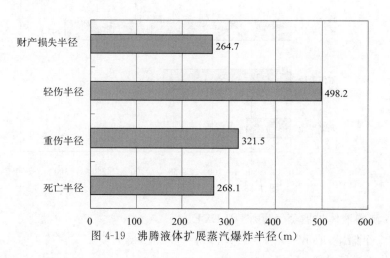

图 4-19　沸腾液体扩展蒸汽爆炸半径(m)

4.4.5.4　事故严重度 B_{12} 的估计

$$S = C + 20(N_1 + 0.5N_2 + 105N_3/6000) \tag{4-11}$$

式中，S——事故造成的总损失，万元；

C——财产破坏价值，万元；

N_1, N_2, N_3——事故中人员死亡、重伤、轻伤人数。

由于 LPG 罐区爆炸伤害模型是两个，即蒸气云爆炸和扩展蒸气爆炸，可能同时发生，则贮罐爆炸事故严重度应是两种严重度加权求和。

$$S = a \times S_1 + (1-a)S_2 \qquad (4\text{-}12)$$

式中，S_1，S_2——蒸气云爆炸、沸腾液体扩展蒸气爆炸事故后果。

4.4.5.5　固有危险性 B_1 及危险性等级

危险化学品重大危险源是指长期地或临时地生产、加工、使用或储存危险化学品，且危险化学品的数量等于或超过临界量的单元。易燃气体常压下处于气态，沸点低于20 ℃，与空气混合时易燃物质的临界量为 50 t。因此，确定该液化石油气站的贮罐区为重大危险源。

（1）LPG 罐区的固有危险性

$$B_1 = B_{11} \times B_{12} = 6388.2 \times 2103.9 \approx 13440134.2$$

（2）危险源分级标准

用 $A^* = \lg(B_1/10^5)$ 作为危险源分级标准，其中，A^* 是以 10 万元为基准单位的单元固有危险性的评分值（见表 4-17）。

表 4-17　单元固有危险性分级评分值

重大危险源级别	一级	二级	三级	四级
A^*（10 万元为基准）	≥3.5	2.5～3.5	1.5～2.5	<1.5

（3）危险性等级

$$A^* = \lg(B_1/10^5) = 2.13$$

因此，该液化气站属于三级重大危险源。

4.4.5.6　抵消因子 B_2 及单元危险控制等级估计

（1）安全管理评价

安全管理评价的主要目的是评价企业的安全行政管理绩效。检查结果如表 4-18 所示。

表 4-18　检查项目与得分

项目＼结果	安全生产责任制	安全生产教育	安全技术措施计划	安全生产检查	安全生产规章制度	安全生产机构及人员	事故统计分析	危险源评估与整改	应急预案与措施	消防安全管理
应得分	100	100	100	100	100	100	100	100	100	100
实得分	100	80	100	80	80	100	75	75	100	75
实得分合计	865									

（2）危险岗位操作人员素质评价

罐区有 5 名操作工，均是持证上岗，岗位工龄工作时间为 6 年，每天平均工作 8 h。

人员的合格性：$R_1 = 1$

人员的熟练性：

$$R_2 = 1 - 1/[k_2(t/T_2 + 1)] = 1 - 1/[4(6/0.5 + 1)] = 0.9808$$

人员的操作稳定性：

$$R_3 = 1 - 1/\{k_3[(t/T_3)^2 + 1]\} = 1 - 1/\{2[(6/0.5)^2 + 1]\} = 0.9966$$

操作人员的负荷因子：

$$R_4 = 1 - k_4(t/T_4 - 1)^2 = 1 - k_4(8/8 - 1)^2 = 1$$

单元人员的可靠性：

$$R_5 = R_1 R_2 R_3 R_4 = 1 \times 0.9808 \times 0.9966 \times 1 = 0.9775$$

指定岗位人员素质的可靠性：

$$R_s = \sum_{i=0}^{n} R_i / n = 0.9775$$

$$R_p = \prod_{i=0}^{n} R_i = 0.9775$$

单元人员素质的可靠性：

$$R_n = 1 - \prod_{i=0}^{n} (1 - R_p) = 1 - (1 - 0.9775) = 0.9775$$

（3）工艺、设备、容器、建筑结构抵消因子评价

工艺、设备、容器、建筑结构抵消因子评价的应得分为267分，实得分为168分。

（4）抵消因子的关联算法

$$B_{21} = 0.542$$
$$B_{22} = 0.7928$$
$$B_{23} = 0.6467$$

综合抵消因子

$$B_2 = \prod_{i=1}^{3} (1 - B_{2i}) = 0.0326$$

（5）单元危险控制程度分级标准

单元综合抵消因子的值 B_2 愈小，说明单元现实危险性与单元固有危险性比值愈小，即单元内危险性的受控程度愈高。一般说来，单元的危险性级别愈高，要求的受控级别也愈高。单元危险控制程度分级如表 4-19 所示。

表 4-19　单元危险控制程度分级

单元危险控制程度级别	A 级	B 级	C 级	D 级
B_2	≤0.001	0.001~0.01	0.01~0.1	>1

因此，该液化气站 $0.01 < B_2 \leq 0.1$，属于 C 级控制程度。LPG 罐区的危险等级是三级，控制能力等级是 C 级。危险等级和控制能力基本相匹配，控制能力达到了危险等级所要求的 C 级，说明该站 LPG 罐区的安全措施和安全管理基本上达到了理想的状况。

4.4.5.7　现实危险性 A

罐区发生爆炸的现实危险性：

$$A = B_1 \prod_{i=1}^{3} (1 - B_{2i}) = B_1 \times B_2 = 13440134.2 \times 0.0326 = 438148.37$$

现实危险性 A 值是固有危险性 B_1 值的 3.26%，可见有效的安全技术装备和管理会使系统的危险性大大减小。

4.4.5.8　LPG 罐区分析结论

通过蒸气云爆炸伤害半径与沸腾液体扩展蒸气爆炸威力对比分析（见图 4-20）可得结

论：两种爆炸类型的死亡半径差别最大，财产损失半径差别最小，预防这两类事故出现时，在区别对待中应该最重视死亡半径的划分，从而最大限度地减少人员伤亡。

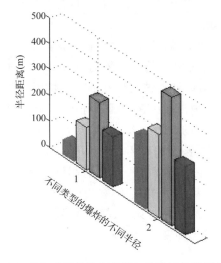

图 4-20　蒸气云爆炸伤害半径与沸腾液体扩展蒸汽爆炸威力对比图(见彩图)

　　LPG 罐区的安危关系到工厂的存亡，罐区的安全装备的配备以及安全管理是至关重要的。LPG 罐区的 LPG 火灾爆炸事故是小概率事件，是可以预防的，但是 LPG 爆炸的后果是严重的。用数学模型计算分析测算后，结果表明：该 LPG 站罐区是三级重大危险源，一旦发生爆炸，将是毁灭性的，将可能导致全厂大多数人员死亡或重伤，大部分财产毁于一旦。

4.4.6　煤气泄漏扩散

4.4.6.1　煤气概述

　　煤气是煤、焦炭、含碳等物质经过干馏(热解)、汽化、氧化、还原等反应后生成的含有多种成分的混合气体。煤气的危险特性主要表现在：①易中毒；②易着火；③易爆炸。其次还可能存在腐蚀性和尘毒慢性危害。

　　(1)火灾和爆炸危害

　　煤气的主要成分是一氧化碳、甲烷和氢气等，而一氧化碳、甲烷和氢气均是易燃易爆气体，这就决定了煤气的易燃易爆性。易燃易爆气体与固、液体状态的物质相比更易燃烧，只要达到其氧化分解所需的热量，便能着火燃烧。根据可燃烧气体的燃烧过程，易燃气体的燃烧形式可分为两类：第一类是易燃气体与空气预先混合成混合可燃气体的燃烧，称为混合燃烧。混合燃烧由于燃料分子已与氧分子进行充分混合，所以燃烧速度快，温度也高，火焰的传播速度也快，易发生爆炸反应。另一类就是将易燃气体直接由管道中放出点燃，在空气中燃烧，这时气体与空气中的氧分子通过相互扩散，边混合边燃烧，这种燃烧称为扩散燃烧。煤气泄漏后如遇到明火或静电火花可能发生扩散燃烧，也可能扩散相当一段距离与空气充分混合后，遇明火发生混合燃烧或爆炸。当然，不是说只要煤气泄漏与空气混合遇到火源就会发生爆炸，这要求煤气在混合气体当中有一个合适的比例，也就是说只有达到煤气的爆炸极限才能爆炸。

　　煤气爆炸的破坏形式通常有直接的爆炸作用、冲击波的破坏作用和火灾等三种，后果往往都比较严重。

①直接的爆炸作用。这是爆炸对周围设备、建筑和人的直接作用,它直接造成机械设备、装置、容器和建筑的毁坏和人员伤亡。机械设备和建筑物的碎片飞出,会在相当范围内造成危险,碎片击中人体则会造成人员伤亡。

②冲击波的破坏作用。爆炸时产生的高温高压气体产物以极高的速度膨胀,像活塞一样挤压周围空气,把爆炸反应释放出的部分能量传给压缩的空气层。空气受冲击而发生扰动,这种扰动在空气中传播就成为冲击波。冲击波可以在周围环境中的固体、液体、气体介质(如金属、岩石、建筑材料、水、空气等)中传播。在传播过程中,可以对这些介质产生破坏作用,造成周围环境中的机械设备、建筑物的毁坏和人员伤亡。冲击波还可以在它的作用区域内产生震荡作用,使物体因震荡而松散,甚至被破坏。

③造成火灾。煤气泄漏后与空气的混合物爆炸一般都引起燃烧起火,会形成火灾。煤气中含有 H_2、CO、CH_4、C_mH_n(不饱和烃类)等可燃气体,在生产、储存、输送煤气的设备和管道发生煤气泄漏的情况下,遇明火、高热、摩擦撞击火花、静电火花、电火花、雷电等火源时易发生着火事故,处理措施一旦不到位就可能演变为火灾。

(2)毒性危害

工业企业生产或使用的煤气的主要成分是一氧化碳、甲烷、氢气等,其中甲烷和氢气虽然不具有毒性,但是一氧化碳是剧毒气体且其在煤气中的含量很高,因此,煤气具有很强的毒性。煤气中毒基本上是由其所含的一氧化碳造成,同时煤气中还有其他毒物。煤气中的其他毒物主要有硫化氢、苯、氨等。

①硫化氢

硫化氢属Ⅱ级毒物,是具有臭鸡蛋味的无色透明的气体,密度为空气的 1.19 倍。它是一种神经毒物,通过呼吸系统进入人体,能与人体细胞色素氧化酶中的三价铁发生反应,而且对人体中的各种酶均能起作用,使代谢作用降低。硫化氢在空气中含量不大时,能使人眩晕、心悸、恶心,当空气中硫化氢含量达到 0.1% 以上时,可导致人员立即发生昏迷和呼吸麻痹而呈"闪电式"死亡。当吸入硫化氢后,人很快失去对硫化氢气味的感觉,因此,中毒的危险性更大。

净煤气中含有的硫化氢,是由于净化不彻底残留的,国家规定车间空气中硫化氢的最高容许浓度为 10 mg/m³。由于发生煤气中毒时最显著的特征是一氧化碳中毒,所以硫化氢中毒现象常常被掩盖,但是长期接触仍然会引起中毒反应:头痛、眩晕以及眼角膜发炎、疼痛。由于煤气中硫化氢超标严重,某公司曾出现多名储配站维修工烂眼角现象,这就是典型的硫化氢慢性中毒。预防硫化氢中毒应重点加强预防的工种是:煤气入户维修工、储配站风机维修工、调压维修工、管道抽水工、抢险人员。

②苯

苯是易挥发的液体,属Ⅰ级毒物,车间空气中苯的短时间接触容许浓度为 40 mg/m³。在煤气中残留的苯主要来自焦炉煤气,以蒸气形态存在,少量附着在管道、阀门、风机、调压器等设施的内壁上。高浓度苯对中枢神经系统有麻醉作用,引起急性中毒;长期接触苯对造血系统有损害,会引起慢性中毒。在煤气输配行业,应主要防止的是苯的慢性中毒。苯可通过呼吸系统和皮肤进入人体,使长期接触苯的人造血组织遭到破坏,使血象和骨髓象发生变化,造成不同程度的再生障碍性贫血,严重时还会引发白血病。某公司曾对一线职工进行体检,在 10 名调压工中,有 4 人被发现白细胞显著降低,白细胞计数每立方毫米低于 4000,初步诊断为慢性苯中毒。预防苯中毒,应重点加强预防的工种是:储配站风机维修工、调压维修工、抢险人员。

③氨

氨属Ⅱ级毒物,主要是对上呼吸道有刺激和腐蚀作用,车间空气中氨的短时间接触容许浓度为 30 mg/m³,人对氨的嗅觉阈为 0.5～1 mg/m³。接触氨后,患者眼和鼻有辛辣和刺激感,流泪,咳嗽,喉痛,出现头痛、头晕、无力等症状。重度中毒时会引起中毒性肺水肿和脑水肿,可引起喉头水肿、喉痉挛,中枢神经系统兴奋性增强,引起痉挛,通过三叉神经末梢的反射作用引起心脏停搏和呼吸停止。

4.4.6.2　煤气泄漏源的分类

一般情况下,可以根据泄漏面积的大小和泄漏持续时间的长短,将泄漏源进行分类:

(1)小孔泄漏,也称为连续源。此种情况通常为煤气经较小的孔洞长时间持续泄漏,如反应器、储罐、管道上出现小孔,或者是阀门、法兰、机泵、转动设备等处密封失效。

(2)大面积泄漏,也称为瞬时源。此种情况通常是指煤气经较大孔洞在很短时间内大量泄出,如大管径管线断裂、储罐爆裂、反应器因超压爆炸等原因瞬间泄漏出大量煤气。

4.4.6.3　高斯模型的建立条件

高斯扩散模型是在污染物浓度符合正态分布的前提下导出的。在扩散方程中,假设扩散系数 K 等于常数,可得到正态分布形式的解;从统计理论出发,在平稳和均匀湍流条件下也可证明扩散粒子位移的概率分布是正态分布。实际大气不满足这个前提条件,但是大量小尺度污染物扩散试验表明,正态分布假设至少可以作为一种较为接近真实情况的假设。

高斯扩散模型包括烟羽模式和烟团模式,两者有各自的应用领域。但由于在推导高斯公式时对源强、流场等都作了假设、简化,因此两种模式共同适用的条件为:

(1)下垫面开阔平坦、性质均匀。

(2)扩散物质完全随周围空气一起运动;从源地到接收地之间没有损耗,也不发生化学转化;地面对扩散物质起全反射作用。

(3)平均流场平直、稳定,平均风速和风向没有显著的时间变化。

(4)扩散物质处于同一类温度层结的气层中。

(5)连续点源的公式仅适用于风速大于 1.5 m/s 的情形。在小风和静风条件下,必须考虑 x 方向的扩散作用,应采用烟团模式或其他准静风模式。

(6)用高斯模型计算的污染物质的扩散范围以不超过 10 km 为宜。

另外,高斯模型对坐标系的建立也作了相应的规定:无界点源和地面源排放点或高架源排放点在地面的投影点为原点,平均风向为 X 轴,Y 轴在水平面内垂直于 X 轴,Y 轴的正方向在 X 轴的左侧,Z 轴垂直于水平面,向上为正向,即为右手坐标系。在这种坐标系中,烟羽中心或与 X 轴重合(无界点源),或在 XOY 面的投影为 X 轴(高架点源)。高架源坐标系的示意图见图 4-21。

4.4.6.4　自然通风条件下煤气泄漏扩散研究

在自然通风条件下,人群处于开放空间中。现模拟一个开放空间内的一个煤气泄漏口,对其 CO 的浓度变化进行研究。二维计算模型的建立示意图见图 4-22。

煤气泄漏口尺寸为 0.7 m×0.7 m,位于 10 m×10 m 的位置上,以泄漏口为圆心,在半径 2 m 的位置上每隔 45°设置一监测点,分别为 1,2,3,…,7,8;在与泄漏口同等高度上,距离 7 m 以及 42 m 处分别设置监测点 9,10;在距离地面高度为 1.5 m 上设置监测点 11,12,13,…,16,距离泄漏口的水平距离分别为 −0.55,7.7,10.7,19.7,22.7 和 30.7 m。

其网格采用结构化网格,节点间距为 10 cm。泄漏口局部网格划分如图 4-23 所示。

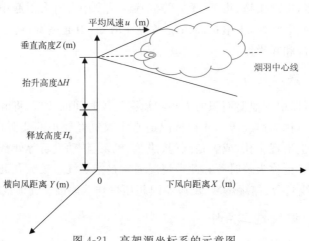

图 4-21　高架源坐标系的示意图

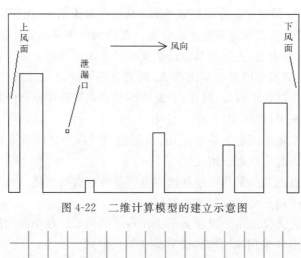

图 4-22　二维计算模型的建立示意图

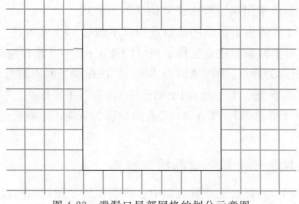

图 4-23　泄漏口局部网格的划分示意图

（1）离散格式（LES）

LES 方法在某种程度上属于直接数值模拟（DNS），在时间积分方案上，选择具有二阶精度的 Crank-Nicolson 半隐式方案。在基于有限体积法的空间离散格式上，为克服假扩散，应该选择具有至少二阶的离散格式。因为湍流模型采取的是 LES 模型，所以只需将 Flow 方程离散为二阶迎风格式即可。

（2）气体性质定义

采用的气体为 CO 与空气的混合物，因泄漏口压力为 15 kPa，设置其为可压缩理想气体。

（3）边界条件的设定

①泄漏口压力为 15 kPa，面积为 0.5 m^2，泄漏时间设置为 2 s。

②自然风速为 3 m/s，上风面速度为 3 m/s，下风面速度为 −3 m/s。

③壁面边界条件：壁面为绝热无滑移边界。

在自然通风条件下，假设泄漏口朝上。图 4-24 是泄漏发生 12.5 ms 后的压力和速度分布图。由图 4-24 分析可知，煤气泄漏初期的膨胀过程可被视为是一个绝热膨胀过程，由于其孔径较小，所以又可看作是一个平壁圆孔口。因此，输气管道煤气泄漏的膨胀过程是一个在平壁圆孔口上的绝热膨胀过程，其膨胀形状可模拟为半圆球状。

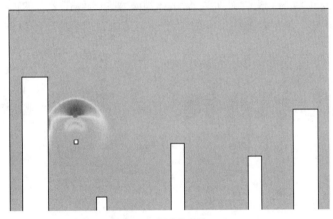

压力分布图

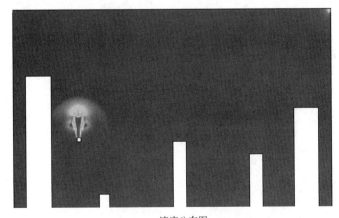

速度分布图

图 4-24　泄漏发生 12.5 ms 后的压力和速度分布图

图 4-25 是泄漏发生 12.5 ms 后,CO 浓度分布示意图。由图 4-25 分析可知,在泄漏初期,CO 的泄漏是一个射流过程。沿射流方向,距离泄漏口 5 m 处,CO 发生膨胀。

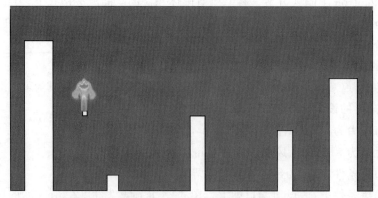

图 4-25　泄漏发生 12.5 ms 后的浓度分布示意图

(4)泄漏 2 s 时间内 CO 浓度分布

图 4-26 是在竖直空间内 CO 浓度分布随时间变化示意图。在 2 s 以前,泄漏口压力为 15 kPa,2 s 以后停止泄漏,根据前面理论计算泄漏量可知,在 2 s 的时间内,泄漏量达到 2000 kg,它不可能是无限制地流出 CO 的。故设定其流出时间在 2 s 以内。

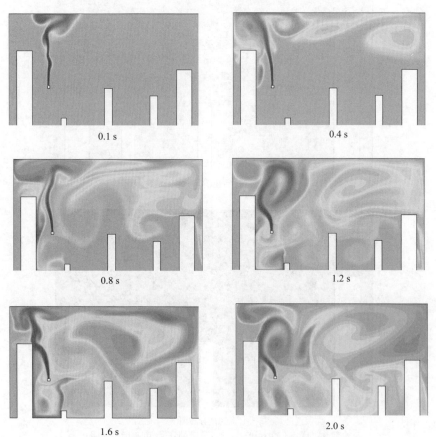

图 4-26　自然通风条件下 CO 气体浓度随时间分布示意图

由图 4-26 分析可知,在 0.1 s 以前,CO 的浓度分布主要以喷射分布为主,其核心喷射距离达到 25 m 左右。随后,由于煤气的密度与周围大气的密度不同,所受的重力与浮力不相平衡,将使得整个射流和膨胀部分上浮。

在 CO 的扩散过程中,气体的主运动平流输送作用占主导地位,但自然风的存在也不可忽略。一方面由于自然风的存在,引起脉动速度增大,紊流运动加剧,紊流扩散作用增大,使煤气团浓度下降,同时紊流运动的加剧也使得煤气气团与周围环境的热交换变得剧烈,使扩散的过冷气体温度迅速上升,煤气团密度下降,在风的作用下更容易扩散,从而导致煤气团浓度下降。另一方面由于风对煤气团的平流输送作用加剧,使得煤气团有往下风向输送的趋势,风速越大,输送作用越显著,由于气流卷吸混合作用加强,造成下风向处的气体浓度降低。

4.4.6.5　煤气在一定自然条件下的扩散研究

这里的自然条件主要是指大气稳定度。目前大气稳定度主要是指帕斯奎尔—特纳大气稳定度,其分类是利用常规气象观测资料将大气稳定度划分为 A—F 六个级别的分类法。A 类表示极不稳定,常见于夏季午后湍流发展旺盛时;D 类为中性,多见于阴天或大风天气;F 类最稳定,常见于冬季寒夜逆温发展强盛之时。

早期采用地面风速及入射太阳辐射强度来判定稳定度,但其中关于辐射强度的规定较含糊,难以准确、客观地确定。后来改进为先根据太阳高度角、云高和云量来确定净辐射指数,再据此利用地面风速来划分稳定级别。

(1)大气稳定度为 A,风速为 2 m/s 时煤气泄漏扩散模拟和泄漏浓度沿风速方向变化曲线如图 4-27 和图 4-28 所示。

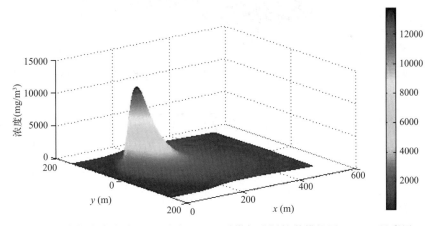

图 4-27　大气稳定度为 A,风速为 2 m/s 时煤气泄漏扩散模拟图($z=0$)(见彩图)

(2)大气稳定度为 C,风速 2 m/s 时煤气泄漏扩散模拟和泄漏浓度沿风速方向变化曲线如图 4-29 和图 4-30 所示。

(3)大气稳定度为 D,风速 2 m/s 时煤气泄漏扩散模拟和泄漏浓度沿风速方向变化曲线如图 4-31 和图 4-32 所示。

(4)大气稳定度为 F,风速 2 m/s 时煤气泄漏扩散模拟和泄漏浓度沿风速方向变化曲线如图 4-33 和图 4-34 所示。

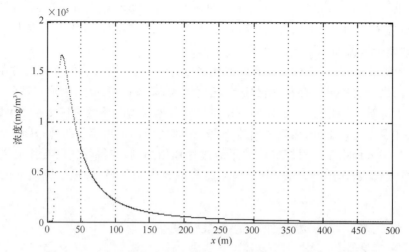

图 4-28 大气稳定度为 A,风速为 2 m/s 时煤气泄漏浓度沿风速
方向变化曲线图($y=0$)

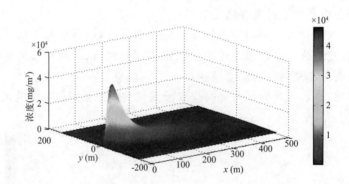

图 4-29 大气稳定度为 C,风速 2 m/s 时煤气泄漏扩散模拟图($z=0$)(见彩图)

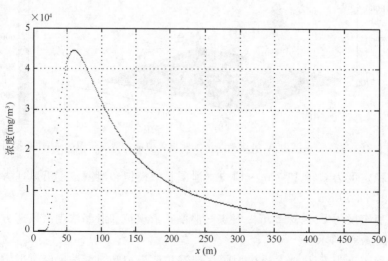

图 4-30 大气稳定度为 C,风速 2 m/s 时煤气泄漏浓度沿风速方向变化曲线图($y=0$)

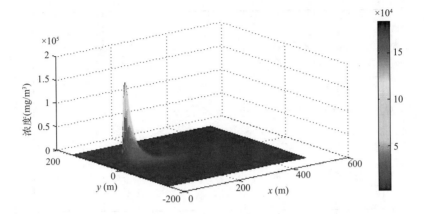

图 4-31 大气稳定度为 D,风速 2 m/s 时煤气泄漏扩散模拟图($z=0$)(见彩图)

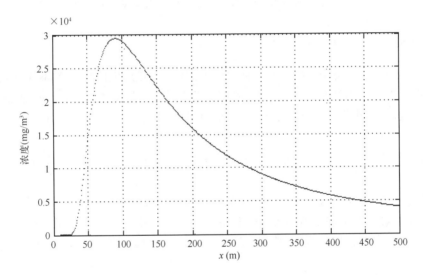

图 4-32 大气稳定度为 D,风速 2 m/s 时煤气泄漏浓度沿风速方向变化曲线图($y=0$)

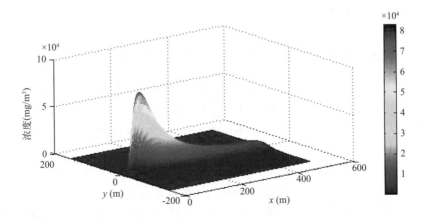

图 4-33 大气稳定度为 F,风速 2 m/s 时煤气泄漏扩散模拟图($z=0$)(见彩图)

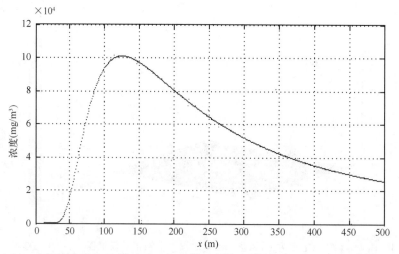

图 4-34　大气稳定度为 F,风速 2 m/s 时煤气泄漏浓度沿风速方向变化曲线图($y=0$)

4.4.7　火灾、爆炸、毒气泄漏小结

(1)总体来看,着火爆炸、中毒和腐蚀三种主要危害,其造成的后果各不相同:从造成的死亡和经济损失后果角度来看,着火爆炸造成损失最大,中毒次之,腐蚀最小;就受伤人数和被迫疏散人数而言,中毒远高于着火爆炸和腐蚀;从对环境的破坏程度来看,中毒和腐蚀最高,着火爆炸最低。

(2)混合事故的后果最为严重,即中毒或腐蚀事故与着火爆炸伴随发生,造成的危害最大。

(3)液化气体、挥发性液体比气体和非挥发性液体能造成更大的危害。因为,液化气体具有较高的压缩比,在常温下泄漏容易气化形成高浓度气团。而挥发性液体一旦变成气体,容易达到高浓度。这就使得液态(特别是液化)毒气吸入中毒的危险性超过气态。

4.5　生态环境灾害对泉州市城市规划的影响

4.5.1　泉州市生态安全评价

4.5.1.1　城市生态安全评价指标体系建立的概念模型

目前国内外生态安全评价的模型框架通常有经济合作发展组织(Organization for Economic Co-operation and Development)提出的 PSR 模型(Pressure-State-Response,压力—状态—响应,1994)、DSR 模型(Driving force-State-Response,驱动力—状态—响应,1996)、Corvdan 和他的同事提出的 DPSEEA 模型(Driving force-Press-State-Exposure-Effect-Action,驱动力—压力—状态—暴露—影响—响应,1996),EEA(European Environment Agency,欧洲环境署,1998)提出的 DPSIR 模型(Driving force-Pressure-State-Impact-Response,驱动力—压力—状态—影响—响应)等。这些模型在不同程度上考虑了人类活动对环境造成的压力,自然资源质与量的变化,以及人们对这些变化的响应,即采取相应的减

少、预防和缓解自然环境不理想变化的措施。本节以 PSR 模型为例构建城市生态安全的评价模型框架(见图 4-35)。

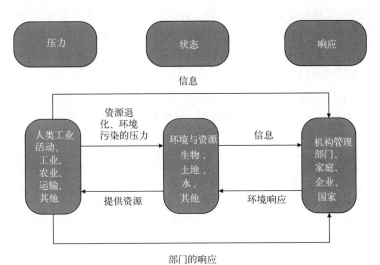

图 4-35 压力—状态—响应(PSR)框架模型

资料来源:林福柏,《福建沿海城市生态安全评价研究》,厦门大学,2009-06-01

PSR 模型具有以下特点:

(1)综合性。同时面对人类活动和自然环境。

(2)灵活性。可以适用于大范围的环境现象。

(3)因果关系。它强调了经济运作及其与环境之间的联系。这一框架模型具有非常清晰的因果关系,即人类活动对环境施加了一定的压力;基于这个原因,环境状态发生了一定的变化;而人类社会应当对环境的变化做出响应,以恢复环境质量或防止环境退化。这三个环节正是决策和制定对策及措施的全过程。在压力—状态—响应模型中,各指标可以做如下理解:压力指标可以表明生态环境问题的原因;状态指标衡量人类活动导致的自然环境状况状态的变化;响应指标则显示社会克服生态安全危机、保障生态安全的能力。

4.5.1.2 评价指标的选取

基于 PSR 概念模型框架和指标的选择原则,从生态安全的内涵出发,并考虑到目前国内外有关安全评价的各种方法,按照上述指导思想和构建原则,采用自上而下、逐层分解的方法,把城市生态安全分为四个层次,每个层次分别选择反映其主要特征的要素作为评价指标。

(1)目标层(Target Layer)

以城市生态安全综合指数(Urban Ecological Security Integrated Index,UESII)作为总目标层,综合表征城市生态安全态势,度量其总体水平。

(2)准则层(Criteria Layer)

准则层是城市生态安全因果关系的体现,包括系统压力、系统状态和系统响应。

(3)要素层(Factor Layer)

要素层是反映准则层的组成要素。系统压力来自人口压力、土地压力、经济压力、资源压力等;系统状态包括资源状态、环境状态等;系统响应选取环境响应、经济响应和社会响应作为评判依据。

(4)指标层(Index Layer)

指标层由可直接度量的指标构成,是城市生态安全综合指标体系最基本的层面,根据要素层各项目的特征和含义,城市生态安全综合指标可由各个指标值通过一定的模型或方法计算得到。

本节选取了28个指标层评价指标。

①反映系统压力的指标(9个)

a.人口密度:区域内单位面积的人口数量,表征人口压力。

b.人口自然增长率:指一定时期内人口自然增长数(出生人数-死亡人数)与该世纪内平均人口数之比,通常以年为单位计算,用千分比来表示。影响人口自然增长率的主要原因是社会经济条件、医疗卫生水平和生育观念等。

c.人均住房使用面积:住房使用面积与城市常住人口的比值。

d.人均铺装道路面积:是体现城市道路交通系统完善程度、城市交通便利程度和城市现代化水平的重要指标之一,反映了城市人流、物流、能流的畅通程度。

e.人均公共绿地面积:是指城市人口人均占有公共绿地(包括开放的各级各类公园和街头绿地等)面积。

f.人均GDP:以当年价计算。人均GDP越高,生态与环境建设能力越强。

g.城市居民恩格尔系数:指家庭收入(或总支出)中用来购买食物的支出比例,是判断一个国家(或地区)居民家庭或个人生活贫富程度的重要指标之一。本处取城镇居民恩格尔系数。

h.万元GDP能耗:万元GDP能耗=区域能源总消耗量(以吨标煤计)/区域国内生产总值(万元)。它表征能源的利用效率,是反映生态产业和资源消耗类的经济技术进步水平核心指标之一。

i.万元GDP用水量:万元GDP用水量=区域用水量(t)/城市国内生产总值(GDP),是反映生态产业和资源消耗类的经济技术进步水平核心指标之一。

②系统状态具体指标(5个)

a.建成区绿化覆盖率:建成区绿化覆盖面积指城市建成区内一切用于绿化的乔灌木和多年生草本植物的垂直投影面积。建成区绿化覆盖率=(建成区绿化覆盖面积/建成区面积)×100%。绿化覆盖率是测量城市绿化程度的最基本指标,是现代城市的标志之一。

b.集中式饮用水源水质达标率:指市区从城市集中饮用水源地取水,其水质达到《生活饮用水卫生标准》的数量占取水总量的百分比。

c.城市地面水质达标率:指城市市区地面水功能区认证点位按各水体功能区划分监测达标的频次占各认证点位测量总频次的百分比。

d.空气质量优良率:表示环境空气的质量。城市空气清新,不仅为居民创造了适宜生活的环境,而且是发展技术密集型产业的重要条件之一。

e.噪声达标区覆盖率:噪声达标区覆盖率=(环境噪声达标区面积/建成区面积)×100%。环境噪声达标区面积,指在建成区内建成并达到国家规定标准的环境噪声达标区的总面积。

③系统响应指标(14 个)

a.工业废水排放达标率:指工业废水排放达标量占工业废水排放量的百分比。

b.工业用水重复利用率:指在一定计量时间(年或月)内,生产过程中使用的重复利用水量与总用水量之比。比值越大表示人类对水的利用越合理。

c.城市生活污水集中处理率:指经过城市污水处理厂处理的生活污水占污水总量的比重。

d.工业废气排放达标率:指工业 SO_2、工业烟尘、工业粉尘的排放达标量占三者排放总量的百分比。

e.工业固体废物综合利用率:指工业固体废物综合利用量占工业固体废物产生量的百分率。它反映工业固体废物的资源化水平。比值越大表明固体废物对城市的潜在威胁越小。

f.城市生活垃圾无害化处理率:是指经无害化处理的市区生活垃圾数量占市区生活垃圾清运总量的百分比。比值越大表示生活垃圾对城市的潜在威胁越小。

g.机动车尾气排放达标率:指全市辖区当年尾气检测达标的机动车数与检测总数之比。

h.第三产业产值占 GDP 比例:指第三产业产值占国内生产总值比重。它体现了产业结构发展的合理性,反映出城市生态环境可持续发展空间的程度,从第一、第二产业向第三产业转移时城市化的效果,也是城市化最重要的标志。

i.高新技术产值占工业总产值比例:指当年高新技术产值占工业总产值的比重,反映产业结构的优化程度,反映社会生产效率和资源消耗程度,是体现城市综合竞争力、可持续发展的重要标志。

j.R&D(研究与发展)支出占 GDP 比例:反映用于自然科学、社会科学和科学技术普及及其他方面的支出。

k.环保投资占 GDP 比例:按照环境保护的要求以投资方式参与国民收入的分配和再分配过程,比值越大,表明用于保护生态环境、开展区域污染治理及防治的投入就越多。反映了经济的发展与环境保护间的合理性,是衡量城市生态可持续发展的指标。

l.万人拥有病床数:可以反映出城市居民身体健康程度和就医的方便程度。城市生态安全必须能为人们提供一个安全、可靠的医疗保障系统。

m.万人拥有公交车辆数:指市区内平均每万人常住人口拥有的公交车辆数。可以反映出城市居民出行的方便程度,是反映城市公共交通发展水平和交通结构状况的指标,作为判断道路的总体交通负荷和管理难易程度的参考指标。

n.万人在校大学生数:在校大学生人数/城市常住人口数。从一定程度上反映城市人口的整体素质水平。

4.5.1.3　城市生态安全评价等级划分

本处综合考虑各个因素,在深入了解我国城市生态安全当前存在的主要问题的基础上,尝试建立通用的城市生态安全评价标准和等级,将安全标准划分为 5 级,即理想安全、较安全、临界安全、不安全、极不安全(见表 4-20)。不同类型的指标等级划分具体如下。

表 4-20　城市生态安全评价等级表征

等级	系统特征
理想安全	生态系统基本未受到破坏,系统恢复再生能力力强,环境质量好,对人类健康无危害
较安全	生态系统较少受到破坏,一般干扰下可恢复,环境质量较好,对人类健康基本无危害
临界安全	生态系统受到一定破坏,系统结构有变化,但尚可维持基本功能,受干扰后易恶化,环境质量中,环境问题对人类健康造成一定危害
不安全	生态系统受到较大破坏,系统结构功能退化且不全,受外界干扰后恢复较困难,环境质量较差,环境问题对人类健康造成较大危害
极不安全	生态环境受到很大破坏,生态恢复与重建很困难,环境质量差,环境问题对人类健康造成很大危害

(1)量纲型指标

根据国外发达地区城市的现状值或相似文献中对生态城市的建议值确定理想安全指标值;分别以我国先进城市现状值、全国城市平均值和最低值为参照,结合当前福建沿海城市的发展目标,确定较安全、临界安全和极不安全的标准值,以临界安全和极不安全标准值的中间值为参照得到不安全标准值。

(2)无量纲型指标

以最优极限值作为理想安全标准值,以国内生态城市的评价标准、全国城市平均值和最低值为参照,结合福建沿海城市的发展目标,确定临界安全、不安全和极不安全的标准值,以理想安全和临界安全的中间值为参照得到较安全标准值。

考虑到本节中的指标体系以地级市(不包括市辖县)为评价对象,在参照相关指标的平均值和最低值时主要采用国家环保总局公布的 2005,2006,2007 年全国环境保护重点城市"城考结果"中的数据。在参考相关科研成果和咨询专家的基础上,设计了一个 5 级分级标准,城市生态安全各分级标准的标准值见表 4-21。

表 4-21　城市生态安全评价指标的分级标准

序号	指标(单位)	属性	分级标准					依据
			V	IV	III	II	I	
1	人口密度(人/m²)	—	5000	4000	3000	2000	1000	国内外城市现状值
2	人口自然增长率(‰)	—	12	11.2	9.6	8	5	国内先进城市现状值(深圳、大连、上海)
3	人均住房使用面积(m²)	+	10	15	25	30	40	建设部小康住房标准
4	人均铺装道路面积(m²)	+	5	10	15	20	30	伦敦现状值,2
5	人均公共绿地面积(m²)	+	4	8	12	16	20	国内外先进市现状值,生态城市建设指标
6	人均 GDP(万元/人)	+	1	3	5	10	20	国内外发达城市现状值,宜居城市评价标准
7	城市居民恩格尔系数(%)	—	60	50	40	30	20	全国文明城市测试体系,生态建设指标
8	万元 GDP 能耗(吨标煤/万元)	—	2	1.5	1	0.5	0.1	3
9	万元 GDP 用水量(t/万元)	—	50	35	20	10	5	生态城市建设指标,国际先进水平
10	建成区绿化覆盖率(%)	+	25	30	35	40	50	1,2,3

序号	指标(单位)	属性	分级标准					依据
			V	IV	III	II	I	
11	集中式饮用水源水质达标率(%)	＋	80	85	90	95	100	国家一级标准,2
12	城市地面水质达标率(%)	＋	80	85	90	95	100	国家标准
13	空气质量优良率(%)	＋	60	70	80	90	100	国家一级标准
14	噪声达标区覆盖率(%)	＋	30	50	70	90	100	国家标准
15	工业废水排放达标率(%)	＋	80	85	90	95	100	国家标准
16	工业用水重复利用率(%)	＋	50	60	70	85	100	国家标准
17	城市生活污水集中处理率(%)	＋	30	50	70	85	100	1,2
18	工业废气排放达标率(%)	＋	80	85	90	95	100	国家标准,1,2
19	工业固体废物综合利用率(%)	＋	60	70	80	90	100	国家标准
20	城市生活垃圾无害化处理率(%)	＋	60	70	80	90	100	国家标准,1,2
21	机动车尾气排放达标率(%)	＋	65	75	85	95	100	国家标准
22	第三产业产值占 GDP 比例(%)	＋	30	40	50	60	70	3
23	高新技术产值占工业总产值比例(%)	＋	8	15	30	55	70	3
24	R&D 支出占 GDP 比例(%)	＋	0.8	1.3	1.8	2.5	3	发达国家现状值
25	环保投资占 GDP 比例(%)	＋	1	1.5	2	3	5	3
26	万人拥有病床数(张)	＋	20	25	30	60	90	国内先进城市现状值
27	万人拥有公交车辆数(辆)	＋	5	10	16	22	30	国内先进城市现状值
28	万人在校大学生数(人)	＋	200	360	580	1000	1500	国内外先进城市现状值

注:a. Ⅰ、Ⅱ、Ⅲ、Ⅳ、Ⅴ 分别代表理想安全、较安全、临界安全、不安全、极不安全。

　　b. 依据中的 1,2,3 的含义分别如下:1 表示 2006—2007 年全国城市环境管理与综合整治年度报告;2 表示国家环境保护模范城市考核指标;3 表示郭秀锐,杨居荣,毛显强等的《城市生态系统健康评价初探》。

　　c. 其中"＋"代表效益型指标,"－"代表成本型指标。

4.5.1.4　泉州市生产安全评价指标值

　　从所建立的指标体系来看,影响城市生态的经济和社会方面的指标较多,说明在城市生态系统中,人的主观能动性对城市生态系统具有决定性的影响,人为因素是反映城市生态安全水平最重要的因素;同时,本节是从反映人类活动和自然生态系统功能之间关系的角度进行城市生态安全评价,目的是找出泉州市生态安全中存在的问题,使人们能够有针对性地调整经济生产等相关活动,达到协调生态、经济和社会之间关系的目标。例如洪涝、干旱等自然灾害方面的因素,虽然也包括在广义的城市生态安全的范围内,但由于其成因更多是由全球或者流域等比城市更大的尺度上的因子造成的,并且具有不确定性,与城市人类活动并不构成直接的对应关系,因此所建立的评价体系没有选择这方面的指标。

　　指标数据的来源主要有:

　　(1)年鉴类:福建经济与社会统计年鉴,福州年鉴,2008 年中国城市(镇)生活与价格年鉴,中国环境年鉴。

（2）政府公报类：环境质量公报，国民经济与社会发展统计公报。

（3）城市政府部门调研数据及网络搜索。

在数据的整理搜集过程中，由于所有变量都需要一个特定时间系列的数据作为支持，可能会遇到某一年份的指标因为统计口径和统计项发生变化而在统计年鉴等资料中没有统计。但为了研究和评价的要求还需通过其他途径获得，以补充数据的完整性。

泉州市 2003—2007 年的纵向评价指标值见表 4-22。

表 4-22　泉州市生态安全评价指标值（2003—2007 年）

序号	目标层	准则层	要素层	指标（单位）	泉州				
					2003	2004	2005	2006	2007
1			人口压力	人口密度（人/m²）	903.32	935.28	976.34	1019.5	1205.06
2				人口自然增长率（‰）	4.37	5.7	5.59	7.52	5.95
3			土地压力	人均住房使用面积（m²）	19.59	21.5	21.4	22.93	27.67
4		系统压力		人均铺装道路面积（m²）	8.15	8.55	10.15	10.22	9.42
5				人均公共绿地面积（m²）	13.35	13.68	13.57	9.22	7.52
6			经济压力	人均 GDP（万元/人）	35009	36102	36520	37080	37556
7				城市居民恩格尔系数（%）	41.3	39.4	37	35.5	38.2
8			资源压力	万元 GDP 能耗（吨标煤/万元）	0.6	0.65	0.66	0.634	0.843
9				万元 GDP 用水量（t/万元）	16.2	15.5	20.4	19.5	20.57
10	泉州市生态安全评价指标	系统状态	资源状态	建成区绿化覆盖率（%）	36.06	36.9	36.82	36.59	36.84
11				集中式饮用水源水质达标率（%）	99	99.37	99.57	96	100
12			环境状态	城市地面水质达标率（%）	100	100	100	100	95.8
13				空气质量优良率（%）	97.8	100	99.2	98.4	97
14				噪声达标区覆盖率（%）	50.11	52.30	53.14	56.24	59.95
15				工业废水排放达标率（%）	97.57	96.62	95.3	97.07	99.9
16				工业用水重复利用率（%）	90.33	89.98	90.9	91.3	47.4
17			环境响应	城市生活污水集中处理率（%）	73.66	67.83	70.07	71.42	83
18				工业废气排放达标率（%）	99.11	98.76	99.47	99.67	94.95
19				工业固体废物综合利用率（%）	85.35	70	91.3	93.4	97.18
20				城市生活垃圾无害化处理率（%）	93.92	94.14	96.68	94.26	100
21		系统响应		机动车尾气排放达标率（%）	60	70.4	82.46	84.84	94.5
22				第三产业产值占 GDP 比例（%）	42.1	42	43	44.5	42.52
23			经济响应	高新技术产值占工业总产值比例（%）	40.12	42.22	43.50	47.23	49.30
24				R&D 支出占 GDP 比例（%）	1.1	1.74	1.76	1.99	0.44
25				环保投资占 GDP 比例（%）	2.2	2.4	2.55	2.58	1.2
26			社会响应	万人拥有病床数（张）	49.46	50.13	48.11	50.18	53.19
27				万人拥有公交车辆数（辆）	6.5	6.7	7.1	7.3	7.53
28				万人在校大学生数（人）	337.29	416.22	482	499	713.82

4.5.1.5 模糊综合评价法在城市生态安全评价中的应用

模糊综合评价是在考虑多种因素的影响下,运用模糊数学工具对某事物做出综合评价。由于生态安全状况的优劣是相对于标准而言的,安全与否只是一个相对概念,很难对某生态系统是安全或不安全做出明确结论。因此,城市生态安全问题可以作为一个模糊问题来处理,采用模糊数学建立城市生态安全评价模型是可行的。城市生态安全模糊综合评价的基本过程如下。

(1)设计评价参数对评定等级的隶属函数

按照城市生态安全指标的 5 个分级标准,最能表示某级特性的点(平均值点)的隶属度为 1,而边界交叉点概念最模糊,隶属度为 0.5。将所有指标数据分为效益型和成本型两类进行处理。

①效益型指标(数值越大越好的指标)5 个等级的隶属度函数设计如下:

理想安全隶属函数

$$y_1 = \begin{cases} 1 & x \geqslant s_1 \\ (x-s_2)/(s_2-s_1) & s_2 < x < s_1 \\ 0 & x \leqslant s_2 \end{cases}$$

较安全隶属度函数

$$y_2 = \begin{cases} (x-s_1)/(s_2-s_1) & s_2 < x \leqslant s_1 \\ (x-s_3)/(s_2-s_3) & s_3 < x < s_2 \\ 0 & x \geqslant s_1, x \leqslant s_3 \end{cases}$$

临界安全隶属度函数

$$y_3 = \begin{cases} (x-s_2)/(s_3-s_2) & s_3 < x \leqslant s_2 \\ (x-s_4)/(s_3-s_4) & s_4 < x < s_3 \\ 0 & x \geqslant s_2, x \leqslant s_4 \end{cases}$$

不安全隶属度函数

$$y_4 = \begin{cases} (x-s_3)/(s_4-s_3) & s_4 < x \leqslant s_3 \\ (x-s_5)/(s_4-s_5) & s_5 < x < s_4 \\ 0 & x \geqslant s_3, x \leqslant s_5 \end{cases}$$

极不安全隶属度函数

$$y_5 = \begin{cases} 0 & x \geqslant s_4 \\ (x-s_4)/(s_5-s_4) & s_5 < x < s_4 \\ 1 & x \leqslant s_5 \end{cases}$$

②成本型指标(数值越小越好的指标)5 个等级的隶属函数设计如下:

理想安全隶属函数

$$y_1 = \begin{cases} 1 & x \leqslant s_1 \\ (s_2-x)/(s_2-s_1) & s_1 < x < s_2 \\ 0 & x \geqslant s_2 \end{cases}$$

较安全隶属度函数

$$y_2 = \begin{cases} (x-s_1)/(s_2-s_1) & s_1 < x \leqslant s_2 \\ (x-s_3)/(s_2-s_3) & s_2 < x < s_3 \\ 0 & x \geqslant s_3, x \leqslant s_1 \end{cases}$$

临界安全隶属度函数

$$y_3 = \begin{cases} (x-s_2)/(s_3-s_2) & s_2 < x \leqslant s_3 \\ (x-s_4)/(s_3-s_4) & s_3 < x < s_4 \\ 0 & x \leqslant s_2, x \geqslant s_4 \end{cases}$$

不安全隶属度函数

$$y_4 = \begin{cases} (x-s_3)/(s_4-s_3) & s_3 < x \leqslant s_4 \\ (x-s_5)/(s_4-s_5) & s_4 < x < s_5 \\ 0 & x \geqslant s_4, x \leqslant s_3 \end{cases}$$

极不安全隶属度函数

$$y_5 = \begin{cases} 0 & x \leqslant s_4 \\ (x-s_4)/(s_5-s_4) & s_4 < x < s_5 \\ 1 & x \geqslant s_5 \end{cases}$$

式中，x 为各评价指标的实际值；

$s_i(i=1,2,3,4,5)$ 为理想安全、较安全、临界安全、不安全和极不安全 5 个评价等级的标准值。

(2)建立评价等级参数与评定等级间的模糊关系

将泉州市的 n 个指标数据代入各参数对各级指标隶属度函数公式中，可求出各评价参数对于 5 个评定等级的隶属度，从而构成模糊关系矩阵 $\mathbf{R}$，即

$$\mathbf{R} = \begin{bmatrix} r_{11} & r_{12} & r_{13} & r_{14} & r_{15} \\ r_{21} & r_{22} & r_{23} & r_{24} & r_{25} \\ \vdots & \vdots & \vdots & \vdots & \vdots \\ r_{n1} & r_{n2} & r_{n3} & r_{n4} & r_{n5} \end{bmatrix}$$

其中，r_{ij} 表示第 i 个评价指标隶属于第 j 等级的隶属度。这里，第 1，2，3，4，5 等级分别对应理想安全、较安全、临界安全、不安全、极不安全。

(3)进行模糊矩阵的复合运算

复合运算公式如下：

$$B = (b_j)_{1 \times 5} = A \cdot \mathbf{R} = (a_i)_{1 \times 28} \cdot [r_{28 \times 5}]$$

式中，A 为评价指标的权重集，即 $A = (a_1, a_2, \cdots, a_{28})$，$a_i$ 表示第 i 项指标的权重；

b_j 表示隶属于第 j 等级的隶属度，计算 b_j 采用加权评价模糊合成算子 $M(\cdot, +)$ 进行运算，即：

$$b_j = \sum_{i=1}^{28} (a_i r_{ij})$$

(4)计算级别变量特征值 H

$$H = \sum_{j=1}^{5} jb_j$$

式中，H 为城市所处生态安全等级。

（5）评价结果

按照上述模糊综合评价的计算过程，得出模糊综合评价结果向量 $B=(0.214604,$ $0.283422,0.255651,0.150489,0.095834)$，级别变量特征值为 $H=2.647572\approx3$，根据表 4-20 判定泉州市的生态安全等级为临界安全。

4.5.1.6　准则层单项生态安全水平的模糊评价

为了比较全面地了解泉州市生态安全状况，需要对准则层的各单项生态安全水平分别进行评价。首先对准则层各部分所包含指标在总生态安全水平内的权重进行归一化，得到各指标在相应准则层单项生态安全水平的权重，见表 4-23。

表 4-23　准则层单项生态安全水平权重

序号	准则层	指标层	准则层单项生态安全水平权重纵向评价指标
1	生态系统压力	人口密度（人/m²）	0.1199
2		人口自然增长率（‰）	0.0720
3		人均住房使用面积（m²）	0.0915
4		人均铺装道路面积（m²）	0.0774
5		人均公共绿地面积（m²）	0.0696
6		人均 GDP（万元/人）	0.1170
7		城市居民恩格尔系数（%）	0.1156
8		万元 GDP 能耗（吨标煤/万元）	0.1854
9		万元 GDP 用水量（t/万元）	0.1516
10	生态系统状态	建成区绿化覆盖率（%）	0.2075
11		集中式饮用水源水质达标率（%）	0.2329
12		城市地面水质达标率（%）	0.0918
13		空气质量优良率（%）	0.2472
14		噪声达标区覆盖率（%）	0.2206
15	生态系统响应	工业废水排放达标率（%）	0.0978
16		工业用水重复利用率（%）	0.0598
17		城市生活污水集中处理率（%）	0.0648
18		工业废气排放达标率（%）	0.0928
19		工业固体废物综合利用率（%）	0.0603
20		城市生活垃圾无害化处理率（%）	0.0708
21		机动车尾气排放达标率（%）	0.0766
22		第三产业产值占 GDP 比例（%）	0.0769
23		高新技术产值占工业总产值比例（%）	0.0687
24		R&D 支出占 GDP 比例（%）	0.0520
25		环保投资占 GDP 比例（%）	0.0876
26		万人拥有病床数（张）	0.0705
27		万人拥有公交车辆数（辆）	0.0618
28		万人在校大学生数（人）	0.0596

选择应用模糊综合评价法对泉州市 2003 年至 2007 年的生态安全水平进行纵向评价，结果见表 4-24。

表 4-24　泉州市生态安全模糊综合评价结果（2003—2007 年）

年份(年)	隶属度					级别特征值	评价结果
	理想安全	较安全	临界安全	不安全	极不安全		
2003	0.236447	0.257047	0.287911	0.164381	0.061430	2.4811	临界安全
2004	0.216602	0.282359	0.33004	0.145434	0.025565	2.3011	较安全
2005	0.254877	0.266257	0.380273	0.105807	0.00000	2.1011	较安全
2006	0.198945	0.336434	0.381254	0.090583	0.00000	2.2011	较安全
2007	0.214604	0.283422	0.255651	0.150489	0.095834	2.5667	临界安全

可计算得出泉州市准则层单项模糊综合评价结果见表 4-25。

表 4-25　泉州市准则层单项模糊综合评价结果

年份	准则层	隶属度					级别特征值	评价结果
		Ⅰ	Ⅱ	Ⅲ	Ⅳ	Ⅴ		
	生态系统压力	0.1906	0.2280	0.3458	0.2064	0.0292	2.6555	临界安全
2003	生态系统状态	0.5421	0.1454	0.3125	0.0000	0.0000	1.7704	较安全
	生态系统响应	0.2056	0.2973	0.2136	0.1783	0.1052	2.6804	临界安全
	生态系统压力	0.1743	0.2485	0.4069	0.1475	0.0228	2.5960	临界安全
2004	生态系统状态	0.6037	0.2210	0.1753	0.0000	0.0000	1.5716	较安全
	生态系统响应	0.1568	0.3134	0.3129	0.1829	0.0340	2.4273	较安全
	生态系统压力	0.1769	0.1994	0.4778	0.1459	0.0000	2.5927	临界安全
2005	生态系统状态	0.5953	0.2251	0.1796	0.0000	0.0000	1.5843	较安全
	生态系统响应	0.2401	0.3141	0.3449	0.1009	0.0000	2.3066	较安全
	生态系统压力	0.1296	0.2562	0.4754	0.1388	0.0000	2.6236	临界安全
2006	生态系统状态	0.4290	0.4353	0.1357	0.0000	0.0000	1.7066	较安全
	生态系统响应	0.2161	0.3574	0.3632	0.0633	0.0000	2.2736	较安全
	生态系统压力	0.1437	0.1746	0.4561	0.2078	0.0178	2.7803	临界安全
2007	生态系统状态	0.3900	0.3034	0.2071	0.0995	0.0000	2.0162	较安全
	生态系统响应	0.2124	0.3645	0.1042	0.1184	0.2005	2.7302	临界安全

注：Ⅰ、Ⅱ、Ⅲ、Ⅳ、Ⅴ分别代表理想安全、较安全、临界安全、不安全、极不安全。

4.5.1.7　泉州市生态安全纵向变化趋势分析

（1）用折线图表示泉州市总生态安全水平和三个单项生态安全水平的变化趋势，如图 4-36 所示。

由上图可以看出，泉州市生态安全总体水平从 2003 年到 2007 年呈逐年变好的趋势，生态系统状态和响应处于较安全等级，由此可以看出泉州市在城市环境保护、社会和谐发展等

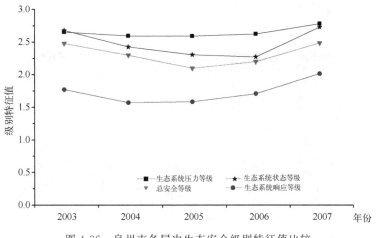

图 4-36 泉州市各层次生态安全级别特征值比较

方面的坚持和继续改善的努力;而总体安全等级受到生态系统压力的影响较大。泉州市作为福建省闽南地区社会经济发展的重要城市,来自人口等方面的压力日益增大。加之泉州市本身土地等资源的缺乏,使得生态系统压力层面一直处于临界安全等级,今后应加强生态系统压力方面的改善工作。

(2)用百分比堆积柱形图表示泉州市生态安全和泉州市单项生态安全等级隶属度的变化趋势,分别如图 4-37、图 4-38、图 4-39、图 4-40 所示。

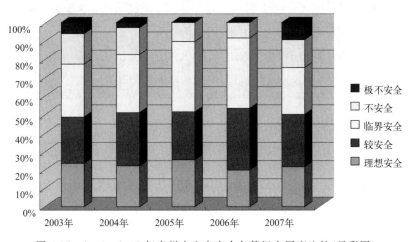

图 4-37 2003—2007 年泉州市生态安全各等级隶属度比较(见彩图)

从图 4-37 可以看出,泉州市从 2003 年到 2007 年期间,生态安全的不安全隶属度逐渐变小,相应的临界安全和较安全隶属度逐渐增大,说明影响泉州市生态安全的限制因子逐渐在减少,泉州市在城市生态安全方面的投入得到了相应的效果。随着经济的发展,泉州市在 2007 年出现的一些不安全因子也在增多。

由图 4-38 可以看出,泉州市生态系统压力不安全隶属度逐步变小,而临界安全的隶属度正逐步增大,说明泉州市生态系统压力限制因子的作用在加大,主要是人口和土地方面的压力。应合理控制人口的流入,提高人口的整体素质,加强土地资源整合和利用,减缓因经济社会发展需要所带来的土地压力。

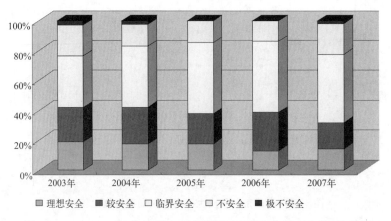

图 4-38 2003—2007 年泉州市生态系统压力等级隶属度比较(见彩图)

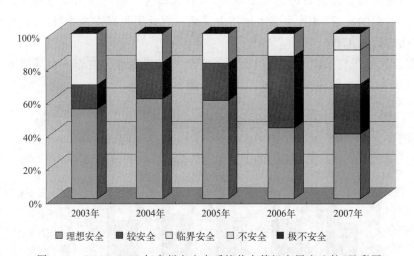

图 4-39 2003—2007 年泉州市生态系统状态等级隶属度比较(见彩图)

由图 4-39 可以看出,2003—2007 年期间,泉州市生态系统状态极不安全和不安全等级隶属度均为 0,且临界安全隶属度逐渐变小,说明影响泉州生态系统状态的限制因子在减少。理想安全和较安全的隶属度均较大,占各等级隶属度百分比的 60% 以上,说明泉州生态系统状态水平较高;但理想安全隶属度曾出现连续三年逐渐下降的趋势,主要影响因素是空气质量优良率、建成区绿化覆盖率和噪音达标区覆盖率等,今后应加强相关方面的治理和控制。

由图 4-40 可以看出,2003—2007 年期间,泉州市生态系统响应的不安全和极不安全隶属度逐渐变小,理想安全隶属度在逐渐变大,说明泉州市生态系统响应的发展较大。今后继续增加环保投资和科学教育投入,通过产业结构升级、改进技术和加快环境基础设施建设来提高城市环境治理方面的效率。

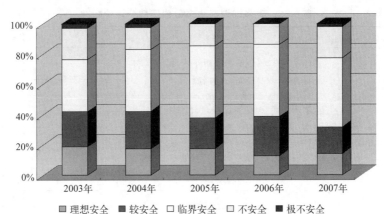

图 4-40　2003—2007 年泉州市生态系统响应等级隶属度比较(见彩图)

4.5.2　环境污染与项目选址

基于上述分析,在进行项目选址时考虑:①重污染行业企业;②工业企业遗留或遗弃场地;③工业(园)区,周边影响范围取 235 m;④固体废物集中填埋,堆放、焚烧处理处置场地,影响范围可取 500~1000 m,影响范围较大;⑤采矿区及周边地区;⑥污水灌溉区;⑦主要蔬菜基地和畜禽养殖场地,影响范围可取 50~100 m,泉州市区有 2 处;⑧大型交通干线两侧,影响范围为 50~150 m;⑨社会关注的环境热点地区和其他怀疑污染区域,均不在泉州市区,泉州市中心城区降雨量<1500 mm,以及地形坡度的关系,对选址影响很小,不做考虑。

上述影响范围内的区域为不适宜区,总体来看,环境污染源较为分散,中心市区内主要分布于东海(3 处),江南靠近晋江岸边(1 处),清源山周围(3 处);中心市区外在磁灶、仙石都有分布。建议这些中心市区范围内的污染源搬迁。

4.5.3　泉州城市建设的生态敏感性分析

根据泉州自然生态、人文生态对人类的价值、易受人类活动的影响破坏程度、自然灾害和环境污染的危害等方面的原因,确定划分生态敏感区的四个类型:①资源型生态敏感区:如水源保护地、重要生物资源或者生物多样性保护地带;②自然型生态敏感区,如水路交错带、地质缺乏生态稳定性地带、易受自然灾害影响的生态脆弱带;③文化型生态敏感区:重要的人文景观资源和历史文化保留地;④环境型生态敏感区:存在环境污染或者易受环境污染的地区,如城乡交错带、道路两侧等。泉州规划区生态敏感区划分评价标准见表 4-26。

根据以上生态敏感区类型的划分,同时属于三大类以上生态敏感类型且包含的小类评价结果为极重要或者重要的地段,或者同时属于两大类以上生态敏感区类型但每一小类评价值为极重要的地段,规划为一级生态敏感区。同时属于两大类以上生态敏感区且包含的小类评价结果为重要或者一般的地段,或者只属一大类但包含的小类评价值为极重要的地段,规划为二级生态敏感区。只属其中一大类且包含的小类评价值为重要或者一般的地段,规划为三级生态敏感区。其余为一般区域。泉州市生态敏感区具有类型多、分布广、面积大、级别和价值高的特点,生态敏感区是一个城市极为敏感的地带,必须在城市规划中加以充分保护、恢复和建设,同时禁止在新一轮的城市建设中遭到破坏。

表 4-26　泉州规划区生态敏感区划分评价标准

生态敏感区	生态类型	评价分级
资源型生态敏感区	森林生态系统（包括水源涵养林、环保林、水土保持林、森林公园、古树名木等）	极重要
		重要
		一般
	生物多样性（包括滩涂湿地、鸟类中转迁徙站、鱼类产卵索饵或洄游道、自然保护区等）	价值极大
		价值大
		一般
	水源涵养地（包括自来水厂保护区、水源取水地、江河洪水调蓄区等）	极重要
		重要
		一般
	基本生态资产（高产成片农业区、规模化养殖场等）	极重要
		重要
		一般
自然型生态敏感区	水土流失敏感区	剧烈流失
		严重流失
		一般流失
	沙漠化、风沙化生态敏感区	沙化剧烈
		沙化严重
		沙化一般
	与生态有关的自然灾害（包括地质断裂带不稳定区）	破坏剧烈
		破坏严重
		破坏一般
文化型生态敏感区	自然与人文遗迹	国家级
		省市级
		县市级
	风景名胜区	国家级
		省市级
		县市级
环境型生态敏感区	大气、地表水、土壤、废弃物等易污染区或者已污染区	污染严重
		污染较严重
		污染一般
	矿山、工程建设生态破坏区或者地下水开采敏感区	破坏严重
		破坏较严重
		破坏一般

（1）一级生态敏感区

分析结果表明，一级生态敏感区主要是晋江（晋江干流）、洛阳江、山美水库、惠女水库、菱溪水库等主要水体及其周边水源涵养林地与山体；其次为晋江河口、泉州内湾、深沪湾等主要滩涂湿地，以及作为城市绿心、生态价值极高的清源山、桃花山、灵源山、陈山等主要山体，文化生态价值极高的泉州鲤鱼古城、崇武古城等区域。以上区域对城市开发建设极为敏感，一旦出现破坏干扰，不仅会影响该区域，而且可能会给整个区域生态系统带来严重破坏，属自然生态、资源生态、文化生态重点保护地段。以下简要分析各主要一级生态敏感区发展方向及保护措施。

①晋江、洛阳江一级生态敏感区

晋江、洛阳江是泉州市主要的地表水水源，其水源是泉州规划的生活及工业用水，但同时也是生活污水、工业污水的排污区。作为极其敏感的一级生态区，对两江应该严加保护,根据不同的水功能要求划分不同的保护地段;城市建设严禁零距离地靠近两江发展,沿江两侧根据不同的地段划出 30～50 m 宽的绿化隔离带以保护水源;禁止污染性大的企业沿江布局;兴建污水处理厂,加大对生活污水、工业污水的处理力度,实行两江流域水污染物总量控制,制定总量排放标准。

②泉州湾、晋江河口湿地一级生态敏感区

泉州湾河口湿地是中国重要湿地之一,是中国亚热带河口滩涂湿地的典型代表。从秀涂至石湖连线为内湾,全部规划为一级生态敏感区,面积为 79.51 km²,其中湿地占 99%。在泉州湾目前已记录的 1000 多种物种中,国家一级保护动物有中华白海豚和中华鲟 2 种,二级保护动物有鲸豚 9 种、海龟 3 种、蛙 1 种、白氏文昌鱼 1 种。有 29 种鸟类分别受到国际、国家或者省重点保护,其中国家二级保护的鸟类 10 种。泉州湾有红树林 3 种,其中桶花树和白骨壤是太平洋西岸自然分布的种类。泉州湾有外来物种大米草 2 种,2000 多亩大米草已经造成外来物种的入侵危害。泉州湾滨海的滩涂湿地生态系统为多种海鸟、候鸟提供栖息环境,区域内有桃花山海鸟自然保护区和桃花山水禽和白海豚核心区。由于人类活动日益频繁,对滨海开发强度日益增强,工业、生活污水大量排入,使得泉州湾面临着淤积、富营养化、生物多样性减少的危险,必须对其进行生态保护。针对这种情况,需要打破行政界限,建立统一管理的自然保护区,禁止城市向自然保护区延伸发展;在泉州湾自然保护区中划出核心区、缓冲区和实验区;在核心区禁止一切养殖和采捕生物,保持天然状态生态环境,禁止任何单位和个人进入,也不允许进入从事科学研究活动;缓冲区只准进入从事科研和观测活动;在实验区内,可以有限度地开展科研、教学实习、参观考察、旅游等活动。

③深沪湾一级生态敏感区

深沪湾分布有我国唯一的海底古森林遗迹,主要保护对象为具有 7500 多年历史的海底古森林遗迹和 10000～20000 多年的牡蛎海滩岩。深沪湾海底古森林遗址在树种、濒危度等方面具有特色,在国内尚无二例,在国际上也属罕见。而且,该海区沙滩宽阔平坦,沙细洁白,环境质量良好,是海上娱乐和旅游的重要场所。对该区应以保护海底古森林遗迹为主导,制定和执行自然保护区规章制度,加强宣传,划出核心区、缓冲区、实验区;可以利用有利的资源进行旅游开发,但主要在实验区进行,而且要采取必要措施防止发展旅游的过程中对生态造成破坏;同时,限制水产养殖及周边污染源对古森林自然遗迹和滨海旅游的污染破坏。

④山美水库、菱溪水库、惠女水库等一级生态敏感区

山美水库是南安市、泉州中心市区及晋江下游各县(市、区)的饮用水源地表水保护区。菱溪水库是泉港区的集中式生活饮用地表水源地保护区,且地处山地,周围森林茂密,水源涵养条件好。惠女水库属跨地区、跨流域大型水库,总库容 1.23 亿 m³,为泉港区和惠安县的重要饮用水源,也是多年来候鸟栖息和迁徙的中转站。对以上饮用水源地要划定水源涵养保护区,确定水质标准;植树造林,提高森林覆盖率,防治水土流失;同时,合理施肥,减少农业面源污染,建设水源涵养林。

⑤清源山、桃花山、灵源山、笔架山等山体一级生态敏感区

清源山森林茂密,有草邦水库、群生水库等水体以及周边水源涵养林。清源山不仅具有峰峦叠嶂、幽谷流泉、石壁摩天等自然景观,而且还是一座文物荟萃、古迹众多的名山,是我国第二批国家级重点风景名胜区,整个区域包括清源山、灵山、九日山,面积 62 km²。

桃花山位于泉州市东部,北依城东组团,东连洛阳江,海拔 125 m,现有植物资源比较丰富,分为大、小桃花山和若干小山峰,主要名胜古迹有海印寺和金山寨古船出土遗迹。区域内有桃花山海鸟自然保护区和桃花山水禽、白海豚核心区,生物资源丰富。

紫帽山位于泉州市西南,海拔高度 518 m,有紫溪水库、紫湖水库两个主要水体,山内不仅绿树成片,环境优美,有大片马尾松林、常绿阔叶林以及灌木林地,而且还有金粟洞、盘古洞、凌霄塔、宿燕寺、观音阁、安福寺等名胜古迹。

以上山体均处于泉州市区中的城东、中心、东海、江南组团中间,几乎位于城市中间部位,极易受到城市开发建设的影响和破坏,同时由于它们重要的生态价值,必须加以保护。

灵源山—华表山—罗裳山自东向西成一线分布在晋江市西南边缘,海拔分别为 305 m、259 m 和 239.5 m。区内植被良好,森林覆盖率较高,是晋江中心城市边缘的重要绿色屏障,也是其西侧东山水库和双宅水库的主要水源涵养地,另外,由于开山采石及工程建设引起植被破坏、不合理开发山坡地等原因,水土流失较严重。同时,这一区域也是晋江旅游景点集中分布的地带,有国家级重点保护单位草庵摩尼教遗址,以及凌源寺、紫竹寺、画马石等旅游景点,是晋江重要的风景名胜区,也是晋江重要的生态调节区。

以上山体的共同特点是自然生态资源极其重要,文化生态资源独特丰富,旅游开发强度大,且都位于城市边缘,极易受到城市建设的侵吞、破坏和污染。另外,由于开山采石及工程建设引起植被破坏、不合理开发山坡地等原因,水土流失较严重,生态敏感性极高。应该根据不同重点山体部位做好封山育林工作,禁止开山采石;控制无限度的旅游开发建设,同时,注重旅游发展对山体的生态环境破坏和环境污染,防止山体景区城市化;严禁城市建设用地侵吞山体;加强对山体内生态公益林、重要水库水源涵养林的生态保育。

⑥鲤鱼古城、崇武古城等文化一级生态敏感区

泉州具有悠久的历史,是全国第一批公布的历史文化名城。历史上曾是全国最大的海港之一,海上丝绸之路的起点,城内文物众多,文化价值很高。但同时泉州旧城改造与城市现代化建设也是泉州城市发展中一个突出的矛盾,历史古城一旦遭到破坏,不仅会失去城市的文化底蕴和城市个性,而且会造成不可逆转、无法计量的损失,因此文化生态敏感性极高,划分为一级生态敏感区。

泉州古城保护首先应对三山(清源山、紫帽山、桃花山)、两江(晋江、洛阳江)这个古城依赖的背景进行保护。在保护好大环境的同时,重点保护鲤鱼、崇武等古城的风貌和特色,发扬传统地方建筑风格。古城特色主要体现在山水城一体、以双塔为中心的平面空间构图体系,大量文物和历史文化遗址、典型民居,地方建筑特色和石板路面,完整的骑楼式商业街,城市水系以及各种因素综合而成的古城整体环境。

鲤鱼、崇武古城的保护应该采取控制并降低城区人口密度的措施,迁出严重污染企业和部分行政机构,解决好古城排水、排污等市政公用设施,加强古城绿化用地,保护古城人文、自然风貌特色等措施,同时古城发展方向应以商贸旅游为主,重点发展第三产业,使古城的文化底蕴和城市个性得以保存和发展。

(2)二级生态敏感区

二级生态敏感区主要是泉州沿海的水陆交错带——湄洲湾、泉州外湾、围头湾、安平湾及其周边沿海滩涂、湿地地带,其次为高程大于 80 m 且植被良好、有丰富水源涵养、易受人类干扰的山体、林地区域,主要分布在南安市的北部与南部山区、罗江区的北部与西部、惠安

县的西部与南部山区等地。以上区域对人类活动敏感性较高,一旦遭到破坏,生态恢复难,它们对维持一级生态敏感区的良好功能及气候环境等方面起到重要作用,从生态学及保护生产性土地的观点来看,是不适宜用于城市发展用地,开发必须慎重。以下简要分析各主要二级生态敏感区的发展方向和保护措施。

①水陆交错带——湄洲湾、泉州外湾、围头湾及周边沿海滩涂、湿地敏感区

生态学研究表明,水陆交错带由于生态环境条件的特殊性、异质性和不稳定性,使得毗邻群落的生物可能集聚在这一生境重叠的交错区域中,不但增加了交错区域中物种的多样性和种群密度,而且增加了各种物种的活动强度,是生态最敏感区域之一。

湄洲湾两岸是以石化为龙头的重工业基地建设和新兴的港口工业城市,分布有我国重要的山腰盐场和大面积的滩涂、浅海养殖区,湾口口门的湄洲岛是国家著名的国家级风景名胜区。同时,近年来由于大量的工业废水排入海域,大型油轮及输油油轮的与日俱增,沿海滩涂的大量养殖等原因,在海岸带和滩涂区已看不到原生植被体系,人工种植的防风林也遭到砍伐,海水中营养物的含量也在不断增加,湄洲湾面临着海水富营养化的潜在威胁。

泉州外湾分布有大量的滩涂湿地,生物多样性比较丰富,同时也是风沙危害、水土流失较严重,易受污染的地区。由于该区人口分布集中,也是未来城市发展的主要方向之一,将会受到人类活动的更大干扰,生态敏感性较强。

围头湾东部较深,浮游生物丰富,利于鱼虾、贝类繁殖、索饵和过冬,而且分布有国家一级保护动物中华白海豚,二级保护动物灰海豚、太平洋海豚、海龟、玳瑁等,水生生物资源较为丰富。围头湾西岸近海岸较平缓,水深较浅,海水水质良好,是晋江主要的海水养殖区和盐业生产区。

对以上沿海滩涂湿地及周边海域要严格控制周边污染源排放,保护养殖水域和生物多样性生态环境。有限度、有选择地进行城市建设,建议以居住用地、旅游等第三产业用地为主,禁止污染大的企业进入。

②高程大于 80 m 且植被良好、有丰富水源涵养、易受人类干扰的山体、林地敏感区

主要分布在南安市的北部与南部山区,洛江区的北部与西部,惠安县的西部与南部山区等地,这些山体和林地作为泉州市的生态屏障和生态调节区,在防风固沙、抑制水土流失、涵养水源、维持生物多样性、调节城市气候等方面发挥着重要作用,应该严加保护。

(3)三级生态敏感区

三级生态敏感区主要是基本农田保护区,耕地不仅能提供给我们充足的食物来源,而且还具有极其重要的生态调节作用。泉州人地矛盾突出,由于城市扩展等原因,耕地迅速减少。而且随着泉州城市经济的快速发展,将来仍不可避免地要占用大量农业用地,保护耕地就是保护我们的生命线,尤其是一类集中连片的良田,是非常重要的生态资产。良田是在开发建设中必须重视的生态敏感地段。研究范围内极为重要的良田敏感区主要位于晋江南高干渠、晋江北高干渠两侧,石狮北部沿泉州湾南部地段,泉港东部沿福厦高速公路、324 国道之间区域等靠近城市、极易被城市侵吞的良田区。

其次为高程小于 80 m、有荒山灌草等植被分布的丘陵、台地,以及人类活动强度大,易受污染、破坏的交通干线两侧和城乡交错带等区域。该区域能承受一定的人类干扰,可承受一定强度的城市开发建设,但严重干扰后会发生水土流失及相关自然灾害,生态恢复慢。

4.6　各类灾害叠加后对泉州市城市规划的影响

4.6.1　泉州市公共安全综合风险定量评估方法

近些年来,随着我国城市化和工业化进程的不断加快,城市中重大危险源数量不断增多,且许多危险源由于城市扩展已经被稠密的居民区等民用区域所包围,由此引发了许多严重的安全问题。例如:1993 年 8 月 5 日深圳清水河危险化学品库特大爆炸事故;1998 年 3 月 5 日西安液化石油气贮罐爆炸事故;2004 年 4 月 15 日重庆天原化工厂氯气泄漏爆炸事故;2005 年 11 月 13 日,中石油吉林石化公司双苯厂苯胺装置发生危险化学品特大燃爆事故,除造成 8 人死亡,1 人重伤,59 人轻伤,疏散群众 1 万多人外,还造成了松花江水体的严重污染,经济损失难以估算。

上述事故暴露出在城市规划中缺乏土地规划和厂房选址、布局不合理等严重问题。因此,建立科学的区域风险评价方法以对整个区域的安全状况做出准确评估,并在此基础上对风险值较高的地区实施布局改造,对新建的危险源或其他设施进行合理规划,就显得十分必要。

发达国家从 20 世纪 70 年代就开始使用基于区域定量风险评价的方法来研究土地使用安全规划问题,并取得了良好的应用效果。目前,欧盟、美国、加拿大、澳大利亚等国家和地区主要采用“基于后果”和“基于风险”这两种评价方法支持土地使用规划的决策。“基于后果”法是基于对假定事故后果的评估,以事故后果物理量的阈值作为规划依据,不考虑事故的可能性。“基于风险”法是综合评估潜在事故后果的严重度和可能性,以个体和社会风险作为规划依据,所以在风险分析方面更全面。定量风险评价方法自 1974 年 Rasmussen 教授评价美国民用核电站的安全性以后得到了广泛应用。1978 年英国进行的坎威岛(Canvey Island)研究项目、1979 年荷兰 Rijnmond 研究项目以及意大利开展的 Ravenna 研究计划中,都将定量风险评价方法应用于化工区的整体风险评估与安全规划中。定量风险评价在风险管理、应急救援、土地使用安全规划,以及保险业中都具有重要的实用价值。

目前,我国在区域定量风险评价、城市重大危险源安全规划方面的研究较少,将两者结合应用的案例则更鲜见报道,同发达国家相比存在较大差距。因此开展基于区域定量风险评价的泉州市重大危险源安全规划研究,对丰富泉州市安全科学和城市规划科学的内容,有效地预防重大事故的发生具有重要的理论价值和实际意义。

4.6.1.1　评估指标和权重

以往的灾害风险评估研究主要从致灾因子评估、脆弱性评估和暴露分析 3 个方面提出评估指标体系和方法。但是,这些研究主要是针对某一灾种进行的风险评估,而多灾种复合的自然灾害,尤其是人为灾害的风险评估不多。本节研究的城市灾害综合风险是在识别泉州城市主要灾害类型和灾害风险特征的基础上,不涉及某一具体灾种,而是从城市这一承灾体暴露情况和人口社会经济要素这种宏观角度出发,评价其对于灾害的脆弱性和风险。

基于上述城市灾害综合风险评估的思路,通过借鉴国内外各种研究方法,依据实用性、综合性、代表性、科学性、可操作性等原则,建立起的泉州城市灾害综合风险评估指标体系由目标层、准则层和方案层构成(见表 4-27)。目标层是城市灾害综合风险。准则层由致灾因子、历史灾情、暴露易损性和抗灾恢复力 4 个指标组成。方案层共选取 21 个指标,致灾因子数反映城市危险源数量;地质灾害、气象灾害、工业灾害和生态环境灾害发生概率代表了影响城市安全的主要灾害类型及其发生频率;因灾死亡率和受伤概率反映了灾害可能造成的人员伤亡情况;灾害影响范围、经济损失和社会影响等级反映灾害对城市可能造成的破坏和影响;经济密度反映城市社会经济的发展水平和暴露度;建筑密度可以反映城市用地结构;人口密度反映可能暴露在灾害风险中的人口数量;60 岁以上人口比重代表老龄人口密度,其值越高可能受灾风险和损失越大;生命线系统密度反映城市生命线系统的暴露程度;万人病床数、人均 GDP、应急疏散能力、人均公共绿地面积、预警处理能力和应急预案完善度分别反映了城市医疗救助、防灾减灾经济实力、应急疏散能力、应急避难的城市开放空间水平、灾害预报预警以及政府灾害管理水平和应急救助能力。

表 4-27　各方案层权重

目标层	权重	准则层	权重	方案层	权重
城市灾害综合风险	1.000	致灾因子	0.0846	致灾因子数	0.0178
				地质灾害发生概率	0.0166
				气象灾害发生概率	0.0186
				工业灾害发生概率	0.0115
				生态环境灾害发生概率	0.0201
		历史灾情	0.1397	因灾死亡率	0.0563
				因灾受伤概率	0.0291
				灾害影响范围	0.0096
				经济损失	0.0291
				社会影响等级	0.0156
		暴露易损性	0.2332	经济密度	0.0542
				建筑密度	0.0248
				人口密度	0.0747
				60 岁以上人口比重	0.0129
				生命线系统密度	0.0666
		抗灾恢复力	0.5425	万人病床数	0.0515
				人均 GDP	0.1191
				应急疏散能力	0.0667
				人均公共绿地面积	0.0322
				预警处理能力	0.1000
				应急预案完善度	0.1730

指标权重计算,考虑到层次分析法(AHP)和特尔菲法在定量分析与客观状况吻合方面有较多优越性,故本处采取特尔菲法与 AHP 相结合的方法确定各指标权重。

4.6.1.2　区域定量风险评价方法

风险评价是对城市系统存在的风险进行定性或定量评估,评价系统发生事故和灾害的可能性及其严重程度的方法。其中,对城市公共安全现状的风险评价,一般采用定量风险评价技术(QRA)。定量风险评价方法是在重大危险源辨识的基础上,以系统事故风险率来表示危险性的大小,因此又称为概率风险评价方法。定量风险评价方法在城市公共安全规划中,主要研究以下三个方面的内容:

(1)采用定量风险评价技术(QRA)以确定风险;

(2)采用两个风险指标参数,即个体风险和社会风险;

(3)确定个体风险和社会风险的可接受标准。

区域定量风险评价中个体风险是指区域内的不同危险源在某区域内某一固定位置产生的人员个体死亡概率,体现在区域地理图上的风险等值线如图 4-41 所示。社会风险为能够引起大于等于 N 人死亡的所有不同危险源的事故累积频率(F)。社会风险与区域内的人口密度密切相关,用社会风险曲线(F-N 曲线)表示。

图 4-41　个体风险等值线示意图

4.6.1.3　区域定量风险评价模型

(1)指标的标准化处理

在获得每个指标的原始数据后,需要统一评价标准(每个指标值在 0～1 之间),必须对具有不同量纲的原始数据进行标准化处理。本处选用极值标准化方法对指标体系中的原始数据进行标准化处理。将所有指标按照正向指标(即指标值越高风险越大)与逆向指标(即指标值越高风险越小),分别采用公式(4-13)和公式(4-14)进行处理。

对于正向指标:

$$y_{ij} = x_{ij} / \max(x_{ij}) \qquad (4\text{-}13)$$

对于逆向指标:

$$y_{ij} = \min(x_{ij}) / x_{ij} \qquad (4\text{-}14)$$

式中，x_{ij}，y_{ij} 分别为指标的原始值和标准值；

$\max(x_{ij})$ 指该指标中的最大值；

$\min(x_{ij})$ 指该指标中的最小值。

（2）综合风险指数的计算

采用的综合风险评价模型为：

$$R = \sum_{i=1}^{n} F_i \times W_i \tag{4-15}$$

式中，R 表示城市灾害综合风险指数；

F_i 表示某区县第 i 种指标的标准值；

W_i 表示第 i 种指标所占权重。

依据公式（4-15）和经标准化处理后的数据，计算各区县灾害综合风险指数。

①个人风险：区域内的不同危险源产生在区域内某一固定位置的人员的个体死亡概率。体现为区域地理图上的风险等值线。

对于区域内的任一危险源，其在区域内某一空间地理坐标为 (x, y) 处产生的个体风险可由下式计算：

$$R(x, y) = \sum_{i=1}^{n} f_i v_i(x, y) \tag{4-16}$$

式中，$R(x, y)$ 为该危险源在位置 (x, y) 处产生的个体风险；

f_i 为第 i 个事故情景发生的概率，可以通过事件树分析得到；

$v_i(x, y)$ 为第 i 个事故情景在位置 (x, y) 处引起的个体死亡概率，可以通过事故后果模型计算出事故情景 i 在位置 (x, y) 处产生的热辐射通量、超压值或毒物浓度数值，进而通过相应的函数转化为引起个体死亡的概率；

n 为事故情景个数。

区域内所有危险源在点处叠加产生的个体风险通过划分网格的方法得到，如图 4-42 所示。首先，将评价区域划分为等间隔的网格区，即用一笛卡尔坐标体系的网格覆盖区域地图。然后，计算区域内每一危险源对每一网格中心产生的个人风险，叠加得到每一网格中心总的个人风险。任意点处的个人风险，通过将网格中心个人风险的离散结果进行内插得到。最后将个人风险值相等的点连接起来，便得到区域内不同水平个人风险的等值线。

②社会风险：能够引起大于等于 N 人死亡的所有不同危险源的事故累计频率 F。社会风险与区域内的人口密度有关，用社会风险曲线 F-N 表示。

社会风险的计算基于如下假设：假定网格内的人口都集中于网格中心。这样，将个人风险计算结果与人口数字相乘即得到预测的死亡人数。通过不同死亡人数与累积频率作图即得到区域社会风险的曲线。

4.6.1.4　区域定量风险评价程序

区域定量风险评价的程序如图 4-43 所示。通过评价得到区域的不同水平个人风险的等值线以及社会风险 F-N 曲线，然后与该地区的个人风险和社会风险容许标准相比较，即可进行该地区的安全规划。

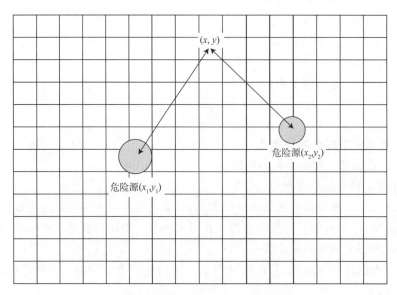

图 4-42　区域定量风险评价网格示意图

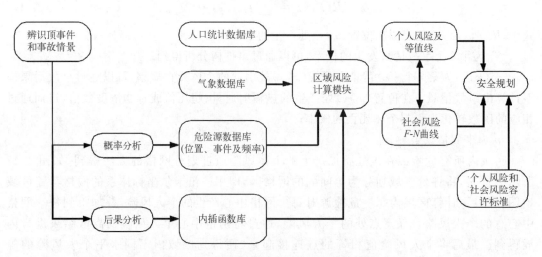

图 4-43　区域定量风险评价过程总体框架

4.6.2　泉州市建成区公共安全的综合风险定量评估

（1）研究区定量风险评价指标的确定

本次研究中由于时间及技术条件所限,将部分事故的 $v_i(x,y)$ 计算方法简化为:参考国内外有关危险源事故研究资料,确定不同事故发生时的空间影响范围,在该事故情景影响内的人员个体死亡率由该类的中心向外呈线性递减(100%～0),影响范围外的个体死亡概率为 0。因此,本次研究确定泉州市中心城区公共安全规划定量风险评价要素的评价指标如表4-28所示。

表 4-28　泉州市公共安全规划定量风险评价指标

危险源	影响范围(m)	事故概率	备注
液化气站	80	6.09×10^{-4}	
加油站	235	1.44×10^{-3}	
大型储气站	$500 \sim 1000$	6.09×10^{-4}	危险工业气体
主要道路	20,30,50	7.75×10^{-6}	危险品运输过境
一、二类工业及仓储	50	4.39×10^{-7}	针织、鞋帽主要为火灾危险
公共活动场所	25	3.86×10^{-7}	商业、金融、文化、娱乐
二类住宅	15	2.99×10^{-7}	
洪水	$2.42 \times 10^{-4} \times$ 淹没深度/5	0.05	以 20 年一遇为例

　　根据以上所述公共安全规划定量风险空间评价技术路线和调查到的危险源所在位置等,对泉州市公共安全的承灾体和泉州市面临的灾害进行分析,得到地质灾害影响结果图如图 4-44 所示;气象灾害影响结果图如图 4-45 所示;工业灾害影响结果图如图 4-46 所示;生态环境灾害影响结果图如图 4-47 所示。

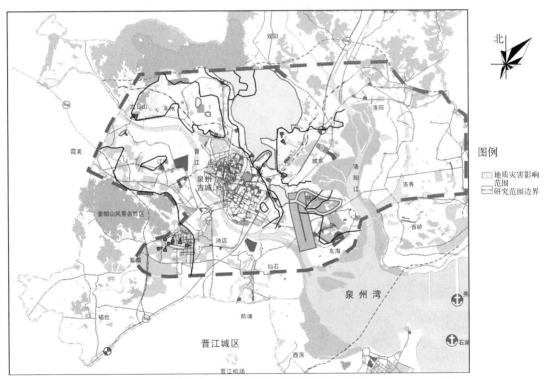

图 4-44　地质灾害影响结果图(见彩图)

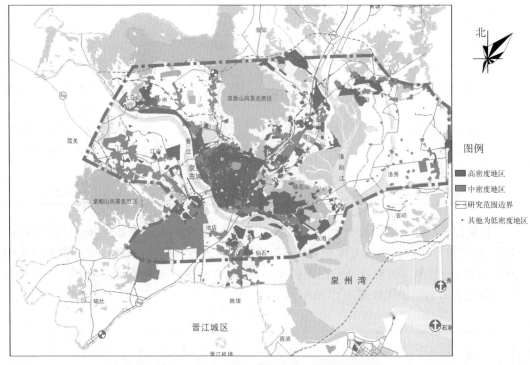

图 4-45 气象灾害影响结果图(见彩图)

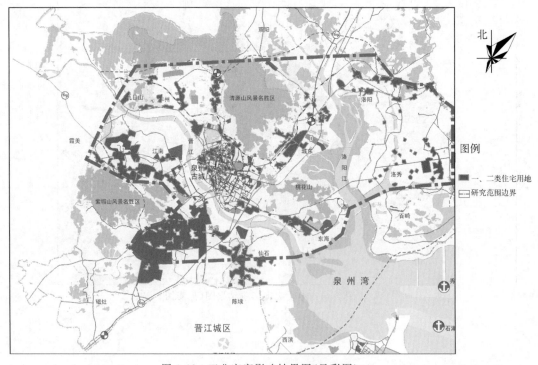

图 4-46 工业灾害影响结果图(见彩图)

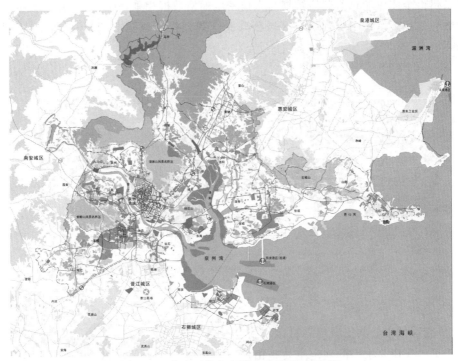

图 4-47　生态环境灾害影响结果图（见彩图）

在以上结果的基础上，通过叠置分析，得到研究区城市公共安全个人风险总值，结果如图 4-48 所示。

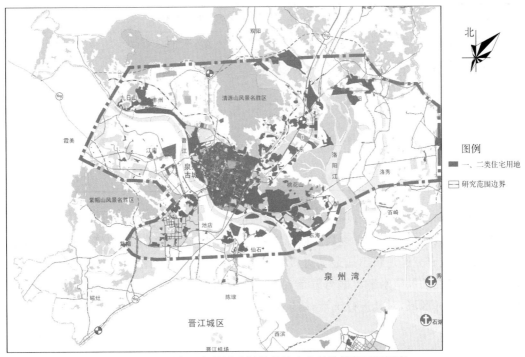

图 4-48　研究区定量风险评价总体个人风险值图（见彩图）

将泉州市个体风险总值栅格数据与人口密度栅格数据相乘,获得人员死亡数据,并通过死亡人数与累积频率作图得到研究区域公共安全规划社会风险曲线(F-N曲线),结果见图4-49所示。

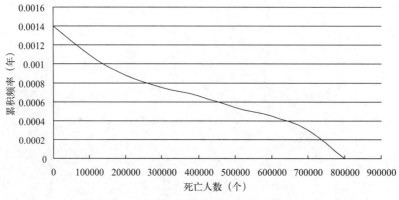

图4-49 泉州市公共安全规划社会风险曲线

（2）研究区城市公共安全规划目标的制定

由于可接受风险水平的确定主要是由历史数据统计得到的,所以可以借鉴国外的规定阈值以及国内学者对我国城市公共安全规划目标的研究成果来制定本次研究中泉州市城市公共安全规划目标。城市各类用地的公共安全最大可接受风险水平如表4-29所示。

表4-29 泉州市城市公共安全规划最大可接受风险水平

城市用地类型	最大可接受风险	城市用地类型	最大可接受风险
居住用地	1.0×10^{-6}	行政办公用地	1.0×10^{-6}
教育科研用地	1.0×10^{-6}	对外交通用地	1.0×10^{-6}
医疗卫生用地	1.0×10^{-6}	工业用地	1.0×10^{-5}
商业金融用地	1.0×10^{-6}	仓储用地	1.0×10^{-4}
文化娱乐用地	1.0×10^{-6}	公园、广场用地	1.0×10^{-4}
文物古迹用地	1.0×10^{-6}	未利用地	$\geqslant 1.0 \times 10^{-4}$

（3）研究区现状公共安全风险与规划目标的比较

根据研究区城市公共安全规划目标确定的各类用地可接受的风险水平对现状城市建设用地赋值,生成研究区现状用地最大可接受的风险水平数据,如图4-50所示。通过对现状用地最大可接受的风险水平数据与总个人风险值数据的叠置操作,可获得研究区现状用地个人风险值超标区域,对其进行统计,结果如图4-51所示。

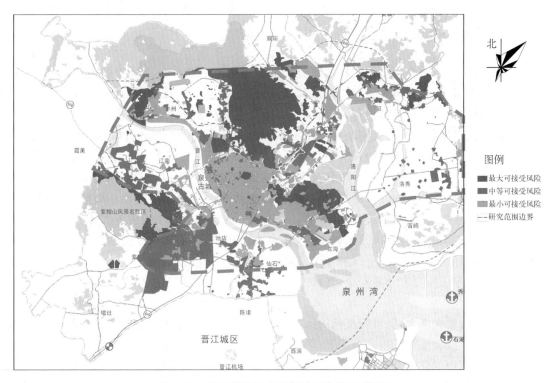

图 4-50 现状用地最大可接受风险值(见彩图)

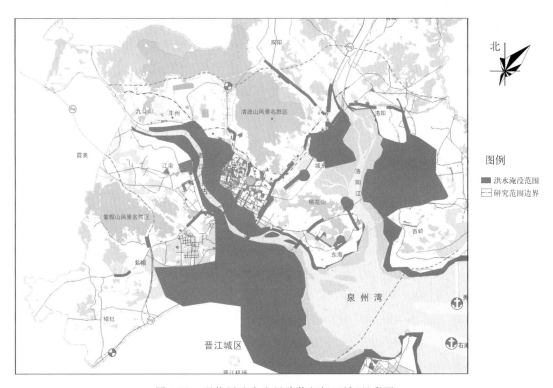

图 4-51 现状用地个人风险值超标区域(见彩图)

4.7　本章小结

本章在第 2 章对泉州市承灾体的研究和第 3 章对泉州市历史上所受的地质灾害、气象灾害、工业灾害、生态环境灾害发生频率的研究基础上,进一步对泉州市曾有的四类灾害对承灾体的影响进行了定量的评价,得出泉州市目前公共安全所面临的形势。

(1)研究区现状城市建设用地总面积 450 km²,其中个人风险值小于可接受风险标准面积 375 km²,占 84%;个人风险值大于可接受风险标准面积 75 km²,占 16%,是超标区域。

(2)从空间分布上看,研究区现状城市建设用地中个人风险值超标区域主要集中在晋江和洛阳江两岸以及 324 国道和高速公路两侧,而这些地区恰恰是泉州中心城区人口、财产、文物古迹、社会经济活动最为密集的区域。个人风险值达标区域主要位于古城大部分、丰泽建成部分、洛阳以及泉州经济技术开发区,其中,泉州经济技术开发区虽然新建工业企业众多,但是根据评价结果,大部分区域个人风险值能够达到可接受标准。

(3)结合单风险要素公共安全定量评价结果,可以发现造成泉州中心城区个人风险值超标的主要原因有:

①洪水威胁灾害大,防洪标准低;晋江和洛阳江两岸城市用地低洼,为易淹没区,建议提高防洪堤坝标准。

②古城区中居住建筑质量差,与公共活动场所和小工业企业混杂,安全隐患大。

③随着城市用地扩展,液化气站、加油站以及部分老工业企业已经过于接近城市中其他用地,大大增加了中心城区公共安全风险。

总体上看,虽然有部分地区存在安全风险,但整体公共安全风险水平能够达到规划目标。因此认为泉州城市总体规划方案整体上具有较高的公共安全水平和实施可行性。

第5章　可持续发展的城市规划与公共安全

5.1　城市规划与公共安全的可持续发展

5.1.1　城市安全是可持续发展的基本条件

随着全球人口、资源和环境问题的日益突出,城市的可持续发展已成为全世界共同关注的问题。城市作为个人口高度密集的地区,是人们从事经济、文化乃至政治活动最为频繁的重要场所,也是人类对自然生态环境干预较为强烈、破坏较为严重的区域。可持续发展的核心就是协调人与自然环境、资源之间的关系,缓解它们之间的矛盾,减少自然环境对人的负效应,在满足当代人需要的同时,不危及后代人的利益。安全是人类生存和发展的基本需求之一,资源是人类生存的基础,环境是人类赖以生存的条件,所以安全的生存环境对社会经济的可持续发展有着极其重要的作用。

可持续发展包括自然资源与生态环境的可持续发展、经济的可持续发展和社会的可持续发展三个方面的内容。可持续发展一是以自然资源的可持续利用和良好的生态环境为基础;二是以经济可持续发展为前提;三是以谋求社会的全面进步为目标。只要社会在每一个时段内都能保持资源、经济、社会同环境的协调,那么这个社会的发展就符合可持续发展的要求。要保持资源、经济、社会同环境的协调,城市公共安全是必需的基本条件。当人类跨入经济迅猛发展的21世纪,全球各国城市化进程也在迅速加快,城市无论大小,都需要在地方经济、能源与配水系统、各种基础设施、交通运输及环境等问题上予以安全保障,只有各方面的安全可靠运转,才能为城市的可持续发展提供保障。

5.1.2　城市公共安全与可持续发展的内在联系

可持续发展与城市公共安全密不可分,城市是人类活动的重要区域,城市公共安全是城市可持续发展进程中的一个重要组成部分。城市是一个高度集约化的社会,各个组成部分之间密切联系、相互影响。必须正确处理人与自然的关系,确保城市公共安全,为区域发展提供良好的资源和环境条件,实现城市社会经济的稳步、健康发展;建立起城市稳定、协调的内部调节机制以及生态、技术、经济和社会之间的"互动效应",才能提高城市的综合实力和总体素质,保证城市的可持续发展。没有一个安全的生态环境、安全的经济发展状态和安全的社会环境,就不可能实现城市的可持续发展。

历史证明城市公共安全与可持续发展有着密不可分的联系,只有城市公共安全做得好,社会经济才能够得到持续发展。而城市公共安全在很大程度上取决于城市在社会、经济和生态环境方面的协调与自我调控能力,而这种调控能力的大小与城市的基础能力建设水平密切相关,只有城市的持续发展才能有效调控各类矛盾,并为城市公共安全保障体系建设提供技术和资金支持。

5.2　泉州市城市规划与公共安全保障措施研究

5.2.1　项目选址的程序及可能方案

(1)建立完善的城市安全规划、城市风险防范和危机管理法律体系

发达国家如日本、美国等都建有比较完备的城市灾害风险应对法律体系,到目前为止,我国在这方面尚不完备。因此,必须将城市安全规划、城市风险防范与危机管理通过立法予以确保,加大对城市安全规划、风险防范和危机管理实施的力度。从而唤醒公众的城市灾害风险管理意识,使得各种与城市安全及防灾的相关事业拥有制度和财政上的保障,相关的机关团体和个人依照法律能明确自己应尽的责任和义务。城市安全保障和重大灾害应急体系只有上升到国家行政的高度,即在体制、机制、法制方面形成一套行之有效的体系,城市灾害风险及其影响才能降到最低。

(2)编制城市安全规划并融入城市总体规划中

城市的安全发展需要根据城市总体规划,编制城市防灾专项规划和综合防灾与安全保障规划,并纳入城市总体规划一并实施。城市安全规划与城市总体规划的关系如图 5-1所示。

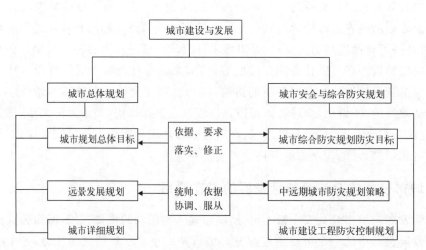

图 5-1　城市安全规划与城市总体规划关系图

编制泉州市安全规划应重点考虑以下几点:

①合理规划建设用地

城市规划和建设首先应从根本上重视城市建设用地的选址工作,避免在滑坡、崩塌、泥石流的下游或在容易引起岩溶塌陷的地段进行城市建设。同时,城市规划还必须对开采地下水作为城市水源、开山筑路修隧道、大规模地下设施建设等可能诱发或加剧地质灾害的建设项目进行慎重而科学的分析和决策,以免引起城市地面沉降、山体崩塌,甚至对整个城市地质环境产生破坏。

②科学进行城市功能布局

城市用地要有良好的功能布局,要求经济合理、使用方便,而且符合防灾、抗灾的要求。

用地功能布局是城市规划设计的核心,要统筹兼顾,全面考虑。

对旧城区,由于有许多安全隐患以及不利于城市防灾的因素,其防灾、减灾对策应结合旧城改造进行,优先整修危险性高的街区。确保城市具有安全防灾减灾的空间,同时考虑新建或改建一定数量的防灾据点和疏散场地。

对于城市现有的中心区域,其减灾对策应立足于重要建筑和重点建筑的易损性分析,保障灾害发生时此类建筑物的功能完善和正常运转。

对于城市规划中未来重点发展的区域,要按照科学发展的原则重点做好安全规划及风险评估,合理确定不同的工业园区、居住区、商业区的间距与选址。

③建设安全可靠的城市生命线系统

城市生命线系统指在灾害发生时关乎人民生命安全及生存环境的工程项目,主要包括海陆空交通运输系统、水供应系统、能源供给系统和信息情报系统四大网络。城市防灾规划要重点考虑生命线系统的安全规划与防灾措施,目的是避免生命线系统出现安全问题,以及在灾害发生时确保救灾通道的通畅和维持市民生活的基本供应系统正常运转。生命线系统由长距离的连续设施组成,往往一处受灾,影响大片区域,因此,应将生命线工程设施、结构物群当作一个整体规划和研究。

④合理开发避难场地和地下空间

避难疏散规划是减少人员伤亡的有效手段。疏散安排应坚持"平灾结合"的原则。避难疏散场所平时可用于教育、体育、文娱和其他生活、生产活动,灾害发生时用于避难疏散,如防灾公园。地下空间是城市的一项宝贵资源,具有节地、安全、抗震、隔音、恒温等优点。因此,必须做好规划,与城市抗震、防火、防空等总体布局结合起来,将人防系统与民用系统结合起来。

⑤科学设计防震、防洪、防火、交通等城市各项设施

对于地震,预防难度很大,故城市规划主要通过制定减轻震灾规划,在城市规划和建筑设计上采取行之有效的技术手段来减轻地震造成的生命和财产损失。城市总体布局中应安排足够的避震疏散空间,保证居民在地震发生时能就近利用公园绿地、开阔场地和街道进行自救;建筑设计方案应严格按相应的抗震规范进行审批。

对于防洪问题,城市规划中一方面应千方百计提高城市防洪标准及设防水平,重视防洪堤和排涝系统的规划建设;另一方面要详细研究由于城市化进程加快给城市防洪排涝带来的新障碍,把不利因素降到最低程度。

对于火灾,首先必须在城市规划中统筹布局各级消防设施,如消防调度指挥中心、消防站、消防栓等;其次在建筑设计中必须贯彻各种消防要求,如建筑物耐火等级、消防间距、紧急疏散通道、室内消火栓设置标准等。

对于交通,应按照城市建设及汽车交通发展的思路,按照交通事故的发生规律,从城市规划布局模式入手,建立分层次立体交通网络和现代化的交通管理系统,使各种类型的交通方式各行其道,减少干扰和碰撞;注重"以人为本"的道路交通建设方针和"步行友好"的交通观念,从而实现交通系统安全、通畅的整体优化。

5.2.2　泉州市城市规划与公共安全保障措施

(1)完善城市灾害风险决策支持系统和信息管理系统

城市防灾减灾需要将防灾减灾信息与空间信息集成,将防灾减灾决策支持模型与空间分析结合,以达到信息可视化和决策科学化。采用空间信息技术作为多源防灾减灾数据集成的平台,在关系数据库的基础上,建立图形数据库,将各种地理要素叠置于电子地图上,进行空间定位与属性一体化管理,使信息可视化。结合空间分析和模型,实现防灾减灾信息的综合分析,为减灾防灾和抢险救灾提供服务,使防灾减灾指挥决策科学化。同时,应加强信息共享,在风险事件发生或即将发生时,依托信息管理体系进行即时的传输,并通过其广泛的共享性使各个管理部门之间做到信息的完全公开与透明,达到减灾信息资源共享,实现各职能部门直接快速反应。

(2)实行安全规划风险评价机制

城市安全规划是为了保证城市的可持续发展,降低城市灾害风险所做的一项科学决策。因此,城市安全规划应当以风险评价为基础,以风险理论为指导。在工业化、城市化过程中,应在城市安全规划、厂址选择、工程建设等各项活动中引入风险评价机制,以发现、辨识、预测、预防和控制各种潜在的城市灾害风险,为工业和城市的安全发展与扩张提供参考。

(3)加快防灾减灾综合管理机构的建设

针对目前我国城市突发灾害应急管理都是分部门、分灾种,不利于协调统一、高效救灾的现状,应该学习国外先进的城市应急管理模式,结合我国的特点和行政管理情况,创立中国式的城市减灾现代管理模式,形成强有力的综合协调管理机制。应着手成立防灾专门机构,建立应急综合管理指挥系统。

加快城市防灾减灾综合管理机构的建设,建立统一的防灾减灾指挥中心。将城市抗震、水利、气象、交通、消防、工业事故、急救等防灾、救灾机构重新组织起来,建立一个组织协调有力、决策科学有效、能集中领导与动员社会各方力量,共同参与、精干高效的防灾减灾决策指挥中心,为城市防灾减灾提供必要的组织保证。

(4)建立完善的应急救援体系和编制科学的应急预案

针对城市灾害的复杂性,必须建立突发事件应急和响应体系,包括应急组织、应急程序、应急预案、应急通信、应急防护和救援、应急技术装备、应急状态终止和善后处理、应急培训和演习、公众教育等内容。其中,应急预案是应急救援系统的重要组成部分,其目的是防患于未然,指导应急人员的日常培训和演习,保证事故发生时各项工作能按照预案科学有序地进行。

各地政府必须建立、培训一支技术过硬的专业救灾抢险队伍,其职责是处置紧急突发事件,为公众救急解难。可以将目前分散在公安、消防、武警、军队、急救、公共事业(包括城市供水、供电、供气等部门)等部门的抢险救灾队伍组织起来,定期进行联合救灾抢险训练,形成平时分散,灾害突发时期统一指挥、互相配合的多功能救灾抢险专业队伍。

各地政府还应加大救灾抢险设备的资金投入,增添先进的抢险救灾设备,建立科学的应急预案以及完善的组织保障体系和应急资源保障制度,以便实现城市灾害应急救援的及时性和有效性。

（5）加强城市灾害风险预防与控制宣传，提高公众的灾害应对能力

强化城市综合安全与防灾意识，最重要的是要提高公众的安全意识和灾害应对能力，因此，需要大力加强防灾减灾宣传教育，增强公众的防灾减灾意识，提高防灾救灾的能力。将防灾减灾意识与技能教育纳入中小学生素质教育之中。充分利用新闻出版、广播电视、互联网等公共媒体传播安全科学与防灾减灾知识和科学方法，发展以行政、居民、民间企业、非政府组织、非营利团体、志愿者相互结合和合作的公救、互救和自救体系。

不断提升城市的安全文化水平，发展与推广"安全社区"范式，塑造社区安全文化，建立减灾社团，推进安全社区建设。要在大城市建立公共安全教育基地，供市民免费参观、体验，让他们学习在灾难中自救或互救的逃生知识。

（6）加强城市安全科学技术研究，重视跨行业、跨部门、跨学科的合作与交流

城市安全与防灾减灾的成效在很大程度上取决于科技进步的水准。因此，要大力发展防灾减灾方面的科学技术研究，把科技减灾纳入城市发展规划，规范科技减灾的内容及手段。要大力开展城市综合防灾体系的理论研究，开展各类灾害防治措施研究，并积极借鉴国外城市防灾减灾的先进技术。要特别注意发挥信息和媒体在防灾减灾中的作用，发展数字城市、灾害情报网络等高新技术，例如遥感技术，地理信息系统，全球定位系统，实时监测技术，雷达影像、光卫星影像以及航空摄影技术等。

加强城市数字减灾系统构建、城市空间信息基础设施建设、城市易损性、风险性评价和灾害损失评估系统的研究，力争在安全减灾科学技术及工程技术等领域的研究上达到国际先进水平。另外，要制定措施促进各部门之间的合作，并进行交叉学科研究和多学科人员之间的合作，为综合防灾与减灾提供科技平台。

第6章 结 语

福建省泉州市位于闽南三角洲东北,是福建省三个中心城市之一。所研究区域内丘陵和台地平原居多,人口稠密,工商业发达,面临着洪水、台风等自然灾害影响。作为国家级历史文化名城,古城区历史建筑众多且缺乏修缮保护,基础设施不完善,居民生活环境质量差,安全隐患多。泉州中心城区中现状建设用地混杂,有三类工业和易燃易爆的危险源存在,对人民生命安全和财产造成严重威胁。因此,泉州中心城区进行公共安全现状调查对全面了解中心城区公共安全情况以及进行公共安全评价与规划有重要的现实和理论意义

本书对于泉州中心城区城市公共安全进行系统研究,通过对公共安全信息的收集与分析,包括自然环境调查和社会经济现状调查,获得影响城市公共安全的八种主要灾害,并利用现状调查资料和城市中心城区现状用地相结合进行城市公共安全风险评价,在此基础上进行泉州市中心城区城市公共安全分区概念规划,最后对于泉州市中心城区项目选址方面从地质和环境两个方面进行探讨,得出了一些对城市公共安全管理和城市规划方面有益的结论。

展望未来,城市公共安全研究和规划已逐渐成为我国城市规划研究领域重要的研究内容之一,其理论体系和实践方法也将在今后的研究中逐渐丰富和完善。同时引进吸收城市公共安全研究与规划编制方法是我国城市总体规划编制方法的发展方向之一,对于保证我国城市系统正常运行以及人民生命财产安全具有积极作用。

参考文献

陈佳松. 2010. 泉州市地质灾害现状分析与防治建议[J]. 福建地质, **29**(A1):111-112.

陈剑,杨志法,刘衡秋. 2007. 滑坡的易滑度分区及其概率预报模式[J]. 岩石力学与工程学报, **26**(3): 434-454.

陈秋玲,张青,肖璐. 2010. 基于突变模型的突发事件视野下城市安全评估[J]. 管理学报, **7**(6):891-895.

陈颙,史培军. 2007. 自然灾害[M]. 北京:北京师范大学出版社.

董晓峰,王莉,游志远等. 2007. 城市公共安全研究综述[J]. 城市问题, (11):71-75.

冯小铭,郭坤一,王敬东. 2001. 对中国城市环境地质工作的思考[J]. 安全与环境工程, **8**(2):2.

高文学. 1996. 中国自然灾害史(总论)[M]. 北京:地震出版社.

葛全胜,邹铭,郑景云. 2008. 中国自然灾害风险综合评估初步研究[M]. 北京:科学出版社.

顾林生. 2006. 通州新城安全城市规划实践[J]. 北京规划建设, (1):50.

郭彩玲,王晓峰. 2007. 中国东部海域发生海啸的可能性分析[J]. 自然灾害学报, (2):7.

郭小东,苏经宇,马东辉,李刚. 2006. 城市建筑物快速震害预测系统[J]. 自然灾害学报, (6):128.

郭秀锐,杨居荣,毛显强. 2002. 城市生态系统健康评价初探[J]. 中国环境科学, **22**(6):525,529.

郭占荣,黄奕普. 2003. 海水入侵问题研究综述[J]. 水文, **23**:9-15.

贺岚. 2008. 关于加强城市公共安全体系建设的思考[J]. 中国科技信息, (9):278-281.

黄润秋. 2007. 20世纪以来中国的大型滑坡及其发生机制[J]. 岩石力学与工程学报, **26**(3):434-454.

黄哲. 2007. 城市公共安全与集群行为[J]. 中国公共安全(学术版), (3):16-17.

季学伟,翁文国,疏学明等. 2006. 城市事故灾难风险分析研究[J]. 中国安全科学学报, **16**(11):119-123.

蒋金云. 2009. 浅谈应对山体滑坡的山区公路施工措施[J]. 今日科苑, (20):134.

金磊. 1997. 城市灾害学原理[M]. 北京:气象出版社.

金平伟,李凯荣. 2006. 蔡川水土保持示范区综合治理可持续发展评价与分析[J]. 西北林学院学报, **21**(2):5-8.

李培英. 2007. 中国海岸带灾害地质特征及评价[M]. 北京:海洋出版社.

李彤. 2008. 论城市公共安全的风险管理[J]. 中国安全科学学报, **18**(3):65-72.

林福柏. 2009. 福建沿海城市生态安全评价研究[D]. 厦门:厦门大学.

刘承水. 2010. 基于因子分析和模糊神经网络的城市公共安全评价[J]. 北京城市学院学报, (1):31-37.

柳金峰,欧国强. 2004. 泥石流危险性评价的新思路[J]. 地质灾害与环境保护, **15**(1):7.

柳源. 2003. 中国地质灾害(以崩滑流为主)危险性分析与区划[J]. 中国地质灾害与防治学报, **14**(1):95-99.

潘懋,李铁锋. 2006. 灾害地质学[M]. 北京:北京大学出版社.

浦树柔. 2004. 公共安全:一年丧生20万[J]. 瞭望新闻周刊, (8).

泉州市人民政府办公室. (2007-09-25)泉州市城市抗震防灾规划(2002—2020)[EB/OL]. http://www.fjqz.gov.cn/1c2aa25f40612721fcd75ff3e7579d07/2007-09-25/80b3f16e39bc27c13d4c9c4c4db3b32e.htm.

沈丽芳,陈乃志. 2006. 城市公共安全规划研究——以成都市中心城市公共安全规划为例[J]. 规划师, (11):27-30.

王震国. 2011. 聚焦生命线:危机四伏的城市公共安全与突发应对[J]. 城市管理, **4**(20):84-88.

闻学泽,徐锡伟,郑荣章,谢英情,万创. 2003. 甘孜—玉树断裂的平均滑动速率与近代大地震破裂[J]. 中国科学D辑, **33**(z1):199-206.

吴越,吴纯. 2009. 基于城乡统筹的公共安全规划研究——以长株潭城市群为例[J]. 中国安全科学学报, **19**(3):62-66.

吴宗之. 2006. 危险评价方法及其应用[M]. 北京:冶金工业出版社.

夏得志. 2003. 城市地质——国家地质工作的新领域[J]. 地理信息系统世界，**9**(1):5.

谢志猛. 2009. 对泉州中心城区未来交通发展模式的思考[J]. 城市公用事业，(3):38.

杨娟,李强,海香,徐刚. 2008. 泉州海岸带干旱灾害时空分布特征分析[J]. 水土保持研究,(4):212.

叶晨,徐建刚. 2008. 城市公共安全定量风险评价方法——以长汀县城市总体规划为例[A]. 2008 中国城市规划年会论文集[D].

殷坤龙,张桂荣. 2003. 地质灾害风险区划与综合防治对策[J]. 安全与环境工程,**10**(1):32.

曾宪云,李列平,邓曙光. 2006. 城市公共安全的现状及防灾减灾策略[J]. 安全生产与监督,(1):44-46.

张春山,吴满路,张业成. 2003. 地质灾害风险评价方法及展望[J]. 自然灾害学报,**12**(1):97.

张业成,胡景江,张春山. 1995. 中国地质灾害危险性分析与灾变区划[J]. 海洋地质与第四纪地质,**15**(3):434-454.

钟永光,贾晓菁,李旭等. 2009. 系统动力学[M]. 北京:科学出版社.

Alexander D E. 1993. Natural disasters[M]. London: UCL Press Limited.

Cin R D, Simeon U. 1994. A model for determining the classification, vulnerability and risk in the southern coastal zone of the Marche [J]. *Journal of Coastal Research*, **10**(1):18-29.

Deyle R E, French S P, Olshansky R B, et al. 1998. Hazard assessment: the factual basis for planning and mitigation[J]. *Cooperating with Nature: Confronting Natural Hazards with Land Use Planning for Sustainable Communities*,119-166.

Hughes P, Brundrit G B. 1992. An index to assess South Africa's vulnerability to sea level rise[J]. *South African Journal of Science*, **88**:308-311.

Irasema Alcantara-Alyala. 2002. Geomorphology, natural hazards, vulnerability and prevention[J]. *Geomorphology*, **47**:107-124.

IUGS, Working Group on Landslide, Committee on Risk Assessment. 1997. Quantitative risk assessment for slope and landslide the state of the art[J]. *Landslide Risk Assessment*,3-12.

Lewis M. Branscomb. 2006. Sustainable cities: safety and security[J]. *Technology in Society*,(28): 225-234.

Tobin G, Montz B E. 1997. Natural hazards: explanation and integration[J]. New York: The Guilford Press.

Zekster I S, Belousova A P, Dudov V Y. 1995. Regional assessment and mapping of groundwater vulnerability to contamination[J]. *Environmental Geology*, **25**:225-231.

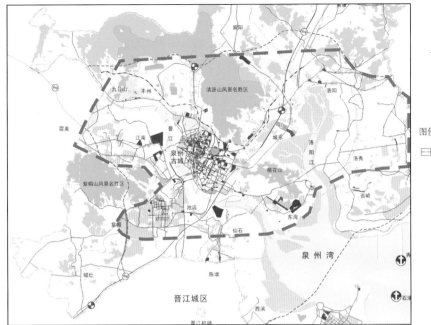

彩图 1-2　研究范围界定图

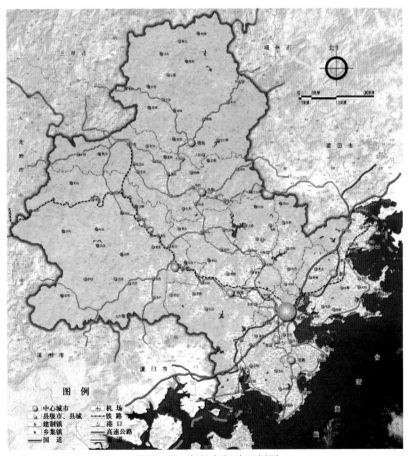

彩图 2-2　泉州市行政区划图

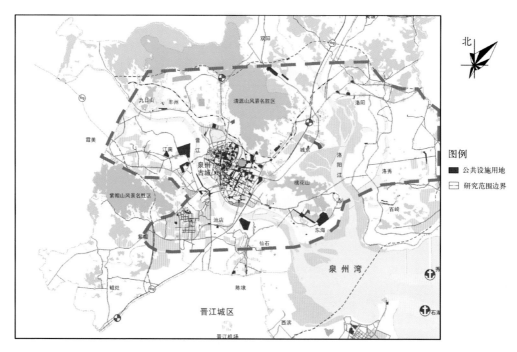

彩图 2-4　泉州市公共活动场所——商业文化分布图

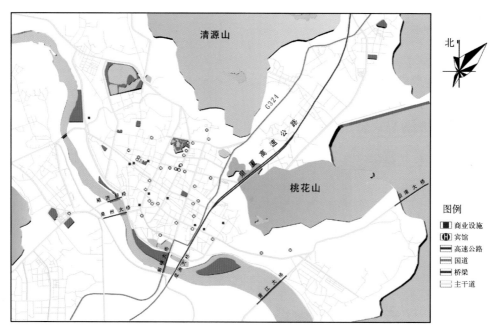

彩图 2-6　泉州市重要保护对象分布图(商业娱乐服务)

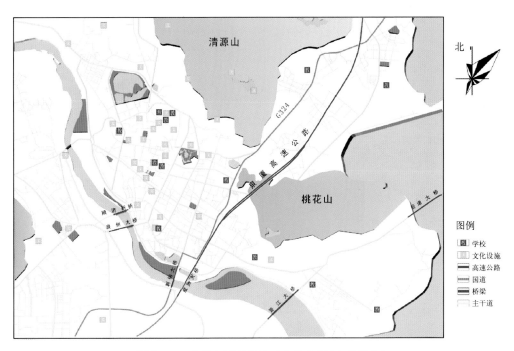

彩图 2-7　泉州市重要保护对象分布图(文教设施)

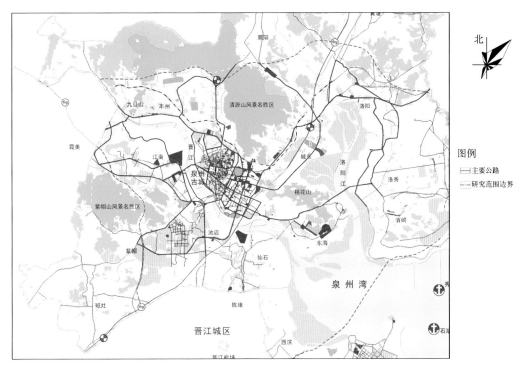

彩图 2-8　泉州市主要道路

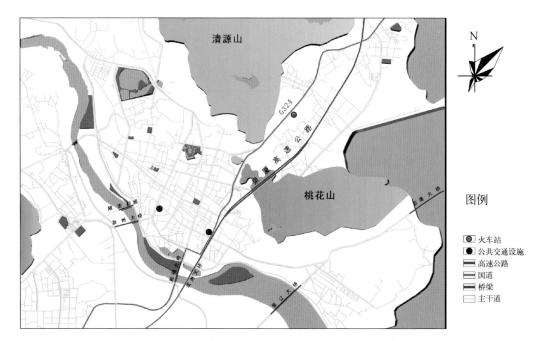

彩图 2-9 泉州市区重要保护对象分布图（重要交通设施）

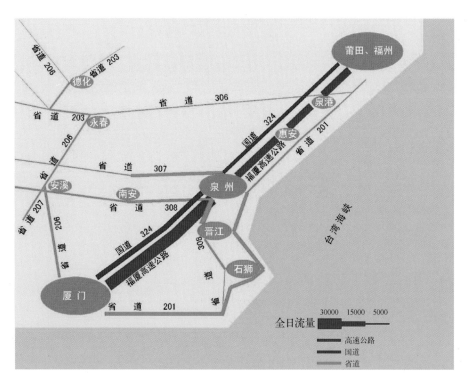

彩图 2-10 现状干线公路网流量分布图

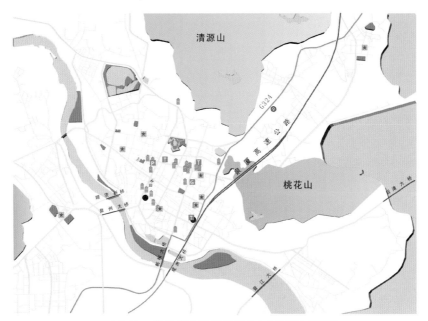

彩图 2-11　泉州市重要保护对象（党政广电高层）

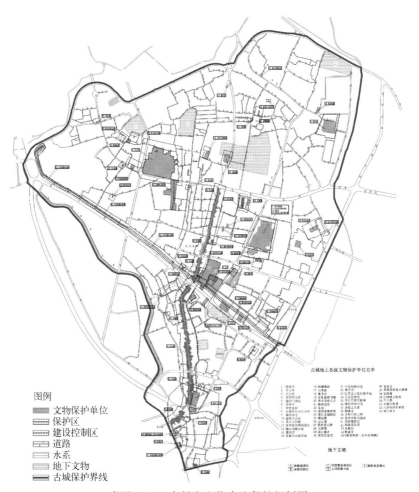

彩图 2-12　泉州市文物古迹保护规划图

资料来源：《泉州市城市总体规划（2008—2030）》

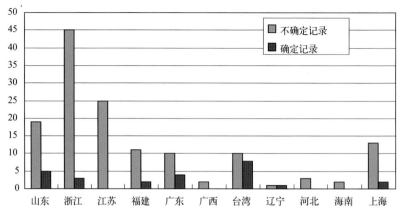

彩图 3-5　历史时期中国东部沿海地区各省份海啸发生次数图

资料来源：郭彩玲，王晓峰，"中国东部海域发生海啸的可能性分析"，

《自然灾害学报》，2007(2)，第 7 页

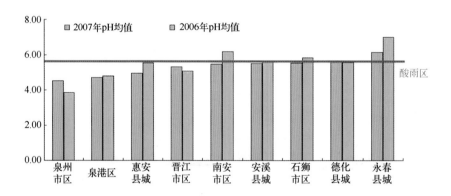

彩图 3-19　2007 年和 2006 年降雨 pH 值监测结果比较示意图

资料来源：《泉州市环境状况公报 2007 年度》，泉州市环境保护局，2008 年 6 月

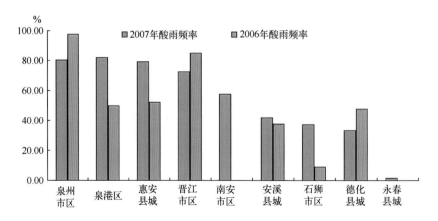

彩图 3-20　2007 年和 2006 年酸雨频率监测结果比较示意图

资料来源：《泉州市环境状况公报 2007 年度》，泉州市环境保护局，2008 年 6 月

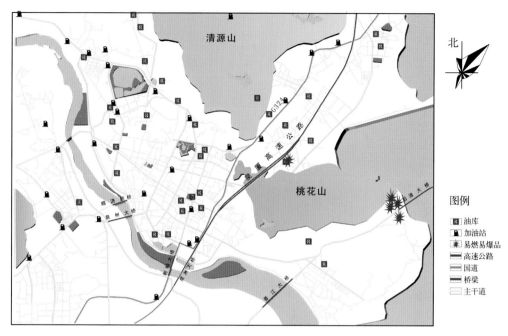

彩图 3-23　泉州市易燃易爆设施分布图

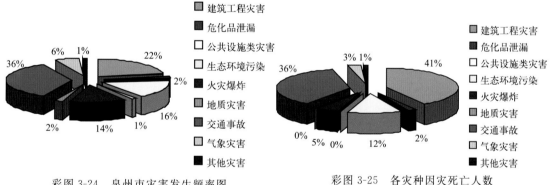

彩图 3-24　泉州市灾害发生频率图

彩图 3-25　各灾种因灾死亡人数
占总因灾死亡人数百分比

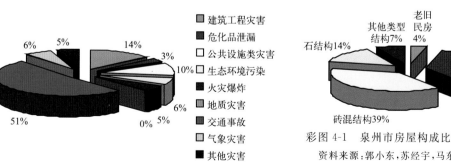

彩图 3-26　各灾种因灾受伤人数
占总因灾受伤人数百分比

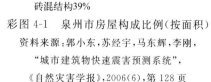

彩图 4-1　泉州市房屋构成比例（按面积）

资料来源：郭小东，苏经宇，马东辉，李刚，

"城市建筑物快速震害预测系统"，

《自然灾害学报》，2006(6)，第 128 页

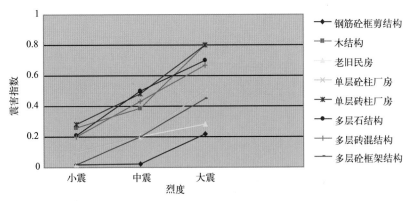

彩图 4-2　泉州市各类结构的震害指数分布

资料来源：郭小东，苏经宇，马东辉，李刚，"城市建筑物快速震害预测系统"，
《自然灾害学报》，2006(6)，第 128 页

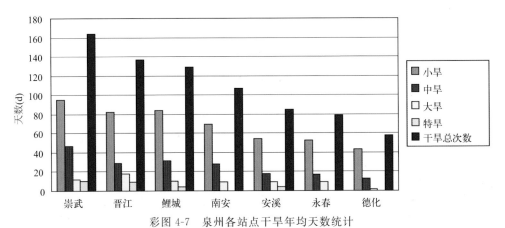

彩图 4-7　泉州各站点干旱年均天数统计

资料来源：杨娟，李强，海香，徐刚，"泉州海岸带干旱灾害时空分布特征分析"，
《水土保持研究》，2008(4)

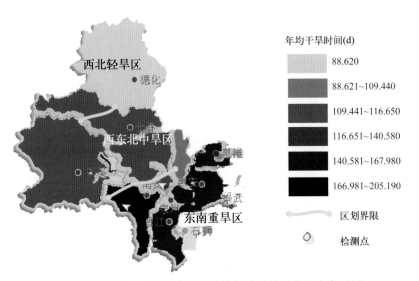

彩图 4-8　泉州海岸带年均干旱天数及灾害区划

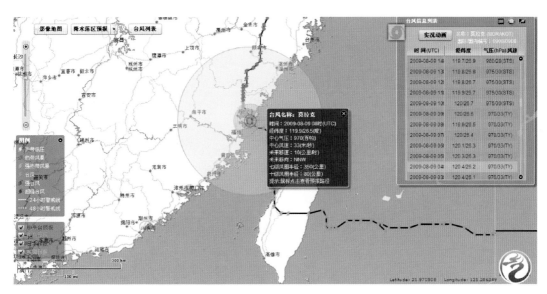

彩图 4-14　2009 年 0908 号台风——莫拉克路径图

注：图中黑色曲线显示了台风的路径及其移动路径中各处的强度。

资料来源：http://www.nmc.gov.cn/

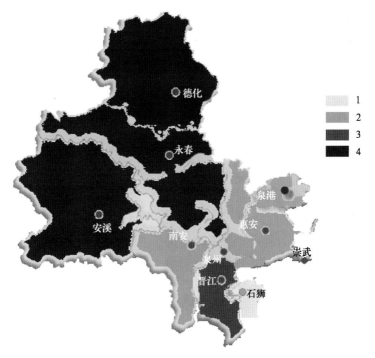

彩图 4-15　综合灾度分布图

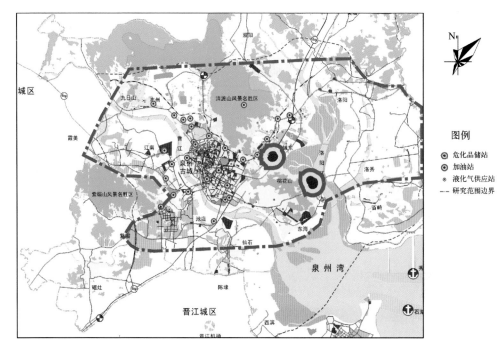

彩图 4-16　泉州中心城区易燃易爆品风险值图

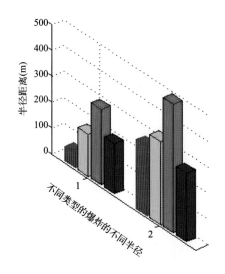

1为蒸气云爆炸类型
2为沸腾液体扩展蒸气爆炸类型
红色为死亡半径
黄色为重伤半径
绿色为轻伤半径
蓝色为财产损失半径

彩图 4-20　蒸气云爆炸伤害半径与沸腾液体扩展蒸汽爆炸威力对比图

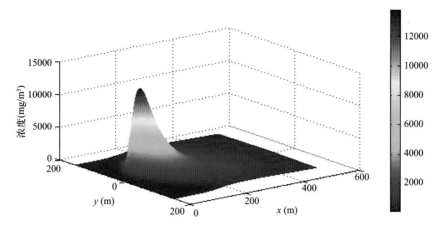

彩图 4-27 大气稳定度为 A,风速为 2 m/s 时煤气泄漏扩散模拟图($z=0$)

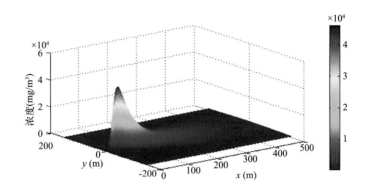

彩图 4-29 大气稳定度为 C,风速 2 m/s 时煤气泄漏扩散模拟图($z=0$)

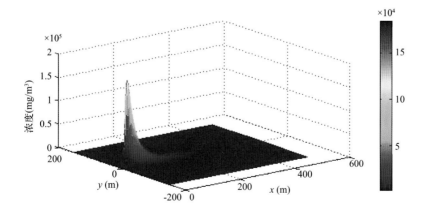

彩图 4-31 大气稳定度为 D,风速 2 m/s 时煤气泄漏扩散模拟图($z=0$)

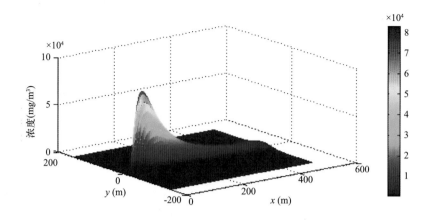

彩图 4-33　大气稳定度为 F，风速 2 m/s 时煤气泄漏扩散模拟图（$z=0$）

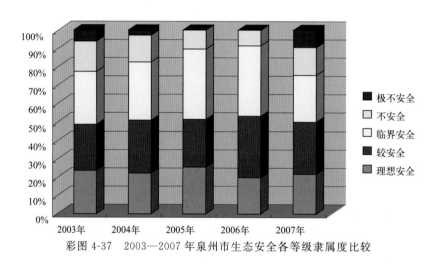

■ 极不安全
□ 不安全
□ 临界安全
■ 较安全
■ 理想安全

彩图 4-37　2003—2007 年泉州市生态安全各等级隶属度比较

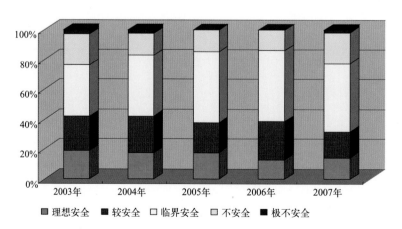

■ 理想安全　■ 较安全　□ 临界安全　□ 不安全　■ 极不安全

彩图 4-38　2003—2007 年泉州市生态系统压力等级隶属度比较

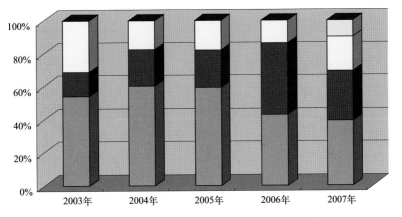

彩图 4-39　2003—2007 年泉州市生态系统状态等级隶属度比较

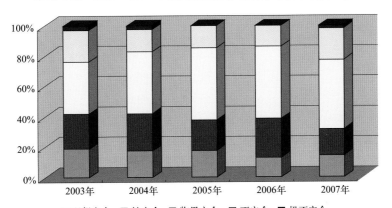

彩图 4-40　2003—2007 年泉州市生态系统响应等级隶属度比较

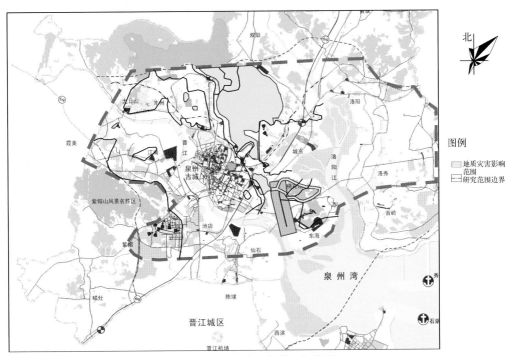

彩图 4-44　地质灾害影响结果图

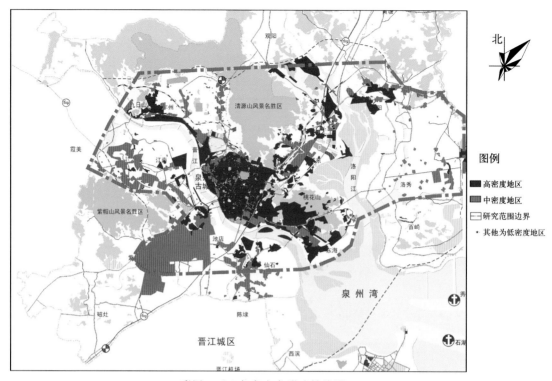

彩图 4-45 气象灾害影响结果图

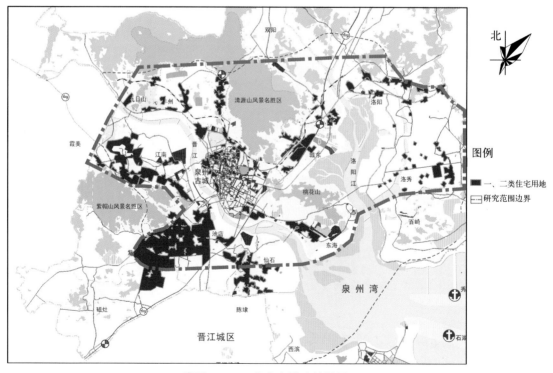

彩图 4-46 工业灾害影响结果图

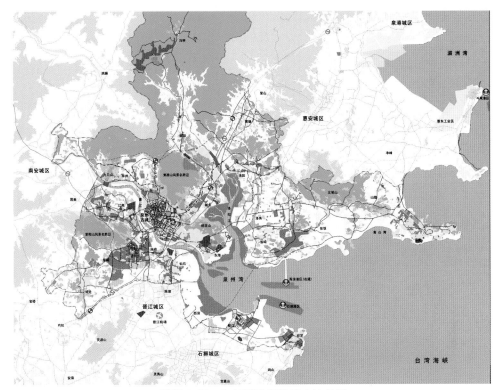

彩图 4-47　生态环境灾害影响结果图

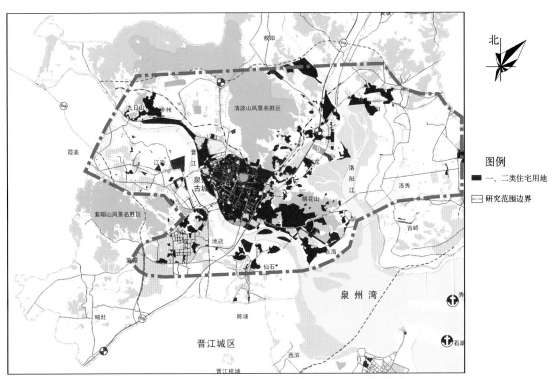

彩图 4-48　研究区定量风险评价总体个人风险值图

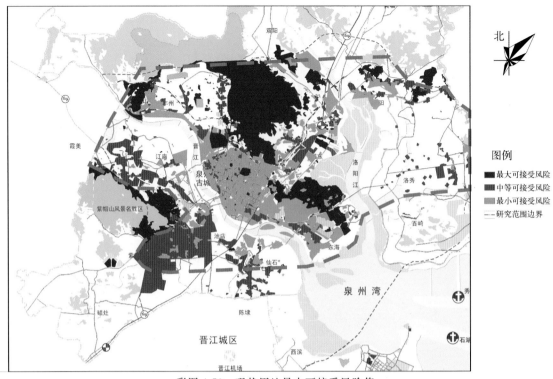

彩图 4-50 现状用地最大可接受风险值

彩图 4-51 现状用地个人风险值超标区域